土壤-蔬菜系统对氮镉互作效应的响应及其调控模式研究

李素霞　著

WUHAN UNIVERSITY PRESS
武汉大学出版社

图书在版编目(CIP)数据

土壤－蔬菜系统对氮镉互作效应的响应及其调控模式研究/李素霞
著.—武汉：武汉大学出版社,2017.10
ISBN 978-7-307-19425-0

Ⅰ.土…　Ⅱ.李…　Ⅲ.①蔬菜园艺—氮—土壤污染—污染控制—
研究　②蔬菜园艺—镉—土壤污染—污染控制—研究　Ⅳ.X53

中国版本图书馆 CIP 数据核字(2017)第 143270 号

责任编辑:白绍华　　　责任校对:汪欣怡　　　版式设计:韩闻锦

出版发行:**武汉大学出版社**　　(430072　武昌　珞珈山)
　　　　(电子邮件:cbs22@ whu. edu. cn　网址:www. wdp. com. cn)
印刷:虎彩印艺股份有限公司
开本:720×1000　1/16　印张:18.25　字数:262 千字　插页:1
版次:2017 年 10 月第 1 版　　2017 年 10 月第 1 次印刷
ISBN 978-7-307-19425-0　　定价:79.00 元

前　言

　　城郊菜地土壤污染已经越来越突出，尤以重金属污染及土壤富营养化更为突出，其中重金属主要有镉、砷、汞、铅、铬、锌、铜等，土壤富营养化元素决定于菜农的施肥习惯，主要为氮，其次为磷和钾。通过实地调查及查阅文献，土壤—蔬菜系统对于重金属的"头号"污染物为镉，土壤富营养化表现最突出的营养元素为氮。

　　通过实地城市农贸市场调查以及城郊蔬菜调查显示，蔬菜重金属超标日趋严重，蔬菜硝酸盐以及亚硝酸盐含量超标率也不容忽视，究其原因主要是城市的日趋发展引发的"三废"排放以及化学肥料的不合理应用所致。

　　关于重金属镉与硝酸盐的复合污染主要方案在于首先揭示镉与硝酸盐复合污染的特征，明确氮营养管理对缓解蔬菜镉和硝酸盐污染的作用，其次是及时调整施肥方案，再次是要调控城郊菜地镉的污染。如果说菜地土壤关于硝酸盐污染的解决方案相对简单的话，重金属镉的污染就比较复杂和困难。关于重金属镉的污染一般有物理方法(例如客土法)、化学方法(例如交换法、沉淀法、改变酸碱度法等)、生物法(例如微生物法、植物修复法等)等，这些方法均能对土壤重金属镉的污染有一定的修复效果，但是，与菜地硝酸盐复合污染的修复将不一定达到相同的效果。关于镉与硝酸盐的复合污染，目前还没有更好的方法，本书结合镉污染修复方法以及硝酸盐富营养化修复方法制定一系列的修复方案，本书的研究方法将对城郊菜地镉与硝酸盐的复合污染有一定的修复效果，为城郊区农产品安全、高效生产提供理论和技术支持。

　　本书内容框架由李素霞副教授拟定完成，研究思路在华中农业大学胡承孝教授指导下形成系统。在这里还特别感谢华中农业大学谭启玲副教授、孙学成副教授、西北农林科技大学刘金山博士、武汉生物工程学院谢朝阳高级实验师、广西益全检测评价有限公司韦司棋工程师，同时还有李刚、胡正立、晏文峰、杨苗、李梦维、周金慧、万珂、郭海亮、龚丽、杨钢、刘海胜、吴曼、张建英、舒稳、杜宇、刘晓宇、杨程程、吴青、陈晓薇、石根科、季斌、熊亭、毛俊辉、孙晓永、岳东、高超、马岚岚、杜茜、陈凤、陈潇依、姜兵、丁冠甲、张森、董莹、陈星艳、艾莉、龙雄杰、桑子慧等同学的支持与帮助，在此不一一列举，深表谢意。

　　在本书出版之际，感谢国家"十一五"科技支撑计划课题（2008BADA03）资助和武汉市教育局科研项目（2007K019）（2008K081）资助。特别感谢钦州学院资源与环境学院黄远林院长的特别支持与关注，中国科学院南京土壤研究所吴龙华研究员的关心与鼓励，覃雪梅老师、莫小荣老师的关心与帮助！

　　由于作者水平有限，书中不足之处在所难免，敬请各位同仁批评、指正！

李素霞

2017 年 3 月于钦州

目　　录

第一章　土壤—蔬菜系统对氮镉互作效应的响应研究…………… 1

第一节　土壤—蔬菜系统氮镉互作效应现状………………………… 1

一、土壤镉来源及土壤—蔬菜系统镉污染现状…………… 1

二、土壤硝酸盐来源及其土壤—蔬菜系统硝酸盐污染
现状 ……………………………………………………… 3

三、土壤—蔬菜系统硝酸盐与镉复合污染的效应………… 5

第二节　城郊(武汉)土壤—蔬菜系统重金属的调查分析与
评价 ……………………………………………………… 12

一、2001 年武汉城郊蔬菜土壤重金属调查结果与评价 …… 12

二、2010 年城郊(武汉)蔬菜—土壤重金属镉(Cd)
调查结果与评价 ……………………………………… 27

三、2010 年城郊(武汉)蔬菜—土壤硝酸盐(NO_3^-)
调查结果与评价 ……………………………………… 36

四、2011 年城郊(武汉)特殊污染源(电厂)周边
蔬菜—土壤重金属调查结果 ………………………… 45

五、2011 年城郊(武汉)特殊污染源(垃圾填埋场)
周边蔬菜—土壤重金属调查 ………………………… 57

六、2013 年城郊(武汉)特殊污染源(垃圾填埋场)
周边蔬菜重金属调查 ………………………………… 68

七、2011 年城郊(武汉)特殊污染源(药厂)周边
蔬菜—土壤重金属调查 ……………………………… 77

八、2012 年城郊(武汉)村镇农田土壤重金属调查 ……… 79

第三节　农田土壤—蔬菜重金属污染的研究现状 ………………… 84

一、农田土壤重金属污染的研究现状 ………………………… 84

二、农田蔬菜重金属污染的研究现状 …………………… 92

第四节　菜地土壤镉重度污染水平对小白菜、苋菜生长
和品质的影响…………………………………… 105

一、原位定点试验 …………………………………… 105

二、盆栽条件下镉重度污染水平与氮交互作用对
小白菜、苋菜生长及品质的影响 …………………… 105

第五节　土壤—蔬菜系统氮镉交互作用研究…………… 116

一、盆栽条件下氮镉交互作用对苋菜、小白菜生长
及其营养品质的影响 …………………………… 116

二、氮镉交互作用对苋菜、小白菜体内累积镉与
硝酸盐的影响………………………………… 125

三、盆栽条件下氮镉交互作用对苋菜、小白菜
土壤酶活性的影响 ……………………………… 136

第六节　土壤—蔬菜系统中镉污染条件下不同品种的
氮肥效应研究…………………………………… 140

一、镉污染条件下不同品种氮肥对苋菜、小白菜
品质的影响 …………………………………… 141

二、镉污染条件下不同品种氮肥对苋菜、小白菜
生长量的影响………………………………… 143

三、镉污染条件下不同品种氮肥对苋菜、小白菜
吸收镉与硝酸盐的影响………………………… 144

四、镉污染条件下不同品种氮肥对苋菜土壤酶
活性的影响 …………………………………… 146

第七节　讨论与总结……………………………………… 150

一、讨论 ……………………………………………… 150

二、总结 ……………………………………………… 150

三、不足之处 ………………………………………… 152

第二章　土壤—蔬菜系统氮镉交互作用下调控模式研究……… 153

第一节　土壤—蔬菜系统氮镉交互作用下调控模式研究
现状……………………………………………… 153

一、菜地—土壤系统氮镉交互作用下改良现状…………… 153

二、不同改良剂对氮镉互作下土壤酶活性的研究

进展 ………………………………………………… 160

第二节　不同改良剂对土壤—蔬菜系统氮镉交互作用

调控模式研究 ……………………………………… 168

一、不同改良剂处理在镉与硝酸盐复合污染下

对辣椒品质的影响 ………………………………… 171

二、不同改良剂在镉与硝酸盐复合污染下对

番茄品质的影响 …………………………………… 174

三、不同改良剂在镉与硝酸盐复合污染下对

小白菜品质的影响 ………………………………… 177

四、不同改良剂在镉与硝酸盐复合污染下对

苋菜品质的影响 …………………………………… 183

五、氮镉互作下石灰对不同蔬菜品质的影响 ………… 184

六、氮镉互作下有机肥对不同蔬菜品质的影响 ……… 187

七、氮镉互作下双氰胺对不同蔬菜品质的影响 ……… 191

八、不同改良剂对镉与硝酸盐复合污染下土壤酶

活性的影响 ………………………………………… 195

第三节　不同处理改良剂对土壤—蔬菜系统氮镉交互作用

调控模式研究 ……………………………………… 201

一、不同处理双氰胺对镉与硝酸盐复合污染下

苋菜—土壤系统的影响 …………………………… 202

二、不同处理双氰胺对镉与硝酸盐复合污染下

小白菜—土壤系统的影响 ………………………… 204

三、不同处理的石灰对镉与硝酸盐复合污染下

小白菜—土壤系统的改良效果 …………………… 223

四、不同处理的石灰对镉与硝酸盐复合污染下

苋菜—土壤系统的影响 …………………………… 231

五、不同浓度的有机肥对镉与硝酸盐复合污染下

小白菜—土壤系统的改良效果 …………………… 236

第三章　植物修复对镉与硝酸盐复合污染下土壤—蔬菜系统
　　　　的影响 ·· 258

第一节　植物修复的概念与种类 ···························· 258

　一、植物修复的概念及中国已报道镉超积累植物
　　　的种类 ·· 258

　二、植物修复土壤氮镉互作污染的生态研究现状 ········· 259

第二节　苋菜对镉与硝酸盐复合污染下土壤—小白菜
　　　　系统的试验研究 ···································· 265

　一、试验苋菜的筛选 ··································· 266

　二、不同土壤镉与硝酸盐复合污染下苋菜—小白菜
　　　混作对小白菜产量和品质的影响 ·················· 268

　三、不同土壤镉与硝酸盐复合污染下苋菜—小白菜
　　　混作对小白菜镉与硝酸盐含量的影响 ·············· 269

　四、讨论与结论 ······································· 270

　五、植物修复对氮镉互作下小白菜土壤酶活性的影响 ······ 271

第四章　结论 ··· 276

结语 ··· 283

第一章 土壤—蔬菜系统对氮镉互作效应的响应研究

第一节 土壤—蔬菜系统氮镉互作效应现状

一、土壤镉来源及土壤—蔬菜系统镉污染现状

菜地土壤污染是我国菜地土壤生态环境最主要的问题之一，其中尤以土壤重金属污染更为突出。环境保护部、国土资源部于2014年4月17日公布的"全国土壤污染状况调查公报"显示，全国土壤重金属的超标率19.4%，土壤镉超标率7.0%，其中镉的重点污染点位比例为0.5%，由此可见，镉在全国土壤中的污染程度。

（一）土壤镉的来源

镉是毒性很大的重金属元素之一，属于积蓄毒性元素，引起慢性中毒的潜伏期可达10~30年之久（赵美萍和邵敏，2005；廖自基，1992）。土壤中镉的来源可分为自然和人为活动两种，前者来源于岩石和土壤，同时也有以气溶胶形态存在于大气中的镉，经扩散、沉降降落在土壤表面以及矿藏开采和冶炼过程中，镉主要通过冲刷溶解作用和挥发作用释放到水体和大气中，进而污染土壤。后者来源于工业"三废"和含镉肥料的施用。

随着工业迅猛发展，大量重金属污染了农田，尤其在污染源周围的农田菜地的重金属的污染程度最大，一般在冶炼厂附近，土壤镉浓度水平较高。如日本某冶炼厂周围镉浓度高达40mg/kg。

（二）土壤—蔬菜系统镉污染现状

2007年春季我们曾对浙江某地4个代表性工厂（眼镜制造工厂）的附近菜园地采集土壤，分析其中重金属含量，结果发现镉的

含量为 5.85 ~ 17.89mg/kg，严重超出土壤环境质量标准（GB 15618—1995）的二级标准。在武汉城郊的某垃圾卫生填埋场附近的菜地，重金属镉的含量为 0.356 ~ 0.546mg/kg，某电厂附近的菜地重金属东、南、西方向镉的含量为 0.911 ~ 3.428mg/kg、0.495 ~ 1.358mg/kg、0.372 ~ 1.305mg/kg，当地土壤镉的背景值为 0.172mg/kg，依据当地的酸碱度，当地环境质量二级标准为 0.3mg/kg，均超出了国家标准；我国上海市郊的松江炼锌厂地区镉污染水平已超过当地土壤背景值的 100 倍左右。沈阳某区土壤镉污染水平平均达到 7mg/kg，工厂附近镉污染在地表 6 ~ 20cm 根层左右，浓度可达 40 ~ 50mg/kg。据报道（陈怀满，1996；安志装等，1996），我国受镉污染的耕地面积约 1.4 万 hm^2，已有 11 处污灌区达到生产镉米的程度。福建省耕地重金属污染综合指数为 0.67，属警戒污染水平，单项污染指数以镉最高（达 0.89）（苏年华和张金彪，1994），这说明我国受镉污染的高污染区的现状已经突现。

由于大量施用含镉的肥料以及使用被工业"三废"污染的水灌溉，我国土壤普遍存在镉污染问题，污染面积约为 $1330km^2$，土壤中的镉含量在 1 ~ 5mg/kg，有的甚至超过 10mg/kg（崔力拓等，2006）。李素霞等（2007）对武汉市 6 个大的蔬菜基地进行调查、采样、分析发现：蔬菜及土壤中重金属含量超标，普遍存在污染的是镉，总超标率为 50%，最高超标倍数为 2.86 倍。彭玉魁等（2002）对陕西省大中城市郊区菜园 14 类 152 份蔬菜样品进行分析，结果表明，镉是该地区的主要污染元素之一，其超标含量达 29.4%。沈彤等（2005）对长沙市各蔬菜基地生长的 13 种蔬菜进行调查分析，发现蔬菜镉超标率达 96.3%，最高值为 0.27mg/kg，是限量指标的 5.4 倍。张超兰等（2001）对南宁市郊 12 个主要菜区土壤和蔬菜中 Cu、Zn、Cd、Pb 含量调查分析，土壤中 Cd、Pb 超出国家规定的卫生标准；在 12 个采样点中有 11 个采样点蔬菜中镉含量超标，最高达 91%，超出标准 6.2 倍。秦波、白厚义等（2006）研究发现，蔬菜土壤镉超标达 38.6%，成为重金属中污染最突出的重金属元素，这说明在北部湾经济区土壤—蔬菜系统中镉污染已经具有普遍性。李国偶等（1986）较早报道武汉市易家咀蔬菜存在镉污染；夏增禄(1994)报道：在珠江三角洲土壤重金属污染中，以汞、镉污染面积最大。同时，大量资料表明：长沙市、陕西省大中城市、重庆市、周口市、南京市、西安市、广州市、哈尔滨市、南宁市等城市郊区的菜地土壤—蔬菜系统均不同程度受镉污染的影响(沈彤，盛穗等，2005；彭玉魁，赵福劳等，2002；李其林，刘定德等 2004；张国胜和李宏，2011；周文鳞，李仁英等，2009；汤波，2011；魏秀国，何江华等，2002；罗娇赢，张思冲等，2009；张超兰，白厚义，2001；秦波、白厚义等，2006)。这说明国内各城市郊区菜地土壤—作物系统镉污染具有普遍性，而且比较突出，需要采取必要措施进行控制。

（三）重金属镉的生物效应

重金属镉通过与巯基蛋白结合或取代其中的 Fe^{2+}、Zn^{2+} 等使许多酶活性受到抑制或失活而在生物体内长期蓄积。镉影响光合呼吸作用，干扰碳氮代谢，损伤细胞膜系统，影响植株水分状况和养分吸收。镉还可干扰 Cu、Co 等必需微量元素在体内的正常生理功能和代谢过程而产生相应的毒害效应。为此，镉对作物根系的生长、对种子萌发、对微生物数量、对土壤酶活性、对作物的毒害、对作物的产量和品质等均有显著的负影响，最终通过食物链威胁人的身体健康。

二、土壤硝酸盐来源及其土壤—蔬菜系统硝酸盐污染现状

（一）土壤硝酸盐的来源

氮素是作物的主要营养元素，它与作物的产量和品质关系极大。我国绝大部分土壤都缺氮，施用氮肥一直是我国农业增产的关键技术(吴平宵等，2000)，尤其对蔬菜的增产效果明显，在蔬菜生产中更受重视。我国目前已经成为世界上氮肥施用量最多的国家，年施用量占全世界总量的30%(巨晓棠等，2002)。施入农田中的氮肥利用率仅为30%～35%(肖顺勇等，2006)；氮肥一般以铵态氮、硝态氮和酰胺态氮的形式进入土壤，受植物吸收、挥发、硝化和反硝化的影响。铵态氮和酰胺态氮一般首先转化为硝态氮才能被作物吸收(朱兆良，1992)。因此，过量施用氮肥是导致蔬菜硝

酸盐超标的主要原因。

（二）土壤—蔬菜系统硝酸盐污染现状

周艺敏等（1989）对菠菜、小白菜等6种蔬菜进行氮肥试验，发现氮素化肥的施用量与蔬菜体内硝酸盐含量呈显著或极显著正相关；王朝辉等（1998）研究表明，小白菜在施氮量为0.20g/kg、0.40g/kg、0.6g/kg时，硝态氮含量比不施氮肥时分别增加32.8、204.7、366.8倍。杨涛等（2006）研究发现化学氮肥用量与苋菜硝酸盐含量密切相关，在纯氮施用量不超过450kg/hm²的条件下，苋菜硝酸盐的含量与氮肥用量呈显著正相关。增加氮肥用量可引起苋菜硝酸盐积累增加。

唐其展等人对南宁市蔬菜进行调查发现94.4%的蔬菜硝酸盐含量超标，受到不同程度的污染，其中受到污染的蔬菜种类有叶菜类、根菜类、葱蒜类。以叶菜类污染最重（除韭菜），其次是根菜类和葱蒜类，污染指数在1.04~6.60，多数在2.0以上（唐其展，孔德工等，2003）。佛山市南海区露天菜地136个表层土壤样本硝态氮质量分数在1.070~854.4mg/kg，平均值为194.3mg/kg，有19.9%的土壤样本硝态氮质量分数超过300mg/kg，达到极高水平，高强度连作露天菜地土壤的硝态氮质量分数已经接近多年塑料大棚水平（柳勇等，2006）。珠江三角洲地区珠海、中山、江门等地露地种植的奶白菜、菠菜、菜心、西洋菜、芥蓝、茼蒿和玻璃生菜等7种叶菜类蔬菜硝酸盐含量都在1200mg/kg以上，超过叶菜类蔬菜硝酸盐安全限量标准（谢河山等，2000）。中山市大型蔬菜生产基地中9种蔬菜30个样品中硝酸盐含量由高到低依次为菜心>白菜>芥菜>空心菜>生菜>瓜果类，菜心、芥菜和白菜为严重污染，生菜与空心菜为重污染，瓜果类蔬菜为轻污染（黄勇等，2005）。保定市81件应季新鲜蔬菜中硝酸盐含量为5.3~5013mg/kg，严重污染及高度污染程度的各占25%；中度污染程度的占5%；轻度污染程度的占45%（梁淑轩，张美月等，2008）。汪李平等（2000）报道：发现夏季蔬菜硝酸盐污染十分严重，在采集的57种蔬菜中，严重污染的有14种（硝酸盐含量在1440~3100mg/kg），禁止上市的有11种（硝酸盐含量超过3100mg/kg），另外还有轻度污染、二级污染、三级污染的等；汪李平等（2003）报道：发现冬季蔬菜硝酸盐污染十分严重，在采集的 57 种蔬菜中，其中有 26 种蔬菜属于轻度污染，8 种蔬菜属于中度污染，14 种蔬菜属于严重污染；聊城市蔬菜硝酸盐和亚硝酸盐以及新乡市蔬菜硝酸盐和烟硝酸盐均有不同程度的污染（赵桂平，张明等，2010；高晗，李斌等，2010；高健，孙金华等，2012），因此，蔬菜中硝酸盐和亚硝酸盐污染已经成为各地区的普遍现象。

三、土壤—蔬菜系统硝酸盐与镉复合污染的效应

（一）氮肥对土壤中重金属形态及植物吸收重金属的影响

郑小林通过盆栽试验研究了镉污染土壤条件下氮磷钾肥处理对香根草修复土壤镉和锌污染效率的影响，结果表明，3 种氮处理能促进香根草地上部生长，而且显著提高地上部特别是叶的镉和锌含量，导致其修复效率成倍增加。建议，为改善香根草对较贫瘠土壤中镉污染的修复效率，应对香根草施氮肥，并控制或不施磷钾肥。

张敬锁等用两种不同形态氮素即 NH_4^+-N，NO_3^--N 营养液培养水稻，研究表明，NH_4^+-N 促进水稻对 Cd 的吸收，并增加了水稻根中和地上部的水提取态和氯化钠提取态 Cd 的含量；而 NO_3^--N 处理却增加了醋酸提取态 Cd 含量。但水稻根中 Cd 都是以氯化钠提取态 Cd 的形态占优势而存在。盐酸提取态和残留态的 Cd 处理差异不明显。曾清如等用五种氮肥研究表明不同氮肥对土壤中重金属的溶出有不同影响，且与氮肥的浓度有关。其中 NH_4Cl 和（NH_4）$_2HPO_4$ 对 Cd 的溶出均有较大的促进作用。不同铵盐对植物吸收重金属有不同的影响，且与土壤重金属的溶出并不一定呈正相关。另有研究表明，氮肥能促进莴苣对 Cd 的吸收，但对 Cd 在莴苣体内的分布影响不显著。

施用硫酸铵、硝酸铵和尿素能增加土壤中水溶性和交换态的 Cd 的含量，其中以硫酸铵对菠菜叶中 Cd 含量的提高作用最大，Singh 等研究了莴苣 Cd 吸收与施 N 量的关系，施 N 量少于 100mg/kg 时（N 为 NH_4NO_3），N 增加莴苣对 Cd 的吸收，而施 N 量大于

150mg/kg 时，则抑制植株 Cd 的吸收。他们认为其机制是 NH_4^+ 与 Cd^{2+} 竞争而抑制 Cd 向地上部运转，然而这种解释无法从该文中找到证据。氮具有缓冲重金属引起植物毒害的能力。经镉处理的冬小麦幼苗，叶和根的生长受到抑制，而氮肥的施用减轻了其毒性抑制作用。随氮肥水平的提高，毒性抑制作用降低。

由于氮肥中的盐基阳离子与土壤重金属的交换以及长期施用氮肥，使土壤 pH 值缓慢降低，增加了重金属在土壤溶液中的溶解度，所以，施用氮肥一般能提高土壤重金属的植物有效性。Jan E Eriksson 发现氮肥促进植物吸收 Cd，增加土壤 Cd 活性。但是，氮肥种类不同，作用程度也不同，有研究表明：植物在 NH_4^+-N 溶液中，植物吸收 Cd 量较大。

(二)土壤—蔬菜系统硝酸盐与镉复合污染的效应

土壤中重金属的存在形态是决定其在土壤中行为的最重要因素(Maetal, 1997)；而土壤 pH 是影响金属 Cd 在土壤中存在形式的主要因素(余涛等，2006)。施铵态氮肥会引起土壤酸化，土壤酸化会导致土壤 Cd 的活化及其在食物链的积累，增大了 Cd 对人体健康威胁的风险性，另外现在农业生产中多施用的是铵态氮肥，铵态氮肥在土壤中可以通过硝化作用转化为硝态氮，这就增加了土壤—蔬菜系统中的硝酸盐累积量。同时，有些地区土壤 pH 本身就很低，例如，广西北部湾区域土壤大多为砖红壤和赤红壤，pH4.0~5.5，无论是铵态氮肥的施用还是土壤的本底酸度均对镉的存在形态有激活贡献。

同时，菜地本身是复种指数较高的特殊的生态系统，依据常态施肥的习惯，氮肥的施用量及施用频率均较高。这更说明菜地土壤氮镉互作效应明显。而有关土壤—蔬菜系统硝酸盐与镉复合污染的报道鲜见，主要集中在以下几个方面。

第一，土壤—作物系统硝酸盐污染的效应。镉在低浓度、短时间(1~3d)对小球藻硝酸还原酶(NRase)活性有促进作用，长时间(>3d)有抑制作用(赵素达等，2000)。镉处理能显著减少菜豆植株对水分和硝酸盐的吸收，处理 24h 后植株硝酸还原酶活力下降，但处理 7ds 后植株硝酸还原酶活力与对照没有差异(Gouia et al.,

2000）。营养液中镉处理 1 周的番茄幼苗硝酸盐含量下降，硝酸还原酶、亚硝酸还原酶以及谷氨酸合成酶、铁氧化—谷酰胺合成酶活性受到抑制，但同时 NADH-谷酰胺合成酶、NADH-谷酰胺脱氢酶活性升高（Chaffei et al，2004）。营养液中 $CdCl_2$ 诱导水稻叶片积累铵可归因于谷氨酸合成酶（GS）活性下降（Chienand Kao，2000）。这些结果说明，镉污染能够影响植物对硝酸盐的吸收和转化，表现体内硝酸盐含量下降而铵态氮积累增加，这与镉抑制硝酸还原酶、谷氨酸合成酶活性有关。但以上结果大多来源于营养液培养下的植物，缺乏与土壤过程的联系，尤其是针对土壤—作物系统氮镉互作情况下硝酸盐离子在土壤过程中的迁移和转化必然影响其向地下水和植物体内的运移，而这方面的研究相当缺乏。

第二，氮对土壤—作物系统镉污染的效应。在施氮量相同的条件下，施用硫酸铵的处理印度芥菜和高积累镉油菜吸镉量高于施用硝酸铵和硝酸钙的处理（王激清等，2004）；两种不同形态氮素即 NH_4^+-N、NO_3^--N 营养液培养中，NH_4^+-N 促进水稻对镉的吸收，并增加了水稻根中和地上部的水提取态和氯化钠提取态镉的含量；而 NO_3^--N 处理却增加了醋酸提取态镉含量（张敬锁等，1998）。田间条件下硝酸铵增加了黑麦籽粒中镉含量（Gray et al.，2002）。Zaccheo 等（2006）认为，铵态氮营养加上消化抑制剂是促进向日葵提取土壤镉的有效策略。杨锚等研究发现施用铵态氮肥则显著提高了两种形态镉的含量，且氯化铵的作用大于硫酸铵；施用硝酸铵显著提高了水溶态镉含量，但对有效态镉影响较小（杨锚等，2006）。因此，已有研究说明，不同形态氮或氮肥能够影响土壤中镉的存在形态及其有效性，进而影响植物中镉的含量和存在形态，但有关土壤—作物系统硝酸盐与镉复合污染对镉在系统中的行为尤其是向产品器官研究缺乏。

小结：大量资料说明土壤—蔬菜系统镉污染具有普遍性，而且比较突出。蔬菜中硝酸盐和亚硝酸盐污染已经成为各地区的普遍现象。镉对土壤—蔬菜系统硝酸盐污染的效应以及氮对土壤—蔬菜系统镉污染的效应明显。

参考文献：

[1]郑小林，朱照宇，黄伟雄．N、P、K 肥对香根草修复土壤镉、锌污染效率的影响[J]．西北植物学报，2007，27(3)：0560-0564.

[2]张敬锁，李花粉，张福锁，姚广伟．不同形态氮素对水稻体内锅形态的影响[J]．中国农业大学学报，1998，3(5)：90-94.

[3]Florijin P J, Nelemans, van Beusichen M L. The influence of the forms of nitrogen nutrition on uptake and distribution of cadmium in lettuce varieties[J]. Plant Nutr, 1992, 115(11)：2405-2416.

[4]Willaert G, Verloo M：Effect of various nitrogen fertilizers on the chemical and biological activity of major and trace elements in a cadmium contaminated soil[J]. Pedologie：1992, 42(1)：83-91.

[5]Williams C H. David DJ. Zinc, Cd and Mn uptake by soybean from two Zn- and Cd-amended coastal plain soils [J]. Soil Science Society of America Journal, 1976, 121：86-93.

[6]Fabian G, Dezsi D M. Ecophysiological studies of the relationship between heavy metal toxicity and nitrogen nutrition in the early development stage of winter wheat [J]. Acta Botanica Hungarica, 1987, 33(3-4)：219-234.

[7]Jan E, Eriksson A . field study on factors influencing Cd levels in soils and in grain of oats and winter wheat[J]. Water, Air & Soil Pollution, 1990, 53(1-2)：69-81.

[8]金春姬，李鸿江，贾永刚，等．电动力学法修复土壤环境重金属污染的研究进展[J]．环境污染与防治，2004，26(5)：341-344.

[9]刘奉觉，Edwards WRN，郑世楷，等．杨树树干液流时空动态研究[J]．林业科学研究，1993(4)：368-372.

[10]李艳梅．土壤镉污染下小白菜对氮肥的生物学反应[D]．西北农林科技大学，2008.

[11]张超兰，白厚义．南宁市郊部分菜区土壤和蔬菜重金属污染评价[J]．广西农业生物科学，2001，20(3)：186-189，205.

[12]李静，谢正苗，徐建明，等．杭州市郊蔬菜地土壤重金属环境质量评价[J]．生态环境，2003，12(3)：277-280．

[13]秦波，白厚义，陈秀娟，等．南宁市郊菜园土壤重金属污染评价[J]．农业环境科学学报，2006，25(增刊)：45-47．

[14]李国倜，崔慧纯，郭继孝，等．武汉市易家墩蔬菜镉污染初步研究[J]．环境科学，1986，7(3)：21-24，5．

[15]夏增禄．中国主要类型土壤若干重金属临界含量和环境容量区域分异的影响[J]．土壤学报，1994，31：161-169．

[16]李素霞，胡承孝．武汉市蔬菜重金属污染现状的调查与评价[J]．武汉生物工程学院学报，2007，3(4)：211-215．

[17]沈彤，盛穗，马赛平．长沙市蔬菜中 Pb、Cd 含量状况及控制对策[J]．湖南农业科学，2005(4)：62-63．

[18]彭玉魁，赵锁老，王波．陕西省大中城市郊区蔬菜矿质元素及重金属元素含量研究[J]．西北农业学报，2002，11(1)，97-100．

[19]李其林，刘定德，赵中金，等．重庆市菜地土壤重金属污染现状与防治对策[J]．农业环境与发展，2004(1)：30-32．

[20]张国胜，李宏．周口市蔬菜中铅、镉、汞污染研究[J]．中国健康月刊，2011，30(6)：55-56．

[21]周文鳞，李仁英，岳海燕，等．南京江北地区菜地土壤重金属污染特征及评价[J]．大气科学学报，2009，32(4)：574-581．

[22]汤波．西安市郊蔬菜地土壤重金属污染调查研究[J]．科技向导，2011(17)：63．

[23]魏秀国，何江华，陈俊竖，等．广州市蔬菜地土壤重金属污染状况调查与评价[J]．土壤与环境，2002，11(3)：252-254．

[24]罗娇赢，张思冲，辛蕊．哈尔滨市北部菜地土壤重金属污染研究[J]．国土与自然资源研究，2009(3)：48-49．

[25]郭燕梅，王昌全，李冰．重金属镉对植物的毒害研究进展[J]．陕西农业科学，2008(3)：122-125．

[26]肖顺勇,唐建初,刘钦云,等.湖南省农业面源污染分析及其防治对策[J].农产品质量安全,2006,5:23-25.

[27]朱兆良.中国土壤氮素[M].南京:江苏科学技术出版社,1992.

[28]唐其展,孔德工,黄武杰,等.南宁市蔬菜的硝酸盐含量及评价[J].土壤肥料,2004(6):25-27.

[29]柳勇,徐润生,孔国添,等.高强度连作下露天菜地土壤次生盐渍化及其影响因素研究[J].生态环境,2006,15:620-624.

[30]谢河山,王燕鹏,程萍.珠江三角洲叶菜类蔬菜硝酸盐污染现状及对策[J].广东农业科学,2000,5:26-28.

[31]黄勇,郭庆荣,任海,等.珠江三角洲典型地区蔬菜重金属污染现状研究——以中山市和东莞市为例[J].生态环境,2005,14:559-561.

[32]梁淑轩,张美月,陈秋生,等.保定蔬菜硝酸盐含量调查[J].环境与健康杂志,2008(11):59-61.

[33]汪李平,向长萍,王运华.武汉地区夏季蔬菜硝酸盐含量状况及其防治[J].华中农业大学学报,2000,19(5):497-499.

[34]汪李平,向长萍,王运华.武汉市场蔬菜硝酸盐含量状况及食用卫生评价[J].湖北农业科学,2003(3):71-72.

[35]赵桂平,张明,董蕾,等.聊城市蔬菜硝酸盐和亚硝酸盐污染评价[J].安徽农学通报,2010,16(13):123-125.

[36]高晗,李斌,宋静雅,等.新乡市蔬菜硝酸盐和亚硝酸盐污染现状分析[J].河南科技学院学报(自科版),2010,38(1):22-25.

[37]闫建高,孙金华,吴瑞峰.开封市市售蔬菜中亚硝酸盐含量的测定和分析[J].科技创新,2012,9(上):21.

[38]贺文爱,龙明华,白厚义,等.蔬菜硝酸盐积累机制研究的现状与展望[J].长江蔬菜,2003(2):31-33.

[39]赵素达,朱松龄,吴以平.铜和镉对小球藻硝酸盐还原酶活性的影响[J].海洋科学,2000,24:6-8.

［40］王激清，茹淑华，苏德纯．氮肥形态和螯合剂对印度芥菜和高积累镉油菜吸收镉的影响［J］．农业环境科学学报，2004，23：625-629.

［41］张敬锁，李花粉，张福锁．不同形态氮素对水稻体内镉形态的影响［J］．中国农业大学学报，1998，3：90-94.

［42］杨锚，王火焰，周健民，等．不同水分条件下几种氮肥对水稻土中外源镉转化的动态影响［J］．农业环境科学学报，2006，25：202-207.

［43］顾继光，周启星．镉污染土壤的治理及植物修复［J］．生态科学，2002，21：352-356.

［44］杨晓英，杨劲松．氮素供应水平对小白菜生长和硝酸盐积累的影响［J］．植物营养与肥料学报，2007，13：160-163.

［45］王朝辉，李生秀，田霄鸿．不同氮肥用量对蔬菜硝态氮累积的影响［J］．植物营养与肥料学报，1998，4：22-28.

［46］Hassan, M. J., F. Wang, et al. Toxiceffect of cadmium on rice asaffected by nitrogen fertilizer form. Plant and Soil, 2005, 277 (1-2)：359-365.

［47］Zaccheo P, Crippa L, Pasta VDM. Ammonium nutrition as a strategy for cadmium mobilisation in the rhizosphere of sunflower. Plant and Soil, 2006, 283(1-2)：43-56.

［48］Chiraz Chaffei, KarinePageau1, AkiraSuzuki1, Houda Gouia, Mohamed Habib Ghorbeland Céline Masclaux-Daubresse. Cadmium toxicity induced changes in nitrogen management in Lycopersicon esculentum leading to a metabolicsafeguard through an amino acid storage strategy. Plant and Cell Physiology, 2004, 45（11）：1681-1693.

［49］Hsiu-Fang Chien, Ching-Huei Kao. Accumulation of ammoniu in rice leaves in response to excess cadmium. Plant Science, 2000, 156(1)：111-115.

第二节　城郊(武汉)土壤—蔬菜系统
重金属的调查分析与评价

一、2001年武汉城郊蔬菜土壤重金属调查结果与评价

(一)主要试验区

随机在武汉市的洪山乡、和平乡、永丰乡、东西湖开发区的张家墩公司和径河农场以及黄陂的武湖农场等菜农的蔬菜地采集春季蔬菜及相应的土壤。

(二)试验区的基本情况及周边环境

(1)洪山乡样点

在洪山乡的新路村、李家桥和板桥,分别采样,其灌溉水主要来自巡司河,巡司河与南湖、长江相通,沿路有许多化工厂等,在周边有一个皮革厂。经实地考查,蔬菜所用的有机肥多为人畜尿粪(每家菜地头差不多都有一个很大很深的圆池子),以种植芹菜、莴苣居多。

(2)和平乡武丰村样点

在和平乡武丰村的四、五、六队以及其农科所分别采样,灌溉用的水为地下水,偏碱性,水刚流出时呈现白色,稍时澄清,与打井的深浅有关系;其附近有一编织袋厂。蔬菜地有机肥的施用与洪山乡相似,以种植莴苣、韭菜居多。

(3)永丰乡三眼桥村样点

在三眼桥四队及东湖开发区的八片、九片分别采样。蔬菜基地基本上由外来人承包,肥料多为各种化肥;只要能治虫、防病的农药都在蔬菜上施用,并不考虑其可能带来的污染问题。灌溉所用的水来自汉江,而附近有一大型的啤酒厂——中德啤酒厂(原中美啤酒厂),其排放物对水质有严重的污染,据说,有时江里的鱼都能被毒死。以种植莴苣、萝卜居多。

(4)东西湖区张家墩公司采样点

张家墩公司蔬菜基地位于东西湖大堤旁边,附近无任何污染源,风景秀丽,以金银河水灌溉,无任何污染,是武汉无公害蔬菜

地之一。有机肥的施用与洪山乡相似。以种植莴苣、小白菜居多。

（5）东西湖区径河农场采样点

在径河农场实验站采样。采用东流港的水灌溉，附近有一家奶油厂及小型的化肥厂，有一定的污染；种植最多的是萝卜、莴苣、小白菜等。

（6）黄陂区武湖农场

在武湖农场的湖墩村及熟地队分别采样，一般使用长江水灌溉；熟地一般使用井水灌溉，主要种植萝卜、莴苣、竹叶菜、苋菜等。

（三）不同蔬菜品种中重金属元素含量特征

对采集的46个蔬菜样品，按类别分为8种，并对测定结果进行统计分析（见表1.1）。

在检测的13种蔬菜中，Hg的总检测率为91.3%，在4种蔬菜上出现超标现象，它们分别为油麦菜、莴苣叶、芹菜叶、四季香葱，分别超标33%、16.7%、25%、16.7%，最高超标倍数分别为20.7、1.99、5.7、4.34。

表1.1　　　　　　　不同蔬菜品种中重金属含量分布

		平均值	CV（%）	检出范围	检出率（%）	超标率（%）
油麦菜	Hg	0.008	152.83	0.001~0.021	100	33
	Cu	0.360	8.589	0.324~0.378	100	0
	Pb	0.537	68.537	0.23~0.945	100	100
	Cr	0.769	8.002	0.698~0.807	100	100
	Cd	0.029	52.408	0.019~0.047	100	0
	Zn	2.049	11.574	1.78~2.227	100	0
	As	0.003	173.205	0~0.009	33.3	0
莴苣根	Hg	0.001	185.226	0.000~0.007	100	0
	Cu	0.386	51.477	0.044~0.631	100	0
	Pb	0.215	12.301	0.185~0.254	100	67
	Cr	0.371	20.545	0.324~0.523	100	16.7
	Cd	0.032	48.170	0.005~0.047	100	0
	Zn	0.998	44.473	0.597~0.641	100	0
	As	0.007	155.605	0~0.021	33.3	0

续表

		平均值	CV(%)	检出范围	检出率(%)	超标率(%)
莴苣叶	Hg	0.004	188.045	0~0.020	83.3	16.7
	Cu	0.363	25.210	0.274~0.534	100	0
	Pb	0.564	30.089	0.367~0.864	100	100
	Cr	0.853	26.226	0.644~1.193	100	100
	Cd	0.029	115.922	0~0.091	83.3	50
	Zn	2.170	54.164	0.664~3.806	100	0
	As	0.014	155.361	0~0.054	50	0
四季香葱	Hg	0.008	211.136	0~0.043	83.3	16.7
	Cu	0.084	111.532	0~0.225	66.7	0
	Pb	0.543	43.107	0.25~0.879	100	100
	Cr	0.798	55.463	0.326~1.591	100	66.7
	Cd	0	——	0	0	0
	Zn	0.4855	131.77	0~1.575	50	0
	As	0.009	244.949	0~0.054	16.7	0
芹菜茎	Hg	0.003	95.490	0.001~0.008	100	0
	Cu	0.344	152.272	0.054~0.278	100	0
	Pb	0.448	56.910	0.241~0.887	100	100
	Cr	0.702	42.459	0.55~0.235	100	100
	Cd	0.014	118.092	0~0.041	60	0
	Zn	0.648	169.179	0~2.595	80	0
	As	0.004	223.607	0~0.019	20	0
芹菜叶	Hg	0.017	160.613	0.003~0.057	100	25
	Cu	0.523	28.328	0.332~0.693	100	0
	Pb	1.051	17.093	0.838~1.223	100	100
	Cr	1.598	21.821	1.281~1.900	100	100
	Cd	0.038	172.769	0~0.128	75	25
	Zn	3.049	67.632	1.89~6.136	100	0
	As	0.051	167.891	0~0.179	50	0

		平均值	CV(%)	检出范围	检出率(%)	超标率(%)
叶菜	Hg	0.002	53.769	0.000~0.003	100	0
	Cu	0.474	48.341	0.117~0.724	100	0
	Pb	0.784	48.924	0.503~1.689	100	100
	Cr	1.067	19.769	0.744~1.409	100	100
	Cd	0.04	53.083	0.019~0.08	100	0
	Zn	2.505	102.771	0~8.5	87.5	0
	As	0.068	204.881	0~0.4	50	0
萝卜土豆	Hg	0.002	155.619	0~0.007	71.4	0
	Cu	0.076	98.660	0.029~0.243	100	0
	Pb	0.416	59.214	0.19~0.913	100	71.4
	Cr	0.514	65.052	0.321~1.26	100	14.3
	Cd	0.009	128.661	0~0.031	85.7	0
	Zn	0.722	57.679	0~1.194	85.7	0
	As	0.008	180.954	0~0.04	42.9	0

（注：表中"0"代表"未检出"）。

在检测的 13 种蔬菜中 Cu 均未出现超标现象，总检出率为 97.8%，根菜类平均含量为 0.219mg/kg，叶菜类为 0.354mg/kg。

Pb 总检出率为 100%，超标率为 91.3%，最高超标 8.44 倍，只在个别根块类未超标，但含量范围为 0.185~0.19mg/kg，接近标准 0.2mg/kg，总体来看，武汉市蔬菜严重受到铅的污染。

Cr 总检出率为 100%，超标率为 71.7%，最高超标 3.8 倍，多表现在叶菜类，占总叶菜类的 94.3%，污染程度相当严重，仅次于铅污染。

Cd 仅发现什湖开发区的芹菜叶上超标，达 1.28 倍，可能是农药污染的缘故。

Zn 未发现超标现象，总检测率为 87%，最高浓度为 8.5mg/kg，叶菜类锌的含量要高于根菜类。

As 未发现超标现象，总检测率为 39.1%，最高为 0.4mg/kg。

综上所述，武汉市蔬菜受到铅、铬的严重污染，个别受到汞、镉污染。

大气污染可能是造成武汉市蔬菜中铅污染的主要原因，由于近年来武汉交通运输业兴旺发达，汽车排铅污染必然相当严重。铬和镉的污染，从分析结果看，叶菜类>根菜类，该污染主要来源于污水灌溉及施用含铬和镉的化肥、农药等；但从土壤、蔬菜中铬含量的相关性分析，莴苣、叶菜类成负相关，油麦菜、香葱、芹菜、萝卜、土豆成正相关，铬污染占叶菜类的 94.3%，占根菜类的 18.2%。

(四)不同区域蔬菜中重金属含量特征

对武汉市的洪山乡、和平乡、永丰乡、东西湖开发区、黄陂区所采集的 46 个蔬菜样品中，Hg、Cu、Pb、Cr、Cd、Zn、As 的含量进行统计分析(见表 1.2)，结果如下：

Hg：只有在永丰乡表现有超标的现象，说明武汉市蔬菜中汞的背景水平较低；不同的区域排序：永丰乡>洪山乡、和平乡>东西湖区、黄陂区，变异系数较大，分布不均匀。

Cu：5 个区域 36 个采样点 46 个样本蔬菜中，铜的总体合格率为 100%，说明武汉市蔬菜中铜的背景水平较低；不同区域中，和平乡的蔬菜中铜的含量略高于其他 4 个区域，东西湖区径河农场的蔬菜中铜的含量最低。

Pb：5 个区域 36 个采样点 46 个样本蔬菜中，只有永丰乡及东西湖区的径河农场的污染率未达到 100%，其余三个区域均达到 100%，最高超 8.44 倍，而且在两个区域未被污染的蔬菜品种为白萝卜、土豆、莴苣茎，且数值达 0.185～0.190，接近标准 0.2，这说明武汉市蔬菜的铅的背景水平较高，也从另一方面说明根块类蔬菜吸收铅的能力较强。

Cr：在 5 个区域的蔬菜中，由 Cr 引起的污染仅次于铅，污染程度是：和平乡>洪山乡>永丰乡>东西湖径河农场>黄陂武湖农场>

东西湖张家墩公司，其中以和平乡超标率达100%，最高超3.8倍；黄陂武湖农场超标率为57.1%；洪山乡与黄陂武湖农场变异系数较大，分布不均匀。

Cd：在5个区域的蔬菜中，由镉引起的污染仅表现在永丰乡，超标样品的平均含量为0.128mg/kg，超标率为11.1%，最高超标倍数为1.28倍，而且只表现在西芹的叶子上。镉的变异系数较大，分布不均匀。

Zn：五个区域的蔬菜均未受到锌污染，总检出率为93.48%，5个区域平均含量相比，和平乡>洪山乡>永丰乡>东西湖区>黄陂区；和平乡、永丰乡与黄陂区含量范围变异系数较大，分布不均匀。

As：5个区域的蔬菜中砷的总合格率为100%，总检出率为39.13%，从5个区域来看，变异系数极大，分布极不均匀。

表1.2　　　　　不同区域蔬菜中重金属污染状况

采样区	元素	平均值	CV(%)	检出范围	检出率(%)	超标率(%)
武昌洪山乡	Hg	0.002	69.5	0~0.003	90.90	0.00
	Cu	0.310	80.1	0~0.706	81.80	0.00
	Pb	0.457	54.0	0.211~0.968	100.00	100.00
	Cr	0.846	51.7	0.326~1.591	100.00	72.70
	Cd	0.014	97.6	0~0.047	72.70	0.00
	Zn	1.997	116.6	0~8.5	90.90	0.00
	As	0.034	171.0	0~0.179	36.40	0.00
武昌和平乡	Hg	0.002	63.9	0.000~0.004	100.00	0.00
	Cu	0.461	75.2	0.048~1.278	100.00	0.00
	Pb	0.610	46.5	0.215~1.223	100.00	100.00
	Cr	0.966	41.1	0.523~1.899	100.00	100.00
	Cd	0.027	112.8	0~0.091	55.60	0.00
	Zn	2.126	80.6	0~6.136	88.90	0.00
	As	0.013	139.5	0~0.054	33.30	0.00

续表

采样区	元素	平均值	CV(%)	检出范围	检出率(%)	超标率(%)
汉阳永丰乡	Hg	0.022	82.203	0.007~0.057	100	55.6
	Cu	0.223	82.583	0.044~0.522	100	0
	Pb	0.449	68.139	0.19~1.173	100	66.7
	Cr	0.803	63.644	0.365~1.9	100	66.7
	Cd	0.026	160.407	0~0.128	77.8	11.1
	Zn	1.848	82.534	0~5.259	88.9	0
	As	0.014	97.096	0~0.04	66.7	0
东西湖张家墩	Hg	0.001	48.327	0.000~0.001	100	0
	Cu	0.305	49.773	0.054~0.458	100	0
	Pb	0.588	45.085	0.254~0.945	100	100
	Cr	0.621	46.835	0.321~0.98	100	60
	Cd	0.023	56.6134	0.002~0.037	100	0
	Zn	1.249	52.585	0.597~2.141	100	0
	As	0.084	211.776	0~0.4	40	0
东西湖径河农场	Hg	0.001	113.977	0~0.002	80	0
	Cu	0.179	62.875	0.029~0.302	100	0
	Pb	0.552	52.833	0.185~0.879	100	80
	Cr	0.772	46.154	0.324~1.177	100	60
	Cd	0.027	67.892	0~0.047	80	0
	Zn	1.104	94.923	0~2.291	80	0
	As	0.002	223.607	0~0.011	20	0
黄陂武湖农场	Hg	0.004	118.927	0~0.003	71.4	0
	Cu	0.363	75.187	0.045~0.724	100	0
	Pb	0.772	62.683	0.236~1.689	100	100
	Cr	0.765	53.397	0.329~1.278	100	57.1
	Cd	0.024	118.021	0~0.08	85.7	0
	Zn	0.622	77.034	0~1.231	71.4	0
	As	0.003	235.160	0~0.018	28.6	0

表 1.3　　　　　　　　　　**根菜类监测结果**　　　　（mg/kg 鲜重）

采样区	样本	Hg	Cu	Pb	Cr	Cd	Zn	As
洪山乡	莴苣根	0.000	0.631	0.211	0.350	0.047	1.412	0.021
和平乡	莴苣根	0.000	0.474	0.215	0.523	0.043	1.641	0
永丰乡	白萝卜	0.007	0.044	0.190	0.365	0.005	1.026	0.017
	土豆	0.007	0.044	0.190	0.365	0.005	1.026	0.04
	莴苣根	0.007	0.044	0.190	0.365	0.005	1.026	0
东西湖区	莴苣根	0.000	0.458	0.254	0.333	0.032	0.597	0.018
	白萝卜	0.000	0.054	0.437	0.321	0.002	1.194	0
	莴苣根	0.000	0.302	0.185	0.324	0.040	0.691	0
	白萝卜	0.000	0.029	0.327	0.485	0.031	0.391	0
黄陂区 武湖农场	白萝卜	0.000	0.072	0.370	0.345	0.015	0.728	0
	莴苣根	0.000	0.407	0.236	0.329	0.025	0.619	0
	白萝卜	0	0.045	0.488	0.457	0.002	0.687	0.002
	土豆	0	0.243	0.913	1.260	0	0	0
平均值		0.002	0.219	0.323	0.448	0.019	0.849	0.008
CV(%)		161.649	96.964	63.074	56.435	90.716	51.205	167.761
检出范围		0~ 0.007	0.029~ 0.631	0.185~ 0.913	0.321~ 1.26	0~ 0.047	0~ 1.641	0~ 0.04
检出率(%)		85	100	100	100	92.3	92.3	38.5
超标率(%)		0	0	81.8	18.2	0.0	0	0

表 1.4　　　　　　　　　　**叶菜类监测结果**　　　　（mg/kg 鲜重）

采样区	样本	Hg	Cu	Pb	Cr	Cd	Zn	As
洪山乡	（油麦菜）	0.001	0.324	0.230	0.698	0.019	2.227	0
	（四季香葱）	0.002	0	0.250	1.591	0	0.875	0
	（西芹茎）	0.001	0.132	0.241	0.588	0.014	0.146	0
	（西芹叶）	0.003	0.546	0.968	1.281	0.002	2.177	0

采样区	样本	Hg	Cu	Pb	Cr	Cd	Zn	As
洪山乡	(四季香葱)	0	0.058	0.326	0.499	0	0.463	0
	(莴苣叶)	0.001	0.534	0.497	0.685	0.016	3.806	0.054
	(港芹茎)	0.001	0.151	0.327	0.568	0.016	0.374	0
	(港芹叶)	0.003	0.332	0.838	1.311	0.013	1.991	0.179
	(四季香葱)	0.002	0.000	0.541	0.326	0	0	0
	(菠菜)	0.003	0.706	0.601	1.409	0.024	8.500	0.117
和平乡	(莴苣叶)	0.002	0.336	0.367	0.644	0.091	2.122	0
	(菠菜)	0.003	0.501	0.607	1.013	0.061	3.115	0
	(四季香葱)	0.002	0.048	0.709	0.859	0	0	0.054
	(西芹茎)	0.001	0.104	0.440	0.570	0	0.126	0.019
	(西芹叶)	0.004	0.693	1.223	1.899	0	6.136	0
	(小白菜)	0.000	0.467	0.503	0.916	0.019	1.653	0.011
	(菜心)	0.002	0.249	0.539	1.032	0.032	1.741	0
	(香芹)	0.004	1.278	0.887	1.235	0	2.595	0
永丰乡	(莴苣叶)	0.020	0.382	0.471	1.193	0	3.048	0.016
	(油麦菜)	0.021	0.378	0.436	0.802	0.047	1.780	0.009
	(西芹茎)	0.008	0.054	0.347	0.550	0.041	0	0
	(西芹叶)	0.057	0.522	1.173	1.900	0.128	1.890	0.026
	(大葱)	0.043	0.225	0.550	0.632	0	1.575	0
	(大白菜苔)	0.032	0.313	0.496	1.057	0.007	5.259	0.016
东西湖区	(小白菜)	0.001	0.328	0.726	0.980	0.024	1.650	0.4
	(莴苣叶)	0.001	0.305	0.578	0.664	0.037	0.664	0
	(油麦菜)	0.001	0.377	0.945	0.807	0.022	2.141	0
东西湖区	(小白菜)	0.002	0.117	0.764	1.177	0.047	2.147	0
	(四季香葱)	0.001	0.173	0.879	0.880	0	0	0
	(莴苣叶)	0	0.274	0.604	0.993	0.019	2.291	0.011
黄陂区 武湖农场	(莴苣叶)	0.001	0.347	0.864	0.939	0.008	1.087	0
	(竹叶菜)	0.002	0.724	0.844	0.744	0.033	0	0
	(菠菜)	0.003	0.700	1.689	1.278	0.080	1.231	0.018

采样区	样本	Hg	Cu	Pb	Cr	Cd	Zn	As
平均值		0.007	0.354	0.650	0.961	0.024	1.903	0.028
CV(%)		193.227	75.537	48.944	39.731	123.838	98.659	271.652
检出范围		0~0.05699	0~1.278	0.23~1.689	0.326~1.899	0~0.128	0~8.5	0~0.4
检出率(%)		93.9	97	100	100	69.7	84.8	39.4
超标率(%)		14.3	0	100	94.3	3.03	0	0

表1.5 不同区域土壤中重金属污染特征

采样区	元素	平均值 (mg/kg)	CV (%)	检出范围	检出率 (%)	超标率 (%)
武昌洪山乡	pH	8.154	1.5	8~8.3		
	Hg	0.070	37.0	0.026~0.112	100	0
	Cu	40.358	25.3	28.951~57.585	100	0
	Pb	22.864	6.4	19.973~25.281	100	0
	Cr	75.463	8.1	69.040~87.669	100	0
	Cd	0.411	38.8	0.266~0.724	100	50
	Zn	115.805	18.4	88.340~147.73	100	0
	As	7.595	78.1	0.425~20.788	100	0
武昌和平乡	pH	7.827	1.7	7.65~8.08	100	
	Hg	0.145	69.4	0.068~0.382	100	0
	Cu	35.740	9.1	32.155~40.745	100	0
	Pb	23.551	8.6	20.905~26.321	100	0
	Cr	77.875	6.6	71.235~87.744	100	0
	Cd	0.329	33.5	0.188~0.447	100	57.1
	Zn	135.970	7.0	118.93~147.75	100	0
	As	7.595	23.6	4.665~9.187	100	0

采样区	元素	平均值（mg/kg）	CV（%）	检出范围	检出率（%）	超标率（%）
汉阳永丰乡	pH	5.920	7.7	5.19~6.55	100	
	Hg	0.052	64.0	0.005~0.113	100	0
	Cu	34.692	9.9	29.383~38.799	100	0
	Pb	20.518	9.2	17.469~23.585	100	0
	Cr	83.453	8.5	73.449~93.202	100	0
	Cd	0.191	69.0	0~0.385	85.7	28.6
	Zn	83.839	40.4	45.62~136.13	100	0
	As	7.246	33.9	2.008~10.751	100	0
东西湖张家墩	pH	7.260	8.3	6.295~7.8	100	
	Hg	0.035	38.8	0.014~0.050	100	0
	Cu	48.257	3.3	46.387~50.125	100	0
	Pb	27.638	1.5	26.927~28.028	100	0
	Cr	88.938	10.2	76.938~98.443	100	0
	Cd	0.569	13.2	0.501~0.687	100	100
	Zn	78.135	5.3	74.590~85.18	100	0
	As	3.098	44.8	1.573~5.322	100	0
东西湖径河农场	pH	4.956	2.0	4.84~5.1	100	
	Hg	0.021	49.5	0.008~0.036	100	0
	Cu	23.182	4.2	22.139~24.791	100	0
	Pb	19.455	12.7	15.901~20.821	100	0
	Cr	79.019	13.8	67.941~92.854	100	0
	Cd	0.182	129.3	0~0.576	50	25
	Zn	8.443	70.7	1.57~17.64	100	0
	As	1.652	68.2	0.180~2.808	100	0
黄陂武湖农场	pH	7.793	1.1	7.68~7.92		
	Hg	0.041	58.3	0.005~0.067		0
	Cu	24.296	25.7	17.292~32.402		0
	Pb	17.360	18.7	13.320~22.637		0
	Cr	70.974	21.9	52.577~95.597		0
	Cd	0.280	110.9	0~0.805		50
	Zn	71.332	75.2	13.890~146.09		0
	As	0.000		0		0

从五个区域蔬菜污染总体情况来看，永丰乡污染较严重，这是因为永丰乡菜农以汉江水灌溉，而汉江水近几年来污染较严重，再加上菜农施用农药、化肥等。另外，张家墩公司采样点的污染程度不符合当地菜农所言，这可能是农药的污染，其他几个区域污染程度相当。

（五）不同类型蔬菜中重金属含量特征

从表 1.3、表 1.4 来看，总体来讲，叶菜类受污染的程度大于根菜类，根菜类未受到汞与镉的污染，而叶菜类则受到了轻微污染。在叶菜类中 Pb 与 Cr 的污染相当严重，分别占总叶菜类的 100% 与 94.3%；而在根菜类中占 81.8% 与 18.2%，较叶菜类轻一些。叶菜类受如此严重的污染，其原因值得深入分析。

（六）不同区域土壤中重金属污染特征

由表 1.5 可知，六个区域的酸碱度各不相同，变化范围为 4.96～8.15，就单个区域来看变化幅度不大，分布较均匀。

Hg：汞的总体合格率 100%，最高浓度 0.389mg/kg，接近标准 0.4mg/kg，从 5 个区域来看，变化幅度较大的是和平乡，分布较不均匀。

Cu：铜的总体合格率 100%，最高浓度 57.585mg/kg，接近标准 100mg/kg，从 5 个区域来看，变化幅度不大，分布较均匀。

Pb：铅的总体合格率 100%，检出率 100%，最高浓度 32.402mg/kg，变化幅度较小，分布较均匀。

Cr：铬的总体合格率 100%，检出率 100%，最高浓度 98.443mg/kg，变化幅度较小，分布较均匀。

Cd：5 个区域采样点都严重受 Cd 污染，超标率达 50%，最高浓度 0.805mg/kg，超过标准 0.3mg/kg2.68 倍，其中以东西湖区张家墩公司污染最为严重，超过 100%，其次和平乡达 57.1%，其中以东西湖区的径河农场与黄陂的武湖农场变化幅度较大，分布不均匀。

Zn：锌的总体合格率 100%，检出率 100%，最高浓度147.75mg/kg，接近标准 150mg/kg，东西湖的张家墩公司变异较大，分布较不均匀。

As：砷的总体合格率 100%，检出率 100%，最高浓度 20.788mg/kg，标准 30mg/kg，其中黄陂的五湖农场 As 的检出率为 0.0%，洪山区变化幅度较大，分布不均匀。

综上所述，土壤 Cd 的污染相对较重，究其原因，一方面菜地土壤中的 Cd 含量与施用磷肥(过磷酸钙)有关，另一方面菜地土壤中的 Cd 含量与工业废水排放有关。

(七)武汉市各种(类)蔬菜中重金属含量与土壤中重金属含量关系

由表 1.6 可知，除四季香葱、芹菜叶中铬与所对应土壤中铬含量相关性显著，萝卜土豆类中砷对应土壤中铬含量相关性显著外，其他相关性皆不显著，这说明在受重金属污染的土壤上生长的蔬菜不一定受重金属污染，同时也说明土壤重金属含量与蔬菜重金属含量关系不大。

表 1.6　　　　蔬菜与所在土壤中重金属含量的相关系数

	Hg	Cu	Pb	Cr	Cd	Zn	As
油麦菜	-0.966	0.845	0.910	0.910	-0.481	0.951	0.836
莴苣茎	0.560	0.095	0.379	-0.092	-0.248	0.711	-0.110
莴苣叶	0.557	0.204	-0.632	-0.046	-0.247	0.484	0.178
四季香葱	-0.234	-0.487	0.105	0.861*	—	-0.263	—
芹菜茎	-0.826	-0.711	-0.044	0.868	-0.633	0.536	-0.157
芹菜叶	-0.854	-0.742	0.256	0.978*	-0.764	0.559	-0.856
叶菜类	-0.312	0.392	-0.183	-0.084	0.349	0.286	-0.154
萝卜土豆类	0.727	-0.257	-0.273	0.071	-0.087	-0.047	0.804*

注："—"代表"未检出"；"＊"代表相关性显著。

表 1.7　　　　蔬菜中重金属元素的最高允许限量

元素	最高参留限量(mg/kg)	标准或代码
汞(Hg)	≤0.01	GB 2762—1994
砷(As)	≤0.5	GB 1496—1994
铅(Pb)	≤0.2	GB 14935—1994

元素	最高参留限量（mg/kg）	标准或代码
铬（Cr）	≤0.5	GB 1496—1994
镉（Cd）	≤0.05	GB 15202—1994
锌（Zn）	≤20	参照 99.6(2)武汉 . 城市环境
铜（Cu）	≤10	参照 99.6(2)武汉 . 城市环境

总之，蔬菜中重金属含量与所对应土壤中重金属含量的相关性不好，说明土壤重金属含量并不能反映其生物有效性。

（八）小结

（1）武汉市蔬菜受到了铅、铬的严重污染；铜、锌、砷未出现超标现象。

（2）武汉市蔬菜土受到了镉的严重污染；其他几种重金属元素均未出现超标现象。

（3）蔬菜中受到重金属污染以叶菜类最重，根菜类稍次之。

表 1.8　　　　　　土壤中重金属元素的最高允许限量

元素	最高参留限量（mg/kg）	标准或代码
汞（Hg）	≤0.5	GB 15612—1995
砷（As）	≤30	GB 15612—1995
铅（Pb）	≤200	GB 15612—1995
铬（Cr）	≤200	GB 15612—1995
镉（Cd）	≤0.3	GB 15612—1995
锌（Zn）	≤150	2000. 深圳蔬菜基地安全区标准
铜（Cu）	≤100	2000. 深圳蔬菜基地安全区标准

参考文献：

[1]尹福祥，吴小平 . 无公害蔬菜生产评价[J]. 农业环境与发展，2000，4：5-7.

[2]阎伍玖. 芜湖市城市郊区土壤重金属污染的初步研究[J]. 环境科学学报, 1999, 5(3)：339-341.

[3]扬永岗, 胡霭堂. 南京市郊蔬菜(类)重金属污染现状评价[J]. 农业环境保护, 1998, 17(2)：89-90.

[4]马往校, 段敏, 李岚. 西安市郊区蔬菜重金属污染现状评价[J]. 农业环境保护, 2000, 19(2)：96-98.

[5]李其林, 黄韵. 重庆市近郊蔬菜中重金属含量变化及污染情况[J]. 农业环境与发展, 2000, 17(2)：42-44.

[6]金肇熙, 周向阳, 王多加, 等. 深圳市无公害蔬菜生产基地环境质量标准研究[J]. 农业环境与发展, 2000, 17(4)：8-10.

[7]程胜高. 火力发电厂灰渣场周围土壤与蔬菜中重金属污染规律研究[J]. 环境科学与技术, 1998, 3：17-19.

[8]何增耀. 环境监测[M]. 北京：农业出版社：1990.

[9]任安芝. 铬、镉、铅胁迫对青菜叶片几种生理生化指标的影响[J]. 应用与环境生物学报, 2000, 6(2)：112-116.

[10]宋菲. 土壤中重金属镉锌铅复合污染的研究[J]. 环境科学学报, 1996, 16(4)：431-436.

[11]廖敏. pH对镉在土水系统中的迁移和形态的影响[J]. 环境科学学报, 1999, 19(1)：79-86.

[12]秦天才, 吴玉树, 黄巧云, 等. 镉铅单一和复合污染对小白菜抗坏血酸含量的影响[J]. 生态学杂志, 1997, 16(3)：31-34.

[13]杨居荣. 砷对土壤微生物及土壤生化活性的影响[J]. 土壤, 1999, 2.

[14]张素芹, 杨居荣. 农作物对镉铅砷的吸收与运输[J]. 农业环境保护, 1992, 11(4)：171-175.

[15]潘洁, 陆文龙. 天津市郊区蔬菜污染状况及对策[J]. 农业环境与发展, 1997, 4：21-24.

[16]叶玉武. 农业环境与农村环境保护[M]. 上海：上海科学技术出版社, 1992.

[17]杜国锋. 无公害蔬菜生产基地环境质量评价[J]. 环境科学研

究，1999，12(4)：53-56.

[18]GB 15618—1995，土壤环境质量标准[S].

[19]E. Baath. Effects of heavy metals in soil on microbial processes and populations. Water, Air and Soil Pollute，1989，47（3/4）：335-379.

[20]Forstner V et al. Metal Pollution in Auatic Environment(2nd Edition)[M]. Berlin：Springer-Verlag，1981：4.

二、2010 年城郊(武汉)蔬菜—土壤重金属镉(Cd)调查结果与评价

(一)主要试验区

经过十年的变化与城郊农产品基地的更新，在 2001 年的基础上，本次采样稍有变动，主要试验区为阳逻、双柳、熟地、黄陂、武湖等五个大区，吴家田、新坳、团山、熟地、双柳、沙畈、西河桥、武湖等 8 个采样点。时间同 2001 年。

(二)试验区的概况

(1)阳逻采样点：在阳逻区的吴家田、新坳、团山分别采样。吴家田及新坳主种小白菜，灌溉水主要来自下水道及沟渠里的生活污水，蔬菜氮肥多为人畜尿粪，适量配用复合肥。团山主种扁豆，灌溉水主要是雨水。

(2)熟地：熟地及科技园周边。熟地主要种植小白菜、莴苣、空心菜等。施加复合氮肥，灌溉水主要是地下井水。科技园周边主要种植农家自给自足的家常蔬菜，如辣椒、黄瓜、大白菜、豇豆等，平时施加复合肥，水源主要是雨水。

(3)双柳：十万亩无公害蔬菜基地，随机安排采样点 30 个，主要种植鸭白菜、雪里蕻、莴苣等，田间零散地也会种植家常菜，如豇豆、韭菜、扁豆等。灌溉水主要是地下水，整地施加复合肥，散种地蔬菜一般施加农家肥。

(4)黄陂：西河桥及沙畈。西河桥采样点是农户散种地，都是常见农家菜，如大蒜、生菜、辣椒、韭菜、扁豆等，水源多为雨

水，平时施加有机肥。沙畈，主要种植芹菜、莴苣、生菜、大蒜等，水源为深层井水，氮肥为有机肥和复合肥配合使用。

（5）武湖：主要种植包菜、花菜、豇豆、莴苣、芹菜等，也会田间散种生菜、黄瓜等。施加复合氮肥，用深井地下水灌溉。

（三）蔬菜中 Cd 污染的评价与分析

（1）蔬菜对 Cd 的吸收状况

从表1.9的统计结果可看出，各类蔬菜中 Cd 均出现不同程度的超标现象。Cd 除了辣椒、苦瓜、丝瓜等之外，其他蔬菜大多超过了标准限量值，其中最典型的是生菜超标 100%，菠菜超标 66.67%，为了更直观地反映出各蔬菜的超标顺序，以各蔬菜（少数样品容量小的除外）为横坐标，以超标率为纵坐标分别绘制 Cd 超标率柱形图（图 1.1）。

表 1.9　　　　　　　蔬菜分析结果统计表　　（mg/kg，鲜重计）

蔬菜类别 Name of vegetable	样品数 Samping number	浓度范围 Range （mg/kg）	平均值 Mean （mg/kg）	标准差 STD	超标率/% Over-standard rate
小白菜	10	0.030~0.047	0.038	0.3000	0
大白菜	6	0.039~0.049	0.044	0.1760	0
包菜	6	0.035~0.056	0.044	0.0078	16.67
花菜	5	0.042~0.056	0.047	0.0070	40
苋菜	4	0.036~0.053	0.043	0.0073	25
韭菜	3	0.034~0.048	0.041	0.0070	0
芹菜	4	0.045~0.055	0.051	0.0046	50
菠菜	3	0.048~0.054	0.051	0.0031	66.67
雪里蕻	3	0.040~0.048	0.047	0.0331	0
苔梗子	3	0.037~0.046	0.040	0.0049	0
生菜	2	0.053~0.055	0.054	0.0014	100
茼蒿	1		0.053		100
香菜	1		0.046		0
香葱	1		0.052		100

续表

蔬菜类别 Name of vegetable	样品数 Samping number	浓度范围 Range （mg/kg）	平均值 Mean （mg/kg）	标准差 STD	超标率/% Over-standard rate
扁豆	7	0.033~0.051	0.038	0.0065	14.29
豇豆	8	0.033~0.052	0.039	0.0070	12.5
辣椒	4	0.036~0.050	0.043	0.0070	0
黄瓜	2	0.035~0.052	0.044	0.0120	50
苦瓜	1		0.035		0
莴苣	5	0.039~0.056	0.049	0.0070	60
大蒜	4	0.040~0.051	0.045	0.0051	25
萝卜	2	0.047~0.049	0.048	0.0014	0
丝瓜	1		0.050		0
空心菜	1		0.036		0
马齿苋	1		0.041		0
南瓜	1		0.047		0
菜薹	2	0.049~0.055	0.052	0.0042	50

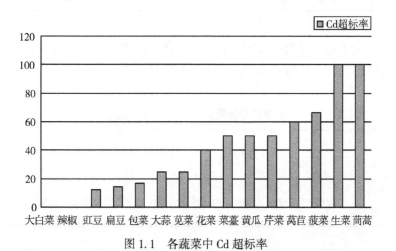

图 1.1　各蔬菜中 Cd 超标率

结合表 1.9 和图 1.1，可明显看出，武汉市郊 Cd 污染状况以叶菜类污染为最严重，其次是根茎类蔬菜，最后是瓜果类。这与许多地区的调查结果相一致。

污染指数

用污染物污染指数、污染物在某种蔬菜中平均污染指数来进一步评价蔬菜重金属 Cd 的状况。各种指数的公式如下：$I=P/S$. P—测定值；S—蔬菜限量标准值；I—污染指数。

表 1.10 为主要蔬菜 Cd 平均污染指数表，从表中可看出，武汉市郊常见蔬菜平均污染指数除芹菜、菠菜、茼蒿 Cd 平均污染指数外，其他蔬菜品种的平均污染指数均不超过 1。最大的是茼蒿 Cd 平均污染指数为 1.06，最小的是扁豆 Cd 平均污染指数为 0.76。可见，叶菜类 Cd 的污染状况比较严重，值得引起重视。

表 1.10　　　　　　　　主要蔬菜 **Cd** 平均污染指数表

蔬菜品种	大白菜	小白菜	包菜	花菜	苋菜	韭菜	芹菜	菠菜
平均污染指数	0.88	0.76	0.88	0.94	0.86	0.82	1.02	1.02
蔬菜品种	雪里蕻	苔梗子	茼蒿	扁豆	豇豆	辣椒	莴苣	大蒜
平均污染指数	0.94	0.80	1.06	0.76	0.78	0.86	0.98	0.90

为了便于比较武汉市郊各乡镇的蔬菜污染状况，现将各乡镇的蔬菜综合污染指数表及综合污染指数图列于表 1.11：

表 1.11　　　　　　市郊各乡镇蔬菜 Cd 平均污染指数表

采样地点	吴家田	新坳	团山	蔬菜科学院	熟地	双柳	西河桥	沙畈	武湖
平均污染指数	0.676	0.780	0.693	0.729	0.783	0.845	0.980	1.047	1.073

从表 1.11 可看出，武汉市郊除了武湖、沙畈各乡镇蔬菜 Cd 平均污染指数都没有超过 1，其中以武湖污染最严重，其次为沙畈，吴家田最小。各乡镇的 Cd 平均污染指数大小顺序为：武湖 > 沙畈 > 西河桥 > 双柳 > 熟地 > 新坳 > 蔬菜科学院周边 > 团山 > 吴家田。

（2）武汉市郊菜园土壤 Cd 污染评价与分析

① 评价标准

国家环境质量标准中 Ⅱ 类土壤评价标准主要适用于一般农田、蔬菜地、茶园、果园和牧区等，土壤质量基本上对植物和环境不造成危害和污染，其中二级标准为保障农业生产、维护人体健康的土壤的限制值。Ⅱ 类土壤环境质量标准执行二级标准，由于我们评价的土壤是与城市居民饮食健康密切相关的菜地，且研究土壤呈弱碱性，所以参照 GB 15618—1995《土壤环境质量标准》二级标准中的 pH>7.5 的标准，即土壤中 Cd 限量标准值≤0.60mg/kg（烘干土重计）。

② 评价方法

对 Cd 污染程度进行评价，国内普遍采用的评价方法之一就是指数法。指数法分单项污染指数法和综合污染指数法。我们这里采用单项污染指数法：$P_i = \rho_i / S_i$。式中：P_i 为土壤中污染物的污染指数。

（3）土壤评价结果

从表 1.12 和图 1.2 可以看出，在以上九个采样点中，除了吴家田和蔬菜科学院以外，所有采样点的全 Cd 或有效 Cd 平均污染指数都超过了 1，也说明菜园土壤受 Cd 污染情况是较严重的。从各样点全 Cd 平均污染指数来看，严重程度依次为：武湖 > 沙畈 > 西河桥 > 双柳 > 熟地 > 蔬菜科学院 > 新坳 > 吴家田 > 团山。从各样点有效 Cd 平均污染指数来看，严重程度依次为：武湖>双柳>西河

表 1.12　武汉市郊各乡镇土壤全 Cd 及有效 Cd 平均污染指数表

采样地点	吴家田	新坳	团山	蔬菜科学院	熟地	双柳	西河桥	沙畈	武湖
全镉平均污染指数	0.920	0.933	0.914	0.940	0.964	0.990	1.010	1.024	1.038
有效镉平均污染指数	0.973	1.017	1.011	0.974	1.012	1.025	1.020	1.019	1.033

桥>沙畈>新坳>熟地>团山>蔬菜科学院>吴家田。从以上顺序可以看出,土壤中的全 Cd 和有效 Cd 的含量并没有太大的对应关系,这可能与其土壤的各种性质及 Cd 的存在形式有关。

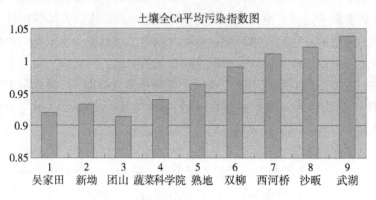

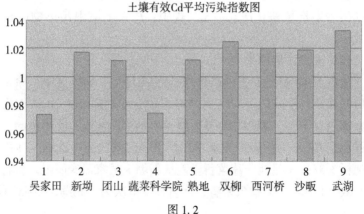

图 1.2

（4）武汉市郊蔬菜及土壤 Cd 污染的相关性

从图 1.1 和图 1.2 可以看出,土壤中的 Cd 含量和对应蔬菜中的 Cd 含量在一定程度上并没有太大的相关性,并不是土壤中 Cd 的含量高,对应的蔬菜中 Cd 的含量就高。因为在除了 Cd 在土壤中的赋存形式可以影响蔬菜对 Cd 的吸收之外,土壤的理化性质和外界环境以及蔬菜的品种、部位,都是影响 Cd 在蔬菜中富集的重要因素。

（5）武汉市郊蔬菜及土壤 Cd 污染的原因

从上述材料中可知，武汉市郊蔬菜 Cd 污染不容忽视，土壤 Cd 污染更为严重和普遍，其中有 7 个采样点土壤受到 Cd 污染，占全部采样点的 77.78%，可见 Cd 污染的状况十分严重。造成部分菜区土壤及蔬菜 Cd 污染的原因可能有：第一，一部分菜区一般都是用污水灌溉的。在调查中发现，有些菜区附近曾经有过一些厂，而自从建立了这些小厂后，蔬菜的生长也受到了不同程度的影响，例如：新坳、吴家田。第二，调查中发现，一般菜区都是在城市的近郊，受城市化影响比较大。容易受垃圾堆放、工业"三废"以及汽车尾气等诸多因素的影响，从而导致污染发生。第三，许多菜区为了运输方便，一般建在公路旁比较多，本次调查也表明了这一点。从结果来看，靠近公路边的菜园土壤及蔬菜 Cd 污染较为严重。例如：武湖。第四，部分菜区由于长年种植蔬菜，研究表明，菜园土壤随种菜历史的延长、熟化程度的增加，Cd 等重金属元素含量有明显增高的趋势。而含 Cd 肥料的施用则可能是造成菜地 Cd 含量增加的一个重要原因。如双柳地区。

（6）小结

①小结

a. 从蔬菜中 Cd 超标率及污染指数来看，武汉市郊 Cd 污染状况不容乐观。蔬菜受 Cd 的污染比较普遍，Cd 在各类蔬菜的超标率大小顺序为：叶菜类>根茎类>瓜果类。与大多数学者研究结果一致。

b. 武汉市郊菜园土壤受 Cd 污染比较突出，9 个大的采样点中，7 个已经受到不同程度的污染，顺序从大到小依次为：武湖>双柳>西河桥>沙畈>新坳>熟地>团山>蔬菜科学院周边>吴家田。

②建议

a. 加强对菜区 Cd 污染的监测力度，严格控制工业"三废"的排放，禁止工业废水及固体废弃物的农用。

b. 大力推广无公害蔬菜的生产技术，合理使用化肥和农药，慎用垃圾肥。

c. 合理安排蔬菜生产的布局，可在远离污染源的地区开发新菜区以保证蔬菜质量。在污染区减少易富集 Cd 元素菜类的种植量。

d. 对于已污染土壤，应采取相应措施降低 Cd 的活性，如施加石灰等碱性物质以提高土壤的 pH 值，减少蔬菜对 Cd 的吸收。

e. 完善我国土壤环境质量标准体系和蔬菜食品卫生标准，必须加强与环境质量标准相关的蔬菜吸收利用、人体健康风险、土壤有效性等研究，建立既符合中国国情、又能得到国际认可的土壤环境质量标准。

f. 加强蔬菜 Cd 吸收积累基因型差异研究和驯化超积累植物的力度，通过调查研究选育对 Cd 低富集且产量较高的蔬菜品种，并研究其低富集的遗传原理，进一步推进抗 Cd 污染基因型蔬菜品种的培育步伐。另外，对筛选出来的自然界中超积累植物，用控制植物生长的方法一方面促进超积累植物的生长，另一方面使其体内的 Cd 含量不降低，起到驯化栽培作用。

参考文献：

[1]王凯荣，张格丽．农田土壤镉污染及其治理研究进展[J]．作物研究，2006，4：359-361.

[2]张宝悦，王激清．重金属镉污染对蔬菜的影响及防治对策[J]．长江蔬菜，2006，3：34-36.

[3]王丽慧，王翠红，叶丽丽，等．城郊蔬菜地土壤铅和镉污染研究进展[J]．湖南农业科学，2009(5)：50-52.

[4]付玉华，李艳金．沈阳市郊区蔬菜污染调查[J]．农业环境保护，1999，18(1)：36-37.

[5]曾希柏，李莲芳，梅旭荣．中国蔬菜土壤重金属含量及来源分析[J]．中国农业科学，2007，40(11)：2507-2517.

[6]岳振华，陈均一，罗槐林，等．长沙市郊菜园土及部分蔬菜重金属和氟污染状况的研究[J]．湖南农学院学报，1991，17：342-355.

[7]郭朝晖，宋杰，陈彩，等．有色矿业区耕作土壤、蔬菜和大米中重金属污染[J]．生态环境，2007，16(4)：1144-1148.

[8]刘翀．我国蔬菜重金属污染现状及对策[J]．安徽农学通报，

2009，15（12）：73-75.

[9]潘洁，陆文龙．天津市郊蔬菜污染状况及对策[J].农业环境与发展，1997，54（4）：21-30.

[10]王小骊，张永志，王钢军，等．蔬菜中有害重金属元素污染研究进展[J].浙江农业学报，2004.

[11]冯恭衍．宝山区菜区土壤重金属污染的环境质量评价[J].上海农学院学报，1993，1（1）：35-42.

[12]刘育红．土壤镉污染的产生及治理方法[J].青海大学学报，2006，24（2）：75-78.

[13]张辉．南京地区土壤沉积物中重金属形态研究[J].环境科学学报，1997，17（3）：346-351.

[14]雷虎兰．西北地区主要农药对蔬菜的污染评价方法及其应用[J].环境科学研究，1997，10（3）：59-62.

[15]潘洁，毛建华，陆文龙，等．垃圾肥对农产品重金属含量的影响[J].农业环境保护，1998，17（3）：109-112.

[16]易建春，模辉．土壤中镉的污染及治理[J].广东微量元素科学，2006，13（9）：12-13.

[17]吴双桃．镉污染土壤治理的研究进展[J].广东化工，2005，4：40-50.

[18]童健．重金属对土壤的污染不容忽视[J].环境科学，1989，10（3）：37-38.

[19]黄德乾，王全英，朱浩文．苏南地区土壤和水稻子粒镉污染现状评价[J].农业环境科学学报，2008，27（2）：560-563.

[20]李宁．长春市污灌区土壤—植物系统中 Cd 的污染与形态研究[J].东北师范大学学报，2006：9-10.

[21]夏汉平．土壤植物系统中的镉研究进展[J].应用与环境生物学报，1997，3（3）：89-298.

[22]Kahle H. Response of roots of trees to heavy metals[J]. Environ Experi, 1993(33)：99-119.

[23]Wickliff C, Evans H J, Carter K R, et al. Cadmiun effects on the nitrogen fixation systen of red alder[J]. J Erviron Qual, 1980

（9）：180-184.

[24] 刘国胜，童潜明. 土壤镉污染调查研究[J]. 四川环境，2004，23（5）：8-9.

[25] 罗晓梅，张义蓉，杨定清. 成都地区蔬菜中重金属污染分析与评价[J]. 四川环境，2003，22（2）：49-51.

[26] 李学德，花日茂，岳永德，等. 合肥市蔬菜中铬、铅、镉和铜污染现状评价[J]. 安徽农业大学学报，2004，31（2）：143-147.

[27] 马往校，段敏，李岚. 西安市郊区蔬菜中重金属污染分析与评价[J]. 农业环境保护，2000，19（2）：96-98.

[28] 王新，吴燕玉，梁仁禄. 各种改良剂对重金属迁移和积累影响的研究[J]. 应用生态学报，1994，（5）：89-94.

[29] 陈英旭，等. 土壤重金属的植物污染化学[J]. 四川环境，2008，1：55-56.

[30] 温玉辉. 佛山市菜园地土壤及蔬菜重金属污染状况及治理[J]. 湖南农业大学学报，2005，21-22.

[31] 徐春花，朱萍，黄卫红. 农田中重金属镉污染对食用农产品安全性的影响研究[J]. 上海农业科技，2009，4：29-30.

[32] 于群英. 皖北地区菜地土壤铅镉铬汞污染调查与评价[J]. 中国农学通报，2006，22（12）：263-266.

[33] 朱兰保，高升平，盛蒂，等. 蚌埠市蔬菜重金属污染研究[J]. 安徽农业科学，2006，34（12）：2772-2773.

[34] 汪琳琳. 中国菜地土壤和蔬菜重金属污染研究进展[J]. 吉林农业科学，2009，34（2）：61-64.

三、2010 年城郊（武汉）蔬菜—土壤硝酸盐（NO_3^-）调查结果与评价

（一）试验区范围及采样点概况同二。

（二）不同区域间蔬菜硝酸盐含量的污染情况

不同的蔬菜有不同的硝酸盐含量标准，我国于 2003 年颁布了蔬菜品种硝酸盐含量标准并于 2005 年正式实行，如表 1.13。

表 1.13 我国蔬菜新产品硝酸盐标准

蔬菜品种	最高限量(mg/kg 鲜)
小油菜、小白菜、菠菜、生菜、胡萝卜	≤3000
芹菜、茼蒿、芫荽、茴香、莴苣	≤2000
伏白菜、大白菜、甘蓝	≤1500
西葫芦、冬瓜、苦瓜、丝瓜、白萝卜、青蒜	≤1000
芸豆、豆角、豇豆	≤500
韭菜、大葱、生姜、蒜苔	≤500
茄子、辣椒、青椒、番茄、黄瓜	≤300

根据上述标准，可知阳逻的蔬菜中硝酸盐含量最高，同时污染程度最高，达到 50%，其原因可能与阳逻地区下水道及生活污水等灌溉水受到生活污染有关。武湖蔬菜中硝酸盐含量最少，污染程度最低，达到 12.5%，如表 1.14。从变异系数上来看，武湖变异系数最大，高达 130.50%，未检测率为 12.5%，而无公害蔬菜基地双柳的蔬菜硝酸盐平均含量也高达 1629.83mg/kg。分析原因有两点：一是在获取菜样前几天当地菜农施加过复合肥，在土壤中还能见到未利用的复合肥颗粒；二是采样时间为 10 月份，正是蔬菜生长期，蔬菜中硝酸盐含量会高于收获期[7]。变异系数高达71.82%，未检测率为 16.67%。各菜区中硝酸盐含量、变异系数的变化幅度很大，这说明同种蔬菜因采样点不同，其硝酸盐含量也有较大差异，主要原因除品种不同外，与农户分户经营、土壤条件、施肥、灌溉不同有很大关系。

表 1.14 不同地区蔬菜硝酸盐平均含量

地名	样品数(个)	硝酸盐平均含量(mg/kg 鲜)	未检测率(%)	超标率(%)	变异系数(%)
阳逻	16	2216.92	6.25	50	94.78
学校周边	11	1619.54	9.09	27.3	101.36
双柳	30	1629.83	16.67	26.7	71.82
黄陂	19	1046.78	10.53	26.32	74.67
武湖	8	890.76	12.5	12.5	130.50

（三）不同种类蔬菜—土壤硝酸盐含量相关性

本次调查同时测定了蔬菜及对应土壤中硝酸盐含量，如表1.15所示。从表1.15中可以看出，不同类型蔬菜硝酸盐含量有明显差异。叶菜类硝酸盐平均含量1775.76mg/kg，根茎类1769.098mg/kg，果菜类为102.753mg/kg，从高到低硝酸盐含量依次为叶菜类>根茎类>茄果类，其中最高的为叶菜类的白菜，其次是芹菜，含量最低的是果菜类的豇豆，说明叶菜类属于硝酸盐高富集型蔬菜，茄果类为硝酸盐低富集型蔬菜。同时，同种类型的不同蔬菜，硝酸盐含量也有很大差异，说明不同蔬菜的富集硝酸盐能力不同。国内外学者研究表明，就蔬菜而言不同种类其硝酸盐的含量大不相同，一般根菜类>薯芋类>绿叶菜类>白菜类>葱蒜类>豆类>瓜类>茄果类>多年生类>食用菌类，而且同一品种间、同一植株的不同部位和不同生长阶段也存在较大差异，造成不同种间硝酸盐含量差异的主要原因是遗传因子。豇豆的变异系数最高，达到175.03%，黄瓜的变异系

表1.15　　　　　　　　　蔬菜酸盐含量分析结果　　　　　（mg/kg 鲜）

类别	蔬菜名	均值	含量范围	变异系数(%)	超标率(%)
	小白菜	3008.75	1409.18~4365.20	34.86	33.3
	花菜叶	2826.34	1158.14~6008.95	65.04	0
	大白菜	2662.72	967.03~4855.81	56.89	75
	雪里蕻	2366.61	1750.49~3068.82	17.26	50
	包菜	2358.44	331.34~5130.30	70.29	40
叶菜类	菠菜	2358.29	1126.34~1386.84	8.45	75
	苋菜	1128.75	987.41~1275.02	10.09	33.3
	菜薹	1064.55	702.10~1427.00	34.05	0
	大蒜苗	975.62	579.79~1410.28	38.16	0
	莴苣叶	702.07	240.22~1323.27	94.81	0
	韭菜	675.81	0~1196.99	74.10	46.15
	生菜	578.36	30.02~1126.70	58.87	33.3

类别	蔬菜名	均值	含量范围	变异系数(%)	超标率(%)
茄果类	扁豆	133.03	62.26~230.10	39.88	0
	辣椒	128.18	0~505.56	169.99	0
	黄瓜	96.66	0~96.66	70.71	25
	豇豆	53.13	0~280.17	175.04	0
根茎类	白萝卜	1769.098	1521.767~2016.43	13.98068	100
	芹菜	2892.37	1771.83~3527.70	49.57	0
	苔梗子	2358.29	1013.00~3409.30	42.41	66.7

注："0"表示未检出。

数 169.99%，菠菜的变异系数 8.45%最低。由变异系数的变化幅度可以得出采样点的不同也会影响蔬菜硝酸盐的含量。从超标率上看，根茎类的污染程度最大，为 100%，叶菜类的菠菜污染程度也达到 75%，茄果类的黄瓜超标率为 25%，在采样分析的区域范围内，硝酸盐的含量为：根茎类>叶菜类>茄果类。这说明，蔬菜硝酸盐的积累不仅与土壤的供氮水平有关外，还与蔬菜本身的特性有关。

相应土壤中硝酸盐含量也有不同，如表 1.16。

叶菜类土壤中硝酸盐含量为 329.254mg/kg，果菜类为 420.100mg/kg，根菜类为 37.442mg/kg，叶菜类中的包菜、菠菜，蔬菜样和土壤样中的硝酸盐含量都很高，而苔梗子、大白菜硝酸盐含量高，土壤样中的硝酸盐含量很低。果菜类的辣椒、黄瓜，蔬菜样中的硝酸盐含量低，土壤中的硝酸盐含量却很高。根菜类的白萝卜，蔬菜样中的硝酸盐含量高，土壤中的硝酸盐含量很低。比较蔬菜—土壤系统中硝酸盐变异系数发现：豇豆蔬菜—土壤中硝酸盐含量变异系数都很高，分别达到 175.04%、131.32%。蔬菜、土壤中整体的变异系数都较高，可能与采样地点不同、各蔬菜成熟时期不同有关。

表 1.16		土壤硝酸盐含量		（mg/kg 土）
类别	对应的蔬菜名	均值	含量范围	变异系数(%)
叶菜类	包菜	537.46	54.43~543.20	105.34
	菠菜	508.53	173.88~597.41	47.28
	菜薹	530.52	141.37~788.17	83.25
	大白菜	87.80	31.59~134.97	48.62
	大葱	376.50	75.14~905.01	35.67
	花菜叶	420.80	117.05~1702.10	53.55
	韭菜	146.19	8.46~30.00	81.92
	莴苣叶	338.14	88.87~972.18	48.53
	生菜	341.00	146.00~475.14	182.88
	苋菜	346.59	85.74~493.70	48.76
	白菜	278.30	5.31~298.04	51.66
	雪里蕻	367.48	143.80~538.19	103.57
果菜类	黄瓜	567.44	67.96~410.31	31.44
	豇豆	239.05	21.09~1287.99	131.32
	辣椒	574.81	389.05~745.83	97.54
	扁豆	227.09	13.47~800.96	57.75
根茎类	萝卜	37.44	28.7446.15	23.24
	芹菜	328.91	183.04~756.51	52.51
	苕梗子	16.35	138.28~600.82	59.3

1973 年 WHO/FAO 就制定了硝酸盐的每日允许摄入量（ADI）为 3.6mg/kg(体重)。以 WHO/FAO 规定 ADI 值为基准，按蔬菜可食部分硝酸盐累积程度划分标准，建议分为四级，我国人均体重若按 60kg 计，日食菜量若以 0.5 kg 计，则日允许摄入量为 432mg/kg。据有关研究表明，蔬菜在经过盐渍、煮熟后硝酸盐分别减少 45%和 70% 左右。Sollman（1977）提出硝酸盐对人的毒害剂量为

3099mg/kg，故将 3100mg/kg 作为蔬菜中硝酸盐浓度的最高限量。据此提出了蔬菜硝酸盐含量分级评价标准(表 1.17)。国标 GB/T 5009.33—2003 中规定，无公害蔬菜的硝酸盐含量是：瓜果类≤600mg/kg；根茎类≤1200mg/kg；叶菜类≤3000mg/kg。

表 1.17　无公害蔬菜可食用部分硝酸盐含量分级标准

级别	一级	二级	三级	四级
硝酸盐 (mg/kg)	<432	<785	<1440	<3100
蔬菜名称	豇豆 黄瓜 扁豆 辣椒	莴苣叶 生菜 韭菜	菠菜 苋菜 菜薹 大蒜	白菜 芹菜 包菜 大白菜 雪里蕻 苔梗子 白萝卜 花菜叶
污染程度	轻度	中度	高度	严重
参考卫生 标准	可以生食	不宜生食，以 熟食或盐渍	不宜生食或腌 渍，可熟食	不允许食用

由表 1.17 看出，属一级的蔬菜占总数的 21.05%，二级占 15.79%，三级占 21.05%，四级占到 42.11%。一般，果菜类的蔬菜可以直接生食，叶菜类、根菜类蔬菜需熟食。由上述数据知武汉城郊 9—10 月部分蔬菜硝酸盐污染程度严重。

(四)结论

(1)在不同的区域中，阳逻地区硝酸盐含量超标率最高，达 50%；其次学校周边 27.3%；双柳 26.7%；黄陂 26.32%；武湖 12.5%。

(2)在调查范围内，普遍超标的还是叶菜类，尤其是大白菜、小白菜、雪里蕻、苋菜和韭菜为最；但超标最严重的还是根茎类的白萝卜和苔梗子(这可能与当地的环境现状有关)。茄果类超标率较低，只有黄瓜上有超标。

(3)从所对应的土壤来看，有的蔬菜中硝酸盐含量与土壤硝酸盐含量成正相关，但有的呈负相关，这说明不同的蔬菜其生育特点不同，土壤中硝酸盐含量并不代表其生物有效性。

（五）建议

通过调查发现，农民普遍反映设施土壤质量下降，渴望有指导性的改良建议，而实际上在蔬菜生产中又过量施用氮肥，使 NO_3^--N 在菜地土壤中大量残留，不论是单独施用无机肥、有机肥还是有机、无机混施都能造成硝态氮在土体中大量积累。

（1）选育累积硝酸盐能力低的蔬菜品种。

硝酸盐对人体的危害主要与人们对蔬菜可食部位的选择有关，在蔬菜各部位中，硝酸盐的累积量一般是根>茎>叶、果实。因此，可根据蔬菜对人们提供食用部位的不同，从遗传和生理生化的角度有目的性地培育硝酸盐在食用部位含量低的蔬菜品种。

（2）重视施用有机肥，合理施用氮肥。

蔬菜产品内硝酸盐含量直接受土壤含氮量和氮素化肥施用量的影响。有机肥具有改善土壤结构、提高地力、长效、减少污染、有效降低蔬菜硝酸盐的含量提高蔬菜品质等优点。同时还可增加土壤胶体对农药的吸附能力，施用比例要因种、因土和因时而异。由上述实验数据我们可以得出：对于硝酸盐累积比较高的叶菜类、根菜类蔬菜，有机肥配施比例就要适当提高；反之，对于硝酸盐累积较低的果菜类，有机肥配比可适当降低 。选择适宜的氮肥种类，是降低硝酸盐累积的一项主要措施。研究表明，氮肥在施用过程中，氨态氮和硝态氮的比值是决定蔬菜硝酸盐含量的重要因素，施用氨态氮肥的蔬菜中硝酸盐的含量比施用硝态氮肥的含量要低。常用的几种氮肥施用后在蔬菜中的累积量大小一般为：硝酸铵>硫酸铵>氯化铵>尿素>碳酸氢铵。

同时，化肥应深施，浅施的化肥易与空气接触，在喜氧细菌的作用下氧化成硝酸盐。深施氮肥既能减少肥料挥发损失和延长供肥时间，还可减少硝酸盐积累。

（3）合理控制氮肥的施用量、施用时间和施用方式。

在氮肥一定施用量范围内，蔬菜体内蛋白质含量随氮肥施用量的增加而明显增加，硝酸盐含量增加缓慢，蔬菜体内蛋白质累积量和累积速率要远高于硝酸盐的累积量和累积速率，当施氮量达到一定程度，蛋白质含量下降，而硝酸盐含量急增。据此规律，在施氮时，应前促后控，重施基肥，最好变一次施肥为多次施肥，并与有机肥混合施用。氮肥在蔬菜的生育早期和中期施用对蔬菜产品的硝酸盐积累影响要小一些，采收期间施用氮肥可造成蔬菜产品中的硝酸盐大量积累，所以在蔬菜生育后期最好少施或不施氮肥，使施肥和收获之间有一个合适的安全间隔期，以保证蔬菜吸收的硝酸盐在体内有足够的转化代谢时间。另外，在菜田中施用含钙的肥（如生石灰、硝酸钙等）也可降低蔬菜产品中硝酸盐的含量。

参考文献：

［1］于立红，王孟雪．大庆市蔬菜硝酸盐污染状况及防治对策［J］. 黑龙江农业科学，2009（4）：96-97.

［2］刘爱武，张悦，张阔．浅谈无公害蔬菜生产面临的问题与对策 ［J］．现代化农业，2009，361（8）.

［3］孙震，钱和，蒋将．蔬菜中硝酸盐与亚硝酸盐检测方法的研究进展［J］．食品与机械，2006，22（5）：123-125.

［4］曾宪军，刘登魁．有机无机氮肥配施对蔬菜和土壤硝酸盐含量的影响［J］．湖南农业科学，2006（1）：37-39.

［5］任乃林，李红．分析检测流动注射法测定蔬菜中的硝酸盐和亚硝酸盐含量［J］．食品科学，2009，30（16）：39-41.

［6］吴晓梅，刘旭东，陈运生．淮北市叶菜类蔬菜中硝酸盐含量的调查［J］．干旱环境监测，2006，19（3）：145-147.

［7］沈明珠，冀宝杰，车惠如，等．蔬菜硝酸盐累积的研究：不同蔬菜硝酸盐、亚硝酸盐含量评价［J］．园艺学报，1982，9（4）：41-48.

［8］周泽义，胡长敏，王敏健，等．中国蔬菜硝酸盐和亚硝酸盐污染因素及控制研究［J］．环境科学进展，1999，7（5）：1-13.

［9］中华人民共和国国家质量监督检验检疫总局．GB 18406.1—2001，农产品安全质量：无公害蔬菜安全要求．

［10］艾绍英，李秀生，唐栓虎，等．两种菠菜积累硝酸盐特性差异的研究［J］．土壤与环境，2000，9（4）：274-276.

[11]王朝晖，田霄，李生秀．土壤水分对蔬菜硝态氮积累的影响[J]．西北农业大学学报，1997，25(6)：15-20．

[12]申秀英．蔬菜硝酸盐积累机制及影响因素[J]．农业环境与发展，1998，15(3)：4-6．

[13]艾绍英，姚建武，董小红，等．蔬菜硝酸盐的还原转化特性研究[J]．植物营养与肥料学报，2002，8(1)：40-43．

[14]萧洪东，梁火娣．佛山城郊蔬菜硝酸盐含量和土壤养分分析及施肥[J]．佛山科学技术学院学报(自然科学版)，2005，23(3)：54-54．

[15]邱孝煊，黄东风．施肥对蔬菜硝酸盐累积的影响研究[J]．中国生态农业学报，2004，12(2)：111-114．

[16]周艺敏，任顺荣．氮素化肥对蔬菜硝酸盐积累的影响[J]．华北农学报，1989，4(1)：110-115．

[17]王朝辉，李生秀．不同氮肥用量对蔬菜硝态氮累积的影响[J]．植物营养与肥料学报，1998，4(1)：22-28．

[18]卢善玲，周根娣，汪雅各等．上海蔬菜硝酸盐残留状况及其控制途径[J]．上海农业学报，1990，6(4)：59-66．

[19]杨伟，陈振德．甘氨酸对黄瓜幼苗硝酸盐吸收还原和硝态及氨态氮积累的影响[J]．植物生理学通讯，1991，27(3)：186-188．

[20]侯晶，陈振楼，姚春霞，等．上海市浦东地区蔬菜硝酸盐污染分析[J]．中国土壤与肥料，2006，36(4)：275-278．

[21]王学辉，孙乃华，孙甲水，等．蔬菜硝酸盐含量超标造成原因及解决办法[J]．植物保护，2007，35(16)：33-35．

[22]孙磊．蔬菜的硝酸盐污染及防控措施[J]．农机化研究，2006，12(12)：55-56．

[23]姚春霞，陈振楼，陆利民，等．上海市蔬菜地土壤硝态氮状况研究[J]．生态环境，2005，14(2)：220-223．

[24]尹微琴，储亚云，蒋新华．金坛市大田及蔬菜地土壤养分调查与分析[J]．江苏农业科学，2007(4)：227．

四、2011 年城郊(武汉)特殊污染源(电厂)周边蔬菜—土壤重金属调查结果

(一)武汉市阳逻经济开发区电厂周边蔬菜—土壤重金属的调查

1. 阳逻电厂基本概况

阳逻电厂成立于 1993 年 4 月,地处武汉市阳逻经济开发区,南临长江,北靠京广铁路,东与汉施公路毗邻相接,西距武汉市区 20 公里。电厂共有 6 台火力发电机组,已经实现全部脱硫运行。火电厂的重金属污染主要来自燃煤中的有毒痕量元素及其化合物的排放。此外,本次调查的地点均位于汉施公路两侧,平时车流量较大,这也会对公路两侧的土壤、蔬菜及水体造成一定程度的重金属污染。本书以华能阳逻电厂四周的土壤、蔬菜及水为研究对象,测得其重金属 Cd、Cu、Zn、Cr、Pb 的含量。

2. 阳逻电厂周边调查情况

本次调研于 2011 年 4 月 24 日进行首次采样,主要采样地点是位于电厂南面的柴泊三村。据当地村民介绍,该村位于阳逻电厂和湖北亚东水泥公司中间,常年受颗粒粉尘的困扰,且近年来村里患癌症的人数较前几年有所提高。该村农作物的灌溉用水主要为生活废水及雨水,据了解,居民的生活废水包含各种洗涤剂、农药,成分非常复杂。此外,柴泊湖的一条支流沿着电厂南面流入柴泊三村,该支流上有两个排放口,一个排放口水质较为浑浊,旁边有鱼类死亡,另一个排放口水质清澈,周边生物生长正常。与此同时,还对仅靠电厂 50 米的鱼塘水样进行了取样,该鱼塘为人工湖,无外来水源,主要依靠降雨和地下水渗透。

2011 年 5 月 20 日进行了第二次采样,以电厂东面为总体方向,沿电厂东面有一较大的鱼塘,距电厂垂直距离 20 余米,周围种有少量农作物,但其种植土壤主要从其他地方运送而来,非原始土壤。距电厂 50 米种植有小面积的农作物,当地村民用井水做灌溉用水和生活用水。在距离鱼塘不远处有一较大的人工池塘,具体作用不详,其主要水源为汉施公路对面的柴泊湖水渗透和降雨。在电厂南面垂直距离约 150 米处(中间被汉施公路隔开)种植有大面

积的农作物，据当地农民介绍，该片农作物主要用于对外销售，因此使用农药的频率较其余采样点较高。此外，该采样面的粉尘影响较南采样面更大，除了电厂和水泥厂的影响之外，还有汉施公路车辆的影响，患咳嗽等咽喉疾病的农民人数较多。

2011 年 8 月 31 日进行了最后一次采样，主要为电厂西面的武湖一村和杨柳村。该采样面的蔬菜种植主要用于自家食用，不用于对外销售，且没有较大河流流入该村，当地居民主要使用自来水进行灌溉。此外，该地居民对当地环境的评价与上述两个采样面相一致，主要为空气颗粒物污染。

3. 样品采集具体位置(如表 1.18 所示)

表 1.18 样品采集具体位置分布

总方位	编号	具体位置	菜样+土样	水　　样
东边	1	距电厂 20 m	苋菜(土)	电厂前 20 m 的人工鱼塘
	2	距电厂 50 m	苋菜(土)	电厂前 50 m 的井水
	3	距电厂 80 m	无	电厂前 80 m 一较大的人工池塘
	4	距电厂 150 m	空心菜(土)	电厂前 150 m(隔汉施公路)的灌溉用井水
南边	1	柴泊三村	苋菜(土)	居民的生活废水及雨水作为灌溉用水
	2		小白菜(土)	
	3		菠菜(土)	
	4	柴泊湖支流	无	阳逻电厂偷排放口的水
	5		无	经处理后的阳逻电厂废水
	6	柴泊三村鱼塘	无	人工池塘，距电厂仅 50m
西边	1	电厂后方 30m	小白菜(土)	无，主要为自来水及雨水灌溉
	2		苋菜(土)	
	3		茄子(土)	
北边		为余家咀，主要为居民区，以经营为主，无大面积种植蔬菜瓜果之类，因此没将此点作为调查点。		

（二）调研结果

1. 电厂东面重金属污染分析

（1）电厂东面土壤重金属分析

经检测，阳逻地区的土壤 pH 值为 7.37，呈弱碱性，可将湖北省土壤环境背景值作为一级标准、《土壤环境质量标准（修订）》（GB 15618—2008）二级标准值作为二级标准，进而得出电厂东面土壤重金属的单因子污染指数和内梅罗综合污染指数。由表 1.19 可知，土壤中的 Cd、Cu、Zn、Cr、Pb、Hg 含量均超过了湖北省土壤环境背景值，Cd、Cr、Hg 的含量超过了国家二级标准值。其中 Cd 的污染最为严重，最高的浓度达到了 1.371mg/kg，单因子污染指数达到了 3.428，属于严重污染水平；此采样面还受到 Cr、Hg 的轻微污染；而 Cu、Zn、Pb 的含量均在国家二级标准要求内，处于安全水平。该采样面的内梅罗综合污染指数为 2.574，污染等级为中污染，表示该土壤已经受到中度污染，已不适合种植农作物。从元素角度分析，该采样面重金属污染程度为 Cd>Cr>Hg>Zn>Cu>Pb。

表 1.19　电厂东面土壤重金属含量(mg/kg)及单因子污染指数

项目	湖北土壤背景值	内梅罗综合污染指数	实测值			单因子污染指数		
			1	2	4	1	2	4
镉	0.172	2.574	0.911	1.371	0.987	2.278	3.428	2.468
铜	30.7		117.24	123.37	116.60	0.781	0.822	0.777
锌	83.6		235.42	240.89	229.89	0.942	0.964	0.920
铬	86.0		216.418	216.901	224.962	1.082	1.085	1.125
铅	26.7		32.536	40.808	30.392	0.651	0.817	0.608
汞	0.080		0.462	0.379	0.473	1.155	0.948	1.183

注：编号参照表1.18。

（2）电厂东面水体重金属分析

由表 1.20 可知，根据《农用灌溉水质标准》（GB 5084—2005），电厂东面的灌溉用水整体情况较好，除了元素 Cd 以外其余被测元素含量均在国家标准以内。其中 Cd 的最高单因子污染指数也仅为1.3，属于轻污染水平。重金属 Cu 的含量很低，均未达到仪器的检出限。元素 Zn、Cr、Pb、Hg 均符合农用灌溉水质标准。总体而言，该采样面的内梅罗综合污染指数为 0.964，属于清洁范围内。但此数据仅适用于农用灌溉水，与地表水相比，该采样面的水质仅到达Ⅳ类水质标准，主要适用于一般工业用水区和人体非直接接触的娱乐用水区，不能将其作为日常饮用水，若长期饮用必将对人体造成危害。

表 1.20　　**电厂东面水体重金属含量及单因子污染指数**

项目	内梅罗综合污染指数	实测值（mg/L）				单因子污染指数			
		1	2	3	4	1	2	3	4
镉	0.964	0.012	0.013	0.011	0.013	1.2	1.3	1.1	1.3
铜		未检出				0	0	0	0
锌		0.74	0.46	0.316	0.99	0.37	0.23	0.16	0.50
铬		0.042	0.004	0.011	0.015	0.42	0.04	0.11	0.15
铅		0.087	0.098	0.088	0.087	0.44	0.49	0.44	0.43
汞		0.00029	0.00037	0.00021	0.00029	0.29	0.37	0.21	0.29

注：编号参照表 1.17。

（3）电厂东面蔬菜重金属分析

蔬菜中重金属安全评价标准采用《中华人民共和国食品卫生评价标准》，并对照国家食品卫生标准限值得出蔬菜中各重金属元素的超标率。由表 1.21 可知，该采样面的蔬菜中重金属 Cd、Pb 的含量远远高于国家食品卫生标准的限制，其中 4 号采样 Cd 超标率达到了 381%，已不能食用。此外，该采样面蔬菜中的 Cr、Hg 含量也略微超标，但超标率不大，若即时采取措施仍可食用。Zn、Cu 的含量较低，均在标准之内，尤其是元素 Cu，其含量远低于标准限值，处于安全水平。该采样面蔬菜中重金属的主要污染元素是

Cr 和 Pb，需即时采取化学措施来降低土壤中这两种元素的含量来保证附近居民的生命健康与安全。

表 1.21　　　　　　　电厂东面蔬菜重金属含量及超标率

项目	蔬菜重金属限量指标（mg/kg）	实测值（mg/kg）			超标率（%）		
		1	2	4	1	2	4
镉	0.2	0.458	0.816	0.962	129	308	381
铜	10	未检出	1.212	1.422	达标	达标	达标
锌	20	8.993	16.782	12.769	达标	达标	达标
铬	0.5	0.493	0.647	0.545	达标	29.9	9
铅	0.3	1.296	1.254	1.169	332	318	289.67
汞	0.01	0.018	0.022	0.0093	80	120	达标

注：编号参照表 1.17。

2. 电厂南面重金属污染分析

（1）电厂南面土壤重金属分析

由表 1.22 可以得出，该采样面土壤中的重金属均高于湖北省背景值，但其含量与土壤环境质量标准中的二级标准较为接近。元素 Cd、Cr、Pb、Hg 的含量略高于土壤质量二级标准，属于轻度污染，尚不会对人体造成严重危害。而 Cu、Zn 含量都低于国家标准，处于安全水平。总体而言，该采样面的土壤重金属含量较上一采样面较低，其内梅罗综合污染指数仅为 1.292，污染等级为轻度，土壤已经开始受到污染，应及时采取措施来防治重金属含量继续升高，否则将对生态造成危害。

（2）电厂南面水体重金属分析

由表 1.23 可以看出，该采样面的灌溉用水水体总体情况较为乐观。其中 1 号样元素 Cd 的含量最高为 0.01mg/L，单因子污染指数为 1.0。虽然相对于灌溉用水已经达标，但其地表水水体质量仅为Ⅳ级，不可用于日常饮用。元素 Hg 的含量波动幅度较大，检测限为 0.00009～0.00037mg/L，总体浓度较低，最高的单因子污染指数值仅为 0.37。该采样面水体中 Cu 的含量非常低，1 号样和 5 号样均未检出铜元素，其余两个样品也达到了一级地表水的标准。元素 Zn 含量也非常低，符合地表水一级标准。不同水样中元素 Pb 的含量相差较大，1 号水样未检出，而 4 号水样则接近灌溉水体质量标准的上限。Cr 的含量与 Pb 较为相似，波动较大，但整体仍处于清洁范围内。该采样面的内梅罗综合污染指数为 0.755，与东采样面一样属于清洁水平，相较于东采样面更为清洁，但此类水也仅适用于灌溉，不得被人体摄入或与人体有其他相关接触。

表 1.22　　　电厂南面土壤重金属含量及单因子污染指数

项目	湖北土壤背景值	内梅罗综合污染指数	实测值（mg/kg）			单因子污染指数		
			1	2	3	1	2	3
镉	0.172	1.292	0.533	0.495	0.543	1.333	1.238	1.358
铜	30.7		116.857	116.979	118.656	0.779	0.780	0.791
锌	83.6		215.987	217.487	216.859	0.864	0.870	0.867
铬	86.0		256.719	228.198	231.365	1.284	1.141	1.157
铅	26.7		53.681	47.110	62.807	1.074	0.942	1.256
汞	0.080		0.494	0.503	0.539	1.235	1.258	1.348

注：编号参照表 3-1。

表 1.23　　　电厂南面水体重金属含量及单因子污染指数

项目	内梅罗综合污染指数	实测值（mg/L）				单因子污染指数			
		1	4	5	6	1	4	5	6
镉	0.755	0.01	0.01	0.007	0.008	1.0	1.0	0.7	0.8
铜		未检出	0.094	未检出	0.26	0	0.09	0	0.26
锌		0.153	0.461	0.533	0.47	0.07	0.23	0.26	0.23
铬		0.035	0.031	0.028	0.085	0.35	0.31	0.28	0.85
铅		未检出	0.198	0.085	0.029	0	0.99	0.43	0.15
汞		0.00033	0.00037	0.00018	0.00009	0.33	0.37	0.18	0.09

注：编号参照表 3-1。

（3）电厂南面蔬菜重金属分析

由表1.24可知，蔬菜中Cu、Zn的含量都非常低，均低于国家标准，2号样含量过低而未被检出。在被测元素中，Pb在蔬菜中的相对含量是所有被测元素中最高的，其最高超标率达到了349.67%，若长期食用此蔬菜会造成"血铅"并影响人的中枢神经系统。Hg的含量波动较大，检测限为0.0086～0.031mg/kg，这与不同植物对重金属的吸收能力不同相关。蔬菜中Cd的含量也远远超过国家重金属限量指标，最高超标率为276%。Cr的含量较国家重金属限量指标略高，除3号样达标外其余两个样品超标率均在50%以内。该采样面蔬菜中Cr、Pb含量远远超过了国家重金属限量指标，根本不能食用。尤其是1号菜样，已经达到了严重污染的水平，若摄入人体必将对人体造成较大的危害。

表1.24　　　　　电厂南面蔬菜重金属含量及超标率

项目	蔬菜重金属限量指标 （mg/kg）	实测值（mg/kg）			超标率（%）		
		1	2	3	1	2	3
镉	0.2	0.752	0.558	0.37	276	179	85
铜	10	1.95	未检出	2.263	达标	达标	达标
锌	20	14.85	9.492	16.563	达标	达标	达标
铬	0.5	0.716	0.659	0.475	43.2	31.8	达标
铅	0.3	1.266	1.349	1.136	322	349.67	278.67
汞	0.01	0.0086	0.031	0.011	达标	210	10

注：编号参照表1.17。

3. 电厂西面重金属污染分析

（1）电厂西面土壤重金属分析

由表1.25可知，该采样面的重金属浓度实测值均高于湖北省土壤背景值，但每个样品的单因子污染指数均在2.0以内，相较于电厂东面采样点，其土壤质量有了较大程度的改善。其中，Cu、Zn、Pb的单因子污染指数都小于1.0，为安全状态。除3号样的

Cd 含量略低于国家土壤环境二级标准值，其余样品的 Cd、Cr 指标均稍高于国家土壤环境二级标准。相对而言，该采样点的 Hg 含量最高，最高浓度为 0.661mg/kg，为国家标准的 1.653 倍。该采样点的内梅罗综合污染指数为 1.362，属于轻度污染，对人体及生态环境的影响相对而言不是很大。

表 1.25　　电厂西面土壤重金属含量及单因子污染指数

项目	湖北土壤背景值	内梅罗综合污染指数	实测值（mg/kg）			单因子污染指数		
			1	2	3	1	2	3
镉	0.172	1.361	0.418	0.522	0.372	1.045	1.305	0.93
铜	30.7		132.052	118.079	120.626	0.88	0.787	0.804
锌	83.6		241.523	234.322	237.193	0.966	0.937	0.949
铬	86.0		219.17	212.721	218.873	1.096	1.064	1.094
铅	26.7		40.432	28.423	38.169	0.809	0.568	0.763
汞	0.080		0.661	0.539	0.402	1.653	1.348	1.005

注：编号参照表 3-1。

（2）电厂西面蔬菜重金属分析

由表 1.26 可以得出以下结论：Cu 的含量与前面几个采样面一样，都非常低，三个样品的含量都在国家标准范围内，1 号样和 2 号样因为 Cu 元素含量过低而未被检出。在所有被测元素中，Cr 的相对含量较高，其超标率均在 50% 上下浮动。Cd 的含量波动较大，从 0.156~0.509mg/kg 不等，最高超标率达 154.5%，而 2 号样则是处于安全水平。被测蔬菜中 Zn 的含量分布较为平均，除 2 号样略超过国家标准的 20mg/kg 外其余两个样品都在安全范围内。元素 Pb、Hg 的浓度也在中等污染水平。相对于前面两个采样面而言，电厂西面的蔬菜重金属含量总体情况较好，除元素 Cr 均有小范围超标外其余元素都有个别样品达标，需加强对 Cr 的治理来保证附近居民的生命健康与安全。

表 1.26 **电厂西面蔬菜重金属含量及超标率**

项目	蔬菜重金属限量指标 （mg/kg）	实测值（mg/kg）			超标率（%）		
		1	2	3	1	2	3
镉	0.2	0.509	0.156	0.319	154.5	达标	59.5
铜	10	未检出	未检出	3.391	达标	达标	达标
锌	20	19.752	20.085	14.801	达标	0.425	达标
铬	0.5	0.724	0.833	0.829	44.8	66.6	65.8
铅	0.3	0.235	0.332	0.519	达标	10.7	73
汞	0.01	0.0092	0.024	0.018	达标	140	80

注：编号参照表 1.17。

（三）本次调研小结

阳逻电厂周边土壤、水体、蔬菜重金属（Cd、Cu、Zn、Cr、Pb、Hg）污染状况研究结果表明：

（1）本试验所调查的电厂三个方向的土壤和蔬菜受到了不同程度的重金属污染，灌溉用水的总体情况较好，其内梅罗综合指数均在 1.0 以内。各个采样面土壤的内梅罗综合污染指数均在 1.0 以上，最高的达到了 2.786。蔬菜的重金属总体超标率都达到了100% 以上，东采样面甚至达到 280.59%，根本不能食用。从采样面上看，东采样面的污染最为严重，主要原因是该采样面距离电厂最近，紧靠汉施公路，汽车在行驶过程中会排放 Pb 等重金属元素，且东采样面还建有湖北亚东水泥公司，水泥生产中排放的废气含有一定量的 Cr，这也在一定程度上加重了东采样面的污染。南采样面因为其与电厂被柴泊湖的支流隔开，所以其受到电厂的影响较小。西采样面虽然紧邻电厂，但与其相邻的是电厂的生活区，且该采样面的土壤多为当地居民从他处搬运而来，非天然土壤，所以该点各重金属内梅罗综合污染指数相对较小。各采样面综合污染顺序为：东采样面>南采样面>西采样面，其中东采样面和南采样面属于中度污染，西采样面属于轻度污染。

（2）所有土壤样品中被测重金属元素的含量均超过湖北省土壤

背景值, 结合图 5-3 可知, 重金属 Cd 的污染最为严重, 而 Cd 污染主要集中在东采样面, 其单因子污染指数达到了 3.096, 为重度污染, 主要原因是电厂东面大面积种植粮食作物, 当地居民长期使用含 Cd 磷肥和农药引起的, 而其余两个采样面的土壤则是小面积种植作物, 供自家使用, 化肥的使用量也相对较少。以《土壤环境质量标准》(GB 15168—1995) 为评价标准, 重金属 Cu、Zn 的平均含量均未超出二级土壤标准限量。元素 Pb 除了南采样面处于轻度污染水平外, 其余采样面均在安全范围内, 这主要是南采样面建有一条道路专供水泥厂运送原料, 平时车流量大, 汽油中添加的防爆剂四乙基铅随废气排出污染土壤[14], 这导致了南采样面的 Pb 含量明显高于其余两个采样面。各采样面 Hg 的含量差异不大, 这主要是由风向决定, 研究认为: 大气中的汞排放主要来源于燃煤燃烧, 而阳逻电厂就是典型的燃煤型电厂。阳逻地区夏季风向偏南, 冬季偏北, 春秋两季则介于两者之间, 而本次试验采样时间在 5 月至 8 月间进行, 因此各个采样面的汞浓度相差无几。三个采样面的 Cr 含量均在安全范围内, 除了南采样面略高, 这主要是因为水泥工业产生的废气会带来少量的 Cr 沉积。

(3)由上文数据结合图 5-4 可知, 阳逻电厂东采样面和南采样面的水体中除元素 Cd 属于轻度污染外, 其余被测元素含量均在农业灌溉用水国家标准范围内。但相对于地表水三级质量标准而言, 污染最为严重的是 Hg, 其含量都远远超过水体三级标准。这主要有以下两个原因: 一是上文提及的电厂在燃煤过程中排放出的含汞废气和颗粒态汞尘落到被测水体里; 二是当地居民对农作物进行污水灌溉以及使用含汞农药, 这些汞通过地表径流转移到水体[15]。相较于元素 Hg, 重金属 Pb 的含量在两个采样面的浓度差距比较大, 在东采样面的内梅罗综合污染指数仅为 0.47, 在南采样面则达到了 0.753, 这主要原因是南采样面不仅靠近电厂和公路, 还有一条上文提及的专供水泥厂运送原料的道路, 车流量大导致 Pb 排放量高。元素 Cd 是造成阳逻电厂周边水体污染的最主要元素, 主要原因还是当地居民使用含 Cd 磷肥。而南采样水体中 Cr 的含量也高于东采样面, 其主要原因还是水泥厂的废气排放。此外, 在南采样面还堆放有大量的生活垃圾，垃圾渗滤液中也含有一定量的重金属元素，可通过雨水冲刷等方式渗透到附近水体。因此，Cd、Pb、Cr 是造成南面水体污染的主要原因。

（4）蔬菜重金属污染是最为严重，而这也是最关乎人体健康的。由图 5-5 可以知道 Cd、Pb 的污染是所有被测元素中最严重的。蔬菜中 Pb 的超标主要原因是样品均采集于车流量大的公路旁，而一些研究表明，叶菜类蔬菜叶表面对汽车尾气和路面灰尘中微颗粒重金属有较强的吸附能力[18]，这就解释了为什么蔬菜中含有大量的 Pb。Cd 的含量在三个采样面有逐级递减的趋势，其根本原因还是与磷肥的使用量有关。上文已经提到过，东采样面大面积种植农作物，主要用于对外销售，南采样面则是几户人家一起种植，而西采样面是零散地种植粮食作物供自己使用，无需使用过多化肥。Cu、Zn 含量与土壤、水体方面一样，均处于安全范围内。其他被测元素中，Hg 的污染等级在中度污染左右，这主要是和电厂排放烟气有关。元素 Cr 的超标率均在 100% 以内，属于轻度污染水平，原因不仅是水泥厂排放的含 Cr 烟尘造成，还因为居民使用生活污水进行灌溉。然而，蔬菜不同，其对重金属的富集能力也不尽相同，因此不能将蔬菜的重金属污染单纯地与土壤、水体挂钩，还应考虑蔬菜的生理特性、生长期长短以及对污染物的敏感程度。

（四）结论

阳逻电厂周边土壤、水体、蔬菜的重金属（Cd、Cu、Zn、Cr、Pb、Hg）污染状况研究结果表明：

（1）在电厂长期运营、周边交通状况发达、农民使用大量化肥的情况下，阳逻电厂周围已经发生了不同程度的重金属污染，按采样面划分，电厂东面的污染最为严重；按元素划分，Cd 污染最为严重；按污染介质划分，蔬菜的污染最为严重。

（2）在所有的土壤样品中，Cd 污染最为严重，Hg 污染次之，Cr、Pb 含量除个别采样点超过国家标准外，其余均处于正常水平，Zn、Cu 含量均在安全范围内。

（3）在水体被测指标中，因农田灌溉水质标准规定的水质要求较低，所以所有采样面的内梅罗综合污染指数都在 1.0 以内，属于清洁水平，但对于地表水质量标准而言，电厂周边的水均不适合饮用。相对而言，元素 Cd 的内梅罗综合污染指数最高，Pb、Cr 次之，Zn、Cu 含量与土壤中含量一样浓度都极低。

（4）被测样品中，东面的蔬菜样品受到地重金属污染最为严重，尤其是重金属 Cd、Pb、Hg，其超标率达到了 200% 甚至更多，最高的为 333.63%，不适合人类食用。南采样面和西采样面蔬菜的超标率也居高不下，必须及时采取措施防止污染扩散进而伤害周面居民的生命健康。

参考文献：

[1]王德光，宋书巧，蓝唯源．环江县大环江沿岸土壤重金属污染与蔬菜安全评价[J]．环境与发展，2008(2)：8-11.

[2]金星龙，翟慧泉，岳俊杰，等．郊污灌区土壤及蔬菜重金属污染与调查[J]．安徽农业科学，2010，38(7)：3701-3703，706.

[3]华中华能武汉阳逻电厂效益显著[DB/OL]．http：//wuxizazhi.cnki.net/Search/ ZGTZ504.009.html.

[4]朱晓玉，孙世群．厂周围土壤中铜元素的含量与分布研究[J]．环境科学与管理，2010，35(12)：71-74.

[5]环境保护部．土壤环境质量标准(GB 15618—2008)[S].

[6]中华人民共和国农业部．农田土壤环境质量检测技术规范(NY/T 395—2000)[S].

[7]中华人民共和国国家质量监督检验检疫总局．国家无公害土壤标准(GB/T 184071—2001)[S].

[8]王晓，韩宝平，冯启言，等．徐州市地表水体底泥重金属污染特征研究[J]．中国环境检测，2004，20(6)：45-48.

[9]中华人民共和国国家质量监督检验检疫总局．农田灌溉水质标准(GB 5084—2005)[S].

[10]中华人民共和国卫生部．食品中污染物限量(GB 2762—2005)[S].

[11]国家环境保护局，中国环境检测总站．中国土壤元素背景值[M]．北京：中国环境科学出版社，1990.

[12]李鱼，董德明，吕晓君，等．汽车尾气铅对公路两侧土壤的污染特征[J]．生态环境，2004，13(4)：549-552．

[13]王起超，麻壮伟．某些市售化肥的重金属含量水平及环境风险[J]．农村生态环境，2004，20(2)：62-64．

[14]李波，林玉锁，张孝飞，等．宁高速公路两侧土壤和小麦重金属污染状态[J]．农村生态环境，2008，1(3)：35-37，3．

[15]张燕萍，颜崇准，沈晓明．环境汞污染来源、人体暴露途径及其检测方法[J]．广东微量元素科学，2004，1(6)：11-15．

[16]阳逻的水文地质和气候详情[DB/OL]．http：//blog. ina. om. n/s/blog_4ce999850100le2j. tml．

[17]吴泽鑫，邢文听，高青环．土壤重金属 Cr 及其治理研究进展[J]．河南化工，2011，8(7)：31-36．

[18]王初，陈振楼，王京，等．崇明岛公路两侧蔬菜地土壤和蔬菜重金属污染研究[J]．生态与农村环境学报，2007，23(2)：89-93．

[19]谢正苗，李静，徐建明，等．杭州市郊蔬菜基地土壤和蔬菜中 Pb、Zn 和 Cu 含量环境质量评价[J]．环境科学，2006，7(4)：742-747．

[20]顾红，李建东，赵煊赫．土壤重金属污染防治技术研究进展[J]．中国农学通报，2005，21(8)：397-399，408．

[21]熊严军．我国土壤污染现状及治理措施[J]．现代农业科技，2010(8)：294-295，297．

[22]张坤，罗书．水体重金属污染治理研究技术进展[J]．中国环境管理干部学院学报，2010，20(3)：62-64，81．

[23]贾广宁．重金属污染的危害与防治[J]．有色矿冶，2004，20(1)：39-41．

五、2011 年城郊(武汉)特殊污染源(垃圾填埋场)周边蔬菜—土壤重金属调查

(一)陈家冲垃圾填埋场基本概况

武汉市投资规模最大的陈家冲垃圾填埋场在 2007 年 4 月 28 日

投入试运营。陈家冲垃圾场,每天承担全市三分之一的生活垃圾处理量。该垃圾场的生活垃圾来源主要为汉口地区和新洲阳逻地区。运行后前五年,每日处理生活垃圾 2000 吨,五年后,每日处理生活垃圾 1200 吨,同时处理垃圾焚烧发电后的炉渣 400 吨。该项目建设从 2005 年 4 月开始施工,2007 年 4 月启用,从投入使用到封场,垃圾填埋场规划设计的使用年限约 21 年。

随着填埋年限的增加,更多的环境问题出现了。在垃圾场周边有一些渔民,听他们说,垃圾填埋场内排出的污水(主要是垃圾渗滤液)根本不达标,有时候排出来的水都是黑色的,他们的鱼池也经常发生死鱼的事情。几位居民挽起裤管,露出满腿搔痒后留下的疤痕,"我们只要一沾水,就长痱子。"这里的居民谈垃圾色变,以前这里还是山清水秀,在夏天的时候,大家都在屋外乘凉。现在大家晚上都不敢出门,因为门前的长河里的水已经变得恶臭不堪,蚊虫也特别的毒,再没有人敢出来乘凉了。由此可见,当我们周边的环境受到了污染,我们的生活也将受到不小的影响。

随着年限的增长,垃圾堆放区土体净化能力日趋饱和,污染物不断累积,土壤质量明显下降。以重金属的污染最为显著,重金属主要来源于大量的电池、电路板、废旧电脑等电子垃圾、金属及镀金属制品,由于大部分的城市没有对垃圾进行分类收集,这些重金属进入垃圾填埋场,导致垃圾填埋场周边受到重金属严重污染,另一方面,在垃圾渗滤液的渗入造成下游及周围环境的土壤受到重金属污染。渗滤液是重金属污染土壤的载体,1t 垃圾可产生 800mL 碳酸,能使垃圾中的 Hg、Cd、Zn 等重金属以盐的形式融入水中,对水体造成较大污染。根据中国环境科学研究院的报告[1],垃圾渗滤液中已发现有 93 种有机污染物,除此之外还含有多种高浓度的重金属、盐类和多种病源微生物,没经过严格处理或者处理不达标的渗滤液,会对周围水环境带来严重的污染和危害。

(二)调查对象

调查水:供调查水为武汉市阳逻经济开发区陈家冲垃圾填埋场周边 200 m 到 800 m 处的用于浇灌以及养鱼的地表水。

调查土壤:供调查土壤为陈家冲垃圾填埋场周边居民自家菜地

以及稻田中的土壤。

调查蔬菜：供调查蔬菜为陈家冲垃圾填埋场周边居民自家种植的用以食用的蔬菜包括空心菜、小白菜等大众蔬菜。

(三)采样点的布置

在陈家冲垃圾填埋场的南、西、北三个方向设点采样(东边为陵园，不方便采样)。每个点采土样、水样以及菜样 2 到 4 个样品进行试验测定分析。

本次共对 8 个地方进行采样，各采样点的描述如下：

(1) 1 号六家田稻田，位于陈家冲垃圾填埋场北面约 500 m，靠近路边，其浇灌用水主要来自于长河以及周边池塘水。针对这一采样点采集了水样和土样。

(2) 2 号六家田菜地，位于垃圾填埋场北面约 600 m，靠近路边，但来往车辆不多，其浇灌用水来源于周边鱼塘和长河水。针对这一采样点采集了水样、土样和小白菜。

(3) 3 号鱼塘 1，位于垃圾填埋场南面约 500 m，在垃圾运入主路线一侧，其水主要用于养鱼。针对这一采样点采集了水样和土样。

(4) 4 号鱼塘 2，位于垃圾填埋场南面约 500 m，在垃圾运入主路线一侧，与鱼塘 1 相对，其水主要用于养鱼，居民还利用鱼塘里的水灌溉自家食用的蔬菜。针对这一采样点采集了水样、土样和生菜。

(5) 5 号长河距垃圾填埋场 500 m，位于垃圾填埋场西侧。填埋场区渗滤液经过处理排入长河，河水颜色偏黑，有恶臭。周边居民沿河居住在门前种植蔬菜，其灌溉用水为长河水。针对这一采样点采集了水样、土样和空心菜。

(6) 6 号长河距垃圾填埋场 600 m，此采样点采集了水样、土样和空心菜。

(7) 7 号长河距垃圾填埋场 800 m，此处为一小桥，不少居民在此处钓鱼，据居民反映，所钓之鱼有异味，不可食用。针对这一采样点只采集了水样。

(8) 8 号居民家后院，位于垃圾填埋场北面约 600 m 所用的灌溉水为阳逻自来水厂自来水。针对此采样点采集了土样和莴苣。

（四）调查结果

1. 不同采样点水体的污染现状分析

参照农田灌溉水质标准分析表的数据，由表 1.27 和表 1.28 可知，依据水体单项污染指数和水体平均污染指数进行分析和评价，采样点 1、2 均位于垃圾填埋场北面。由数据可知，1 号总磷超标高达 70.00%，锌超标 12.75%，利用水体平均污染指数评价结果为中度污染；2 号总磷超标 2.50% 且铅超标达 200%，利用水体平均污染指数评价结果为轻污染。在填埋场北面的两个采样点均受不同程度的污染，且有磷、锌和铅超标，分析其污染的原因，一方面可能是因为居民在养殖鱼的过程中投放了含有磷的营养以及周边农田的施肥迁移所致；另一方面可能是因为长河水的流入（因为在采样期间长河水污染严重，富营养化明显），2 号水样铅超标严重主要是因为附近有一家制砖厂，来往车辆较多，由尾气排放所致。

表 1.27　　　　不同采样点水样中各种污染物质的浓度　　　（mg/L）

	氨氮	总磷	铜	锌	铅	铬	镉	汞	$\bar{p}$	评价等级
1	0.095	0.68	—	2.255	0.027	0.081	0.004	0	0.808	中度污染
2	0.043	0.41	—	—	0.3	0.074	0.004	0	0.656	轻污染
3	0.065	0.44	—	—	—	0.074	0.004	0	0.532	轻污染
4	0.045	0.39	—	2.449	0.058	0.071	0.009	0.001	0.575	轻污染
5	0.058	1.58	—	5.201	0.898	0.167	0.025	0.003	3.04	严重污染
6	0.061	1.43	—	4.244	0.530	0.146	0.024	0.002	2.373	严重污染
7	0.085	1.12	—	3.017	0.432	0.117	0.02	0.001	1.53	重污染

注："—"表示测量出错，未测出结果。"0"表示含量为微量。

采样点 3、4 位于垃圾填埋场南面，4 号水样锌超标 22.45%，3 号水样较清洁，其评价等级都为轻污染。

采样点 5、6、7 位于垃圾填埋场西面，水样取自长河（有渗滤液排入），这三点的各项指标均有超标，各污染物的浓度随距离的增加而逐级递减，其中 7 号采样点达到了重污染，5、6 两个点的污染还达到了严重污染。其主要原因可能是陈家冲垃圾填埋场的渗滤液的渗入或处理不达标流入所致，直接排入长河后，导致水体污染，水体颜色为黑色，并伴有恶臭。这种水最易滋生蚊虫，已经严重影响到居民的日常生活。

表 1.28　　　　　　　　土壤中各种污染物质的浓度　　　　　（mg/kg）

	铜	锌	铅	铬	镉	汞	内梅洛指数	评价等级
1	18.0	26.5	56.2	31.6	0.356	0.591	0.938	尚清洁
2	36.6	75.6	99.0	25.5	0.501	0.482	1.300	轻度污染
3	16.5	32.3	101.1	28.0	0.390	0.554	1.039	轻度污染
4	24.2	26.9	76.7	31.0	0.374	0.521	0.987	尚清洁
5	41.3	74.4	76.0	37.7	0.546	0.624	1.410	轻度污染
6	36.2	68.6	56.8	25.4	0.445	0.550	1.150	轻度污染
7								——
8	——	27.0	75.0	33.6	0.332	0.405	0.890	尚清洁

注："——"表示未采集到样品。

从填埋场的 3 个方向水体污染分析可知，西面污染严重，均达严重超标水平；北面也有轻污染至中度污染；南面污染最小，都处在轻污染的水平。

2. 不同采样点土壤的污染现状分析

参照土壤环境质量标准根据表可知，填埋场周边的土壤有着不同程度的污染。

采样点 1、2、8 是填埋场北面的土样，1 号土样镉超标 18.6%，汞超标 18.2%，铅超标 23.75%。内梅洛指数为 0.938，属于尚清洁，但已经达到了警戒线。2 号土样镉超标 67.0%，铅超标 23.75%，土壤受到了轻度污染。8 号土样镉超标 35%，属于尚清洁。分析其原因可能是用于灌溉的水中重金属超标，也可能是大量施用化肥所致，当然也可能是填埋场渗滤液所致。

样品 3、4，采自垃圾填埋场南面，3 号铅超标 26.4%，主要原因是其位于公路边，镉超标 30%，汞超标 10.8%，土壤评价等级为轻度污染。4 号镉和汞也有轻微超标，其内梅洛指数为 0.987，还属于尚清洁，但已经到了警戒线。分析其原因是因为由水体进入土壤的镉和汞在土壤中难于降解，最终在土壤中富集。

采样点5、6、7位于垃圾填埋场西面其中7号为一座桥，未采集土壤。5、6号样品镉和汞超标严重，含量随距离的增加而逐级递减。内梅洛指数显示，土壤已经受到了轻度污染。由于重金属在土壤中降解速度很慢，随着年限的增长，重金属将会在土壤中蓄积，土壤的污染将会越来越严重。

土壤中镉和汞超标所带来的危害相当之大，这种危害具有隐蔽性、潜伏期长、损害性大等特点。一旦通过食物链进入人体，将会在人体内蓄积，给人体健康带来损害。

3. 不同采样点蔬菜的污染现状分析

本次试验所采样品为居民家中自己种植的，以供自家食用的蔬菜。参照我国食品卫生标准由表1.29可知，在2号采样点小白菜中铜、锌、铅、铬、镉分别超标为14.3%、20%、79%、2.8%、10%；4号采样点生菜中铜、锌、铅分别超标为32%、24%、28%；5号采样点空心菜中锌、铅、铬、镉和汞分别超标为10%、16%、23.4%、52%、50%。6号采样点空心菜中铜、锌、铅、铬、汞分别超标为69%、40%、64.5%、20.8%、20%。8号采样点莴苣中铜、锌、铅、铬分别超标为47%、76%、1%、2%。

表1.29　　　　　　蔬菜中各种污染物质的含量　　　　　（mg/kg）

	Cu	Zn	Pb	Cr	Cd	Hg
1	——	——	——	——	——	——
2(小白菜)	24.3	24	0.358	0.514	0.055	0.0057
3	——	——	——	——	——	——
4(生菜)	13.2	24.8	0.256	0.425	0.011	0.009
5(空心菜)	—	22	0.232	0.617	0.076	0.015
6(空心菜)	16.9	28	0.329	0.604	0.046	0.012
7	——	——	——	——	——	——
8(莴苣)	14.7	35.2	0.202	0.501	0.046	0.008

注："——"表示未采集到样品。

通过以上分析，填埋场西面的依然是最严重，几乎所有元素都达到超标的情况，其次是填埋场北面的采样点，污染相对比较严重，分布在填埋场南面的采样点污染比较轻，但是依然有3种重金属元素超标。

蔬菜中重金属的超标无疑是来源于浇灌水和土壤以及大气污染的沉降，这在垃圾填埋场附近很可能是垃圾渗滤液的渗漏和迁移以及挥发性污染物质所致，所以，对垃圾填埋场的管理不能放松，对垃圾渗滤液的处理以及垃圾排放气体的处理和利用要更加严格。

（五）讨论

1. 垃圾填埋场对周边水的影响

垃圾填埋场周围地表水和地下水的污染与垃圾渗滤液密切相关，这取决于填埋场底下的岩性和渗滤液收集系统、底层和四周衬层的缺乏。一旦使用受渗滤液污染的水体灌溉农田会引起富营养化和生态毒理效应，对农作物造成不良影响，如使水稻出现贪青徒长现象，空穗率、秕谷率增加，导致产量减少50%～70%。渗滤液往往含有多种金属离子，生活垃圾与工业垃圾混埋，金属离子将更高。而重金属污染又具有易被生物富集、有生物放大效应、毒性大等特点，因此水中的重金属污染不仅污染了水环境，也严重危害了人类及各类生物的生存。目前淡水资源日益枯竭，而人类对淡水的需求量却在日益增加，未加处理的大量废水污染了水环境，严重影响了水生生态结构和水资源的有效利用。现如今，我国很多垃圾填埋场都出现了水体污染现象，如广州李坑生活垃圾填埋场周边的地表水受到污染等。

2. 垃圾填埋场对周边土壤影响

垃圾填埋场的防渗措施一旦没有做好，渗滤液便会渗入土壤，并对土壤的结构以及理化性质有所影响。城市垃圾填埋场周边土壤的污染特点结果表明，受垃圾渗滤液的侵蚀影响，垃圾区周围土壤酸性增大，土壤有机质和其他养分含量明显增加。离堆体越近，土壤有机物增加越明显，说明垃圾渗滤液改变了周围土壤的性状；垃圾场周围土壤重金属含量明显高于对照土壤，表明垃圾区周围土壤已受到渗滤液的重金属污染。土壤受到重金属污染后，其性质以及结构都会受到一定程度的污染。在北京西郊某垃圾填埋场周围土壤的重金属污染顺序为：铬＞铜＞锌＞锰＞铅。并且当填埋场周边土壤中渗滤液有机物和金属铁锰共存时，大量的有机物质能活化土壤中的铁锰，增加其有效性，在降雨排水作用下，有效态溶解性 Fe、Mn 随垃圾渗滤液淋溶下渗进入底层土壤和地下水中，造成底层土壤和地下水严重的铁锰污染 。

3. 垃圾填埋场对周边作物的影响

水和土壤受到污染后，所种植出来的蔬菜也将会受到一定程度的污染。如：广州市李坑生活垃圾填埋场周边植被（包括乔木、灌木、草木、果树和蔬菜）Zn、Cr 、Pb、As、Cu、Hg 6 种污染物的质量指数评价显示，填埋场场区及灌区内有轻度污染，而场外与灌区外则相对较轻或无污染。在上海老港填埋场，垃圾渗滤液里含有大量有机物和重金属，对土壤造成严重污染，致使填埋区内大片芦苇枯萎、死去。植物对重金属有一定的富集作用，土壤及水中的重金属，由于菜的品种不同，所富集的重金属的种类和数量就有所不同，按照富集量的高低，蔬菜可分为高富集、中富集和低富集 3 种。镉对蔬菜的污染影响以叶菜类最大，果菜类次之，根菜及豆类最小，而瓜类均无超标现象。所以，在有污染的地方，要慎重选择所种植的蔬菜品种，这样有助于减少人体吸收植物蓄积的重金属。

4. 我国垃圾处理存在的问题

随着我国经济的高速发展，城市化水平和人民生活水平不断提高，城市生活垃圾产量与日俱增，城市垃圾问题已成为影响城市建设、人民生活和可持续发展的重要因素。据统计，1994 年我国城市生活垃圾清运量接近 1×109 t，垃圾处理率不足三分之一，而真正达到无害化处理的比例更低。大量城市生活垃圾露天堆放或简易填埋处置，已对城市环境造成长期巨大的污染。而我国垃圾渗滤液处理技术还不高，垃圾渗滤液中不仅含有耗氧有机污染物，还含有金属和植物营养素（氨氮等）。如果工业部门使用垃圾填埋场，渗滤液中还会有有毒、有害、有机污染物，水质十分复杂。一旦处理不达标将会对环境造成大的污染。

改革开放以来，我国每年所产工业固体废弃物量已达 6×10^8 t，其中危险废物约占 5%。这些废物除约 40% 供回收利用外,大多仅作简单的堆置处理或是任意丢弃。目前,估计历年所堆置的固体废物量累计高达 60×10^8 t,占用了大量农林业土地。而城市生活垃圾排出量的增长也十分迅速。目前我国城市垃圾年产量已达 1.5×10^8 t 左右,而且正以每年约 8% 的速率增长。由于各项处理设施严重不足,这些城市垃圾约有一半未经任何处理,采用裸露堆填的粗放弃置,占用城市周边土地面积达 6×10^4 hm^2,导致约有 2/3 的城市处于垃圾包围之中,既污染水质、土壤、大气,还将传播疾病,严重影响城市环境质量和可持续发展。

(六)结论与建议

1. 结论

针对陈家冲垃圾填埋场对周边水—土壤—蔬菜体系的影响结论如下:

(1)针对填埋场周边水体而言,所采样的三面均有不同的污染程度,填埋场西面污染最严重,属严重污染至中污染,其次是北面,属轻污染至中度污染,南面污染状况较好,属轻污染。

(2)针对填埋场周边土壤而言,填埋场周边的土壤已经有不同程度的污染,西面为轻度污染,北面和南面已经达到了警戒线至轻污染。

(3)对于蔬菜的调查分析可知,填埋场西面污染最严重,所采样点 5、6 号均为空心菜,所测的 6 种金属元素均超标;其次是北面的 2、8 号采样点,2 号采样点有 5 种金属元素超标,8 号采样点有 4 种元素超标;第三是南面的 4 号采样点,有 3 种重金属元素超标。

(4)针对陈家冲垃圾填埋场对周边水—土壤—蔬菜生态体系的调查、分析、评价表明,在填埋场的西面污染最严重,其次是北面,第三是南面,且水—土壤—蔬菜中重金属的污染状况存在相关性。

2. 防治对策及建议

(1)对陈家冲垃圾填埋场垃圾渗滤液处理工艺及技术进行改进。

（2）对渗滤液出水进行严格监控，设置在线监控系统。

（3）环保部门定期对其进行检查，加强监管力度。

（4）对已经受到污染的土壤可以采取植物吸附的方式，对其进行修复。

（5）用污水浇灌的蔬菜，收获前20~30天可改用自来水浇灌。

参考文献：

［1］付美云，周立祥．垃圾渗滤液水溶性有机物对污染土壤中重金属 Pb 迁移性的影响［J］．东华理工学院学报，2006，29（2）：171-176．

［2］曾无己，张协奎．城市垃圾填埋场水环境污染控制初探［J］．基建优化，2007，28（1）：66-68．

［3］郑铣鑫．城市垃圾处理场对地下水的污染［J］．环境科学，1988（10）．

［4］孟紫强．环境毒理学基础［M］．北京：高等教育出版社，2003．

［5］董德明，朱利中．环境化学实验［M］．北京：高等教育出版社，2009．

［6］冯启言，肖昕．环境监测［M］．北京：中国矿业大学出版社，2007．

［7］姚运先．水环境监测［M］．北京：化学工业出版社，2011．

［8］李广超．环境监测实习［M］．北京：化学工业出版社，2002，06（1）：102．

［9］李其林．区域生态系统土壤和作物中重金属的特征研究——以重庆为例［M］．北京：中国环境科学出版社，2010．

［10］金朝晖，李克勋．环境监测［M］．天津：天津大学出版社，2007．

［11］李广超．环境监测实习［M］．北京：化学工业出版社，2002．

［12］鲍士旦．土壤农化分析［M］．北京：中国农业出版社，2002．

［13］范栓喜．土壤重金属污染与控制［M］．北京：中国环境科学出版社，2011．

［14］卢造权．马莲河干流地表水环境质量评价［J］．甘肃科技，2011，27（15）：46-67．

［15］陈泽堂. 水污染控制工程试验［M］. 北京：化学工业出版社，2003.

［16］董德明，朱利中. 环境化学实验［M］. 北京：高等教育出版社，2009.

［17］陈炳卿. 食品污染与健康［M］. 北京：化学工业出版社，2002.

［18］Mann H，Schmadeke C. Investigation leads to solution for landfill leachate seepage［J］. Public Works，1986，117（1）：54.

［19］陶华，陶加林. 生命周期评价在中国城市垃圾减量化的应用［J］. 环境科学研究，1998，11（3）：45-48.

［20］Narayana T Municipal solid waste management in India. From waste disposal to recovery of resources［J］. Waste Management，2009，29（5）：1163-1166.

［21］孙铁万，周启星. 污染生态学［M］. 北京：科学出版社，2001.

［22］朱云，尧文元. 李坑生活垃圾填埋场对周边地区地表水环境影响的调查［J］. 广东科技，2011，06（12）：87.

［23］廖利，全宏东，吴学龙，等. 深圳盐田垃圾场对周围土壤污染状况分析［J］. 城市环境与城市生态，1999，12（3）：51-53.

［24］夏立江，温小乐. 垃圾渗滤液对土壤铁锰有效性及地下水质的影响［J］. 土壤与环境，2002，11（1）：6-9.

［25］张淑娟，覃朝峰，王志刚，等. 广州李坑生活垃圾填埋场周围植被线状调查与影响分析［J］. 环境污染与防治，2003，25（3）：145-160.

［26］曹其炜. 上海老港生活垃圾填埋场现状分析与可持续发展对策［J］. 中国环境管理，2004（4）：56-62.

［27］李其林，刘光德，黄昀，等. 大田蔬菜 Pb、Cd 污染途径的研究［J］. 中国生态农业学报，2004，12（4）：149-152.

［28］徐文龙，张进峰. 中国城市生活垃圾资源化处理技术发展战略［J］. 湖北市容环卫通讯，1998，10（1）：29-37.

［29］刘宏远，朱荫湄. 生活垃圾填埋场渗滤液水质变化研究［J］. 浙江林业科技，2004，01（24）：7-8.

［30］宁平. 固体废物处理与处置［M］. 北京：高等教育出版社，2007.

六、2013 年城郊(武汉)特殊污染源(垃圾填埋场)周边蔬菜重金属调查

本次调研在 2011 年的基础上,针对垃圾填埋场附近几块代表性的菜地 12 种蔬菜 19 个样品进行分析,蔬菜包括绿叶类:菠菜、生菜、茼蒿、芹菜;葱蒜类:蒜苗、韭菜、大蒜;白菜类:小白菜、上海青;直根类:胡萝卜、白萝卜、莴笋。调研结果如下:

(一) 不同蔬菜中重金属的含量

1. 不同蔬菜中 Cd 的含量

不同蔬菜中 Cd 的含量见图 1.3。中国科学院地理研究所的调查表明,不同植物种类对土壤中重金属元素的吸收和积累有很大差别,通过对图 1.3 不同蔬菜 Cd 含量的比较,发现菠菜、茼蒿、芹菜叶对 Cd 的富集能力较强。菠菜、茼蒿、芹菜均属绿叶类。即绿叶类蔬菜对 Cd 的富集能力较强。食品安全国家标准 GB 2762—2012 中规定叶菜类、芹菜中 Cd≤0.2mg/kg,块根和块茎类 Cd≤0.1mg/kg。因此蔬菜中的镉严重超标,污染较为严重。镉(Cd)是广泛存在于自然界的一种重金属元素,在人体内镉若蓄积达到 50g,就会对多种器官和组织造成损害。例如损伤肾小管,出现糖尿病;引起血压升高,出现心血管病;甚至还有致癌、致畸的报

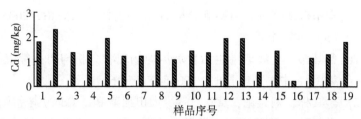

1—蒜苗 2—菠菜 3—小白菜 4—生菜 5—胡萝卜叶 6—胡萝卜

7—韭菜 8—茼蒿 9—菠菜 10—大蒜 11—生菜 12—上海青

13—茼蒿 14—白萝卜叶 15—白萝卜 16—芹菜叶

17—芹菜茎 18—大蒜 19—莴笋叶

图 1.3 不同蔬菜中 Cd 的含量

道。另外，镉对农业最大的威胁是产生"镉米"、"镉菜"，不仅使蔬菜营养价值降低，若长期食用这种蔬菜，食物中的金属镉通过食物链进入人体后容易使人得骨痛病。

2. 不同蔬菜中 Pb 的含量

不同蔬菜中 Pb 的含量见图 1.4。如图 1.4 所采集的蔬菜均对 Pb 的富集能力较强。最为突出的则是大蒜、芹菜茎、生菜、白萝卜叶、莴笋叶、小白菜几类。Pb 被吸收后一般积累在更新周期较长的器官中，这与张志权等人的研究一致。因此我们应对葱蒜类和绿叶类蔬菜予以高度重视。根据食品安全国家标准 GB 2762—2012 中对铅含量的规定叶菜类 Pb≤0.3mg/kg，薯类 Pb≤0.2mg/kg。因此蔬菜中铅污染十分严重。铅是广泛存在于自然界中，对人体毒性最强的重金属之一。长期或过量摄入铅容易引起神经系统、消化系统、造血系统和肾脏的损害等中毒反应，使铅对人体健康的危害成为不容忽视的社会问题。居民食用蔬菜的铅摄入量（DI）为各种蔬菜(Pb)的几何平均值与其相应的消费量权重乘积的加和及蔬菜人均日消费量之积。1993 年，FAO/WHO(世界粮农组织与世界卫生组织)建议，每周每千克体质量允许铅摄入量为 25μg。以中国成年人平均体质量为 56kg 计，则 ADI(每日铅允许摄入量)为 200μg/d。

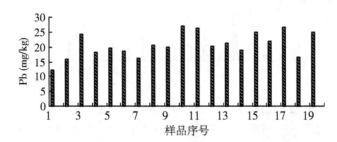

1—蒜苗　2—菠菜　3—小白菜　4—生菜　5—胡萝卜叶　6—胡萝卜
7—韭菜　8—茼蒿　9—菠菜　10—大蒜1　11—生菜　12—上海青
13—茼蒿　14—白萝卜叶　15—白萝卜　16—芹菜叶
17—芹菜茎　18—大蒜2　19—莴笋叶

图 1.4　不同蔬菜中 Pb 的含量

对于普通人群而言，膳食为铅人体暴露的主要途径。若考虑其他摄入途径，我国蔬菜铅的平均贡献率为 37.9%。因此控制蔬菜中铅含量刻不容缓。

3. 不同蔬菜中 Cu 的含量

不同蔬菜中 Cu 的含量见图 1.5。通过对不同蔬菜中 Cu 含量的比较可知菠菜、生菜、茼蒿、胡萝卜叶、韭菜对 Cu 的富集能力较强，即绿叶类蔬菜对 Cu 的富集能力较强。根据食品安全国家标准 GB 2762—2012 中对铜含量的规定 Cu ≤ 5.0mg/kg。绿叶类蔬菜中铜略有超标，污染较轻。铜是人类最早使用的金属。1874 年 Harless 指出软体动物体内铜具有重要作用，1878 年 Ferderig 从章鱼血内蛋白质配合物中将铜分离出来，并称该蛋白为血铜蓝蛋白，至 1928 年 Hart 发现铜是生物体内的必需微量元素。它具有重要的生理功能，参与机体代谢。摄入量过高或过低都会导致各种疾病。铜是含铜酶及含铜的生物活性蛋白质的组分，有助铁的吸收和利用。缺铜病人由于黑色素不足，常发生毛发脱色症，不能耐受阳光照射，若体内严重缺乏酪氨酸酶则发生白化病。

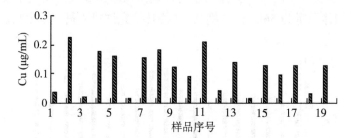

1—蒜苗　2—菠菜　3—小白菜　4—生菜　5—胡萝卜叶　6—胡萝卜
7—韭菜　8—茼蒿　9—菠菜　10—大蒜 1　11—生菜　12—上海青
13—茼蒿　14—白萝卜叶　15—白萝卜　16—芹菜叶
17—芹菜茎　18—大蒜 2　19—莴笋叶

图 1.5　不同蔬菜中 Cu 的含量

4. 不同蔬菜中 Zn 的含量

不同蔬菜中 Zn 的含量见图 1.6。如图 1.6 所采集的蔬菜中锌的含量差异不大。菠菜中 Zn 的含量尤为高。根据食品安全国家标准 GB 2762—2012 中对锌含量的规定 Zn≤20mg/kg。蔬菜中的锌含量严重超标。锌是人体必需的微量元素之一，含量少但功用非常重要。婴幼儿缺锌不仅会导致生长发育的停滞，而且会影响婴儿智力的发育，正常人血锌值应为 13.94μmol/L。科学研究表明，锌是人体内 200 多种酶的组成部分，它直接参与了核酸、蛋白质的合成、细胞的分化和增殖以及许多重要的代谢。人体内还有一些酶需要锌的激活而发挥其活性作用。锌是人体生长发育、生殖遗传、免疫、内分泌等重要生理过程中必不可少的物质，人体含锌总量减少时，会引起免疫组织受损，免疫功能缺陷，所以锌被人们誉为"生命之花"。锌是骨骼及软骨形成的初期阶段必需的元素。摄入过多，会痿昧、口渴、胸部紧束感、干咳、头痛、头晕、高热、寒战等。

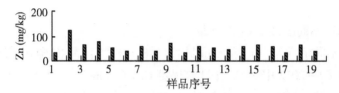

1—蒜苗　2—菠菜　3—小白菜　4—生菜　5—胡萝卜叶　6—胡萝卜
7—韭菜　8—茼蒿　9—菠菜　10—大蒜1　11—生菜　12—上海青
13—茼蒿　14—白萝卜叶　15—白萝卜　16—芹菜叶
17—芹菜茎　18—大蒜2　19—莴笋叶

图 1.6　不同蔬菜中 Zn 的含量

5. 不同蔬菜中 Hg 的含量

不同蔬菜中 Hg 的含量见图 1.7。根据食品安全国家标准 GB 2762—2012 中对 Hg 含量的规定 Hg≤0.01mg/kg。如图 1.7 所示蔬菜中汞含量严重超标。有机汞是一种蓄积性毒素，从人体排泄比较慢。汞可危害人的神经系统，使手足麻痹，严重时可痉挛致死。通常植物体内只含有极微量的汞，只有在较高浓度下，汞才对植物产生伤害。植物受汞毒害表现的症状是叶、花、茎变成棕色或黑色。汞进入植物体内有两条途径：一条是土壤中的汞化物转变为甲基汞或金属汞为植物根所吸收；另一条途径是经叶片吸收而进入植物体，在这种情况下，如汞浓度过大，叶片很易遭受伤害。

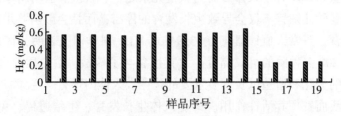

1—蒜苗　2—菠菜　3—小白菜　4—生菜　5—胡萝卜叶　6—胡萝卜

7—韭菜　8—茼蒿　9—菠菜　10—大蒜1　11—生菜　12—上海青

13—茼蒿　14—白萝卜叶　15—白萝卜　16—芹菜叶

17—芹菜茎　18—大蒜2　19—莴笋叶

图1.7　不同蔬菜中Hg的含量

6. 不同蔬菜中Cr的含量

不同蔬菜中Cr的含量见图1.8。根据食品安全国家标准GB 2762—2012中对Cr含量的规定$Cr \leqslant 0.5mg/kg$。如图1.8所示铬污染较为严重，大蒜中铬的含量尤为突出。秦军等研究表明，少量浓度的铬对植物生长有促进作用，高浓度铬对植物有抑制作用。能抑制作物生长发育，可与植物体内细胞原生质的蛋白质结合，使细胞死亡；可使植物体内酶的活性受到抑制，阻碍植物呼吸作用等代谢过程。叶面积受抑后蔬菜的营养生长得不到足够的光合产物，导致株型矮小，叶片黄化。铬也被认为是人的致癌物质。

(二) 同一蔬菜的不同部位重金属的含量

1. 胡萝卜不同部位的重金属含量

胡萝卜不同部位的重金属含量见图1.9。实验中胡萝卜采自垃圾填埋场周围的农户菜园。通过对图1.9胡萝卜不同部位重金属含量的比较，胡萝卜叶对重金属元素的富集能力大于胡萝卜根，Pb、Zn、Cu在胡萝卜叶中具有明显的富集优势，胡萝卜叶中Cu的含量约为根的10倍。Hg在胡萝卜根和叶中含量都比较低。这个趋势与崔慧纯等人研究发现的结果(萝卜中重金属含量为地上部分>根)一致。

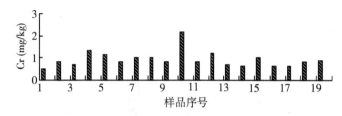

1—蒜苗 2—菠菜 3—小白菜 4—生菜 5—胡萝卜叶 6—胡萝卜

7—韭菜 8—茼蒿 9—菠菜 10—大蒜1 11—生菜 12—上海青

13—茼蒿 14—白萝卜叶 15—白萝卜 16—芹菜叶

17—芹菜茎 18—大蒜2 19—莴笋叶

图1.8 不同蔬菜中 Cr 的含量

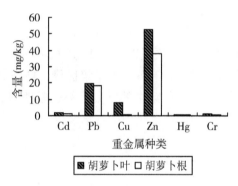

图1.9 胡萝卜不同部位的重金属含量

2. 白萝卜不同部位的重金属含量

白萝卜放置一段时间后不同部位的重金属含量见图1.10。实验中白萝卜采自垃圾填埋场周边的农户菜园。通过对图1.10白萝卜重金属含量的比较，白萝卜叶对 Pb 等重金属富集能力小于白萝卜根，这与王晓芳等的研究相违背。可以初步说明 Pb 是通过白萝卜根向叶迁移，且同时白萝卜叶对 Pb 的吸收应该还有其他的途径。可能是土壤中重金属通过白萝卜根随其他营养物质被输送到地上部分的同时，富含重金属的空气颗粒物落到萝卜叶面上，萝卜叶通过气孔直接吸收了沉积物中的重金属。因此，在白萝卜放置过程中白萝卜叶中金属流失较多。

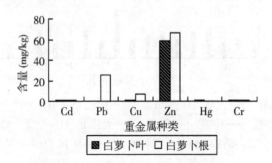

图 1.10 白萝卜不同部分的重金属含量

3. 芹菜不同部位的重金属含量

芹菜不同部位的重金属含量见图 1.11。实验中芹菜采自垃圾填埋场周边的农户菜园。通过对图 1.11 芹菜不同部分重金属含量的比较，发现 Zn 在芹菜中有明显的富集优势，且芹菜叶中 Zn 的含量约为茎的 2 倍。Pb 在芹菜中的富集优势也较明显，但芹菜茎中的含量高于芹菜叶。Hg 在芹菜中的富集最少。

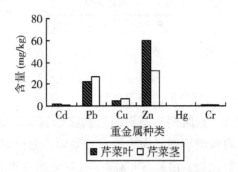

图 1.11 芹菜不同部位的重金属含量

(三) 结论

根据食品安全国家标准 GB 2762—2012 规定一般蔬菜最高重金属含量：Cu ≤ 5.0mg/kg，Zn ≤ 20mg/kg，Cr ≤ 0.5mg/kg，Hg ≤

0.01mg/kg，Cd≤0.2mg/kg，Pb≤0.3mg/kg。从前面的实验得出以下结论：

1. 总的重金属含量较高的蔬菜有生菜、菠菜、茼蒿几类，即绿叶类蔬菜重金属污染最为严重。

2. 蔬菜样品中Pb、Hg浓度最高，Cd、Zn浓度次之，污染较为严重。而Cu、Cr均正常，但Cu在菠菜、生菜、芹菜、韭菜、茼蒿、莴笋叶中较易富集，Cr在生菜、大蒜中较易富集。蔬菜中有些重金属元素(Mn，Cu，Zn)适当地摄入对人体是有益的，但是一旦达到某一浓度，重金属含量在人体内富集放大，最终会危害人体健康。Pb、Cd、Cr等生物毒性显著的重金属不能被生物降解，能在食物链的生物放大作用下，成千百倍地富集，最后进入人体，与人体中蛋白质及酶作用，使其失去活性。并造成蔬菜品质下降，污染物积累。因此，近年来就蔬菜中重金属含量和分布的研究也越来越受到关注。

3. 由图1.9、图1.10、图1.11发现，Pb、Zn、Cu在白萝卜、胡萝卜、芹菜中均有明显的富集优势，且地上部分的含量大于根。但Hg在这三类直根类蔬菜中含量均较低。蔬菜的不同部分重金属含量也存在差异。胡萝卜叶中Cu的含量约为胡萝卜根的10倍，芹菜叶中Pb的含量约为茎的两倍。若是放置一段时间的白萝卜，叶中的重金属流失程度大于根。可以初步说明重金属离子是通过植物根向叶迁移，同时叶片对重金属离子的吸收还有其他途径。因此，采取有效的措施控制土壤、灌溉水的污染，合理的处理垃圾十分必要。

参考文献：

[1]张志权，束文圣，蓝崇钰，等. 定居植物对重金属的吸收和再分配[J]. 植物生态学报，2001，8(3)：306-311.

[2]刘岚. 铅对人类健康的危害及其防治[J]. 职业与健康，2005，21(5)：665-666.

[3]宋波，陈同斌，郑袁明，等. 北京市菜地土壤和蔬菜镉含量及其健康风险分析[J]. 环境科学学报，2006，26(4)：1343-1353.

［4］WHO．Evaluation of certain food additives and contaminants：41st report of the Joint FAO/WHO expert committee on food additives［R］．Geneva：World Health Organization：1993.

［5］WANG X L，SATO T，XING B S，et al. Health risks of heavy metals to the general public in Tian Jin，China via consumption of vegetables and fish［J］．Set Total Environ，2005，350（1/2/3）：28-37.

［6］秦军，蒋文强．重金属铬对几种蔬菜生长的影响研究［J］．枣庄学院学报，2011，28（5）：4-7.

［7］王晓芳，罗文强．铅锌银矿区蔬菜重金属吸收特征及分布规律［J］．生态环境学报，2009，18（1）：143-148.

［8］胡红青，杨少敏，王贻俊，等．大冶龙角山矿区几种植物的重金属吸收特征［J］．生态环境，2004，13（3）：310-311.

［9］夏春镗，崔海丽．芹菜叶对铅的吸收和迁移规律［J］．同济大学学报：医学版，2006，27（5）：17-19.

［10］王敏嘉，宋慧坚．江门地区蔬菜重金属污染情况分析［J］．中国卫生检验杂志，2007，17（10）：1836-1837.

［11］BOSQUE M A，Schuhmacher M，Domingo J L. Concentration of lead and cadmium in edible vegetables from Tarragon aprovince，Spain［J］．Science of the Total Environment，1990，95：61-70.

［12］迟爱民，徐忠林．呼和浩特市蔬菜中重金属污染的研究［J］．干旱区资源与环境，1995，9（1）：86-94.

［13］KUMAR S H，MADHOOL L A，FIONA M S. Heavy metal contamination of soil and vegetables in suburban areasof Varanasi［J］．India Rajesh Ecotoxicology and Environmental Safety，2007，66：258-266.

［14］陈丙义，赵安芳．重金属污染土壤对农业生产的影响及其可持续利用的措施［J］．平顶山工学院学报，2003，12（2）：31-331.

［15］陈玉成，赵中金，孙彭寿等．重庆市土壤—蔬菜系统中重金属的分布特征及其化学调控研究［J］．农业环境科学学报，2003，22（1）：44-471.

[16]Chen X T，Wang G，Liang Z C. Effect of amendments on growth and element uptake of Pakchoi in a cadmium，zinc and lead contaminated soil［J］. Pedo sphere，2002，12（3）：243-250.

[17]高贵喜，赵惠玲，王青，等. 稀土抗大白菜重金属污染栽培研究［J］. 山西农业学，2003，31(4)：59-60.

七、2011 年城郊(武汉)特殊污染源(药厂)周边蔬菜—土壤重金属调查

1. 药厂周边调查情况

金诺药厂位于武汉生物工程学院的右方，药厂正对面是农民居住的地方，左方和后方均是武汉生物工程学院，右方跟学校一样也是练车场，还有农民居住。

从建筑环境来看，药厂周边生态环境污染来源有正在建设的钢铁厂，练车场排出的汽车尾气，还有农民的生活垃圾，不过主要的还是制药厂本身所排出的废水对周边生态环境的污染。

由于药厂对面的居民在马路的另一边，左方和后方无人居住，所以我们到药厂右方进行了采访。当地农民告诉我们，每次起风的时候，家里面的桌子上面就会布满灰尘，都是一些钢铁废渣。也时不时会闻到带有化学品的气味，而这时他们看到眼前的空气都变了颜色。还有药厂旁边生长的杂草，也都呈现出一副"营养不良"的状态，泛黄而稀疏。

2. 采样点布设及样区基本情况

以金诺药厂为中心，以半径为 50m，100m 的两个同心圆，在药厂正左方，正右方，正后方，三条射线上取样，共计六个采样点。由于附近没有种植任何蔬菜，没有河流、水沟，所以只采集了土壤样本进行分析。

3. 药厂周边土壤中重金属含量所测得的数据

根据测量 pH 值得到，学校周边与药厂周边的土壤 pH 值分别为 7.21、7.35，均处于一个 pH 段。由表 1.30 可知，在 100m 处，重金属 Pb、Cd、Hg 均超标，分别是国家标准的 1.21 倍、8.53 倍、3.87 倍。在学校周边 100m 处，水、蔬菜、土中的 Pb、Cd、Hg 除

个别现象外，均呈现超标现象，这说明水和土壤中重金属含量与蔬菜中重金属含量成正相关。

表1.30　　　　　　　　药厂周边土壤的污染状况　　　　　（mg/kg）

项目	小白菜地 100m	小白菜地 300m	药厂左方	药厂右方	药厂后方
Cu	46.29	17.19	24.56	29.68	34.20
Zn	36.42	26.3	44.76	34.20	34.52
Pb	60.56	63.42	72.50	89.72	113.41
Cr	—	—	—	—	—
Cd	2.56	2.38	3.12	1.97	1.63
Hg	1.16	0.85	0.52	0.44	0.23

注：— 表示未检出。

综上所述，无论是学校周边还是药厂附近，都表现出 Pb、Cd、Hg 超标现象，分析其原因，学校周边主要还是水污染的因素作为主导，其次也还有农药的残留作用。而药厂周边的则是，药厂外向排放的污水处理未达标，污水渗入土壤中，经过长时间的积累，最终形成土壤的污染。除此之外，也可能与大环境有关，无论是学校还是药厂均坐落在汉施公路旁边，交通污染可能是导致 Pb 污染的原因之一，还有公路旁边的钢铁城也是导致重金属累积的不可忽略的因素。另外，在采样的时候注重了农作物或蔬菜的种植，在此处的农田也和其他农田一样施用大量的化学肥料，这可能也是导致 Cd 超标的主要原因。这些重金属的污染不仅导致土壤的退化、农作物产量和品质的降低，而且可能通过直接接触、食物链危及人类的生命和健康，为此应该注重农田的改良。

4. 小结

（1）从整个调查范围来看，学校周边及药厂周边的主要重金属污染物为 Pb、Cd、Hg，两者相比较，药厂周边污染程度相对严重。

（2）从调查的生态系统水体—蔬菜—土壤来看，土壤的污染程度是最高的。在五个采样点，六个重金属污染元素中，Pb、Cd、Hg 均超标；在所测得水体中 Pb 和 Hg 具有超标现象；在调查范围内的蔬菜中重金属元素 Hg 和 Cd 具有超标现象。

（3）从分析的污染项目来看，Cd 的污染程度最高。三者按污染程度大小比较为：Cd>Pb>Hg。

八、2012 年城郊（武汉）村镇农田土壤重金属调查

（一）研究区概况

毛市镇地处监利县中部，南望长江，北枕四湖总干渠，洪排主隔堤横亘南北，花瞿公路监沔公路穿境而过。面积 144km²，总人口 5.9 万人，耕地 6.5 万亩，湖区面积 4.95 万亩，是监利县的产粮大镇、水产大镇。土壤是农业发展的依附，其环境质量的好坏直接影响着农产品的品质，而重金属是土壤环境中一类具有潜在危害的污染物。由于目前毛市镇大量使用农药化肥，以及生活垃圾排放及村镇企业的发展，导致毛市镇大量农田土壤以及水体被污染，因此，本次调查对毛市镇土壤的重金属污染进行评价是十分必要的，评价结果将为合理发展和规划中小城市和农村农业生产提供科学参考，同时对于已经污染的环境质量，找出原因及存在问题，为保护生态环境、改良土壤和土壤资源的合理利用与管理提供理论依据。

（二）采样地点

于 2012 年 5 月取样，采样地点布设在监利县毛市镇四湖河旁菜地和公路河边水田。

（三）调研结果与分析

1. 不同土壤的单因子指数分析与评价

如表 1.31，为四湖河边菜地土壤和公路河边水田土壤的各个点各种重金属的相应浓度，由于重金属土壤污染的不均匀性，采用单因子污染指数、内梅罗综合污染指数、浓度平均数、标准偏差、变异系数等几个统计指标来对土壤污染情况进行系统分析评价。

表 1.31　　　　　　不同采样点土壤重金属的含量　　　　　　（mg/kg）

	四湖河边菜地土壤				公路河边水田土壤			
	1	2	3	均值	1	2	3	均值
镉	1.3	1.14	1.04	1.16	1.18	0.82	1.06	1.02
铅	42.07	46.78	43.98	44.28	47.66	43.76	39.79	43.74
铜	40.73	38.58	25.63	34.98	30.99	27.00	22.28	26.76
锌	61.25	61.99	59.95	61.06	61.75	61.64	59.88	61.09
铬	45.87	51.36	44.20	47.14	49.90	46.20	47.51	47.87

由表 1.32 可知，单因子污染指数、均值、标准偏差及变异系数的研究数据显示四湖河边菜地土壤的镉、铅、铜、锌、铬的平均浓度依次为 1.16、44.28、34.98、61.06、47.14mg/kg，在所测的 5 种重金属中，重金属镉超标比较严重，从标准偏差可看出分散程度最大的是铜，达到了 8.54，从中可以看出不同区域铜浓度的不均匀性，分散程度最小的则是镉，为 0.13，所以镉的整体污染浓度比较接近均值，从单因子污染指数上看，在四湖河边菜地土壤中镉的单因子污染指数分别是 3.25、2.85、2.60，由表 1.32 可知，采样点 1 的重金属镉达到了中度污染，采样点 2 和 3 达到了轻度污染，其余重金属均显示无污染。从变异系数分析得知，重金属中变异系数最大的是铜（0.21）、最小的是锌（0.02），五个重金属变异系数的大小顺序依次为铜>镉>铬>铅>锌，且均小于 0.3，说明变异程度较弱，从而说明该数据能较客观地反映该区域的基本污染水平。

表 1.32　　　　　　四湖河边菜地土壤单因子指数评价

	四湖河边菜地土壤单因子指数			标准偏差	变异系数
	P_1	P_2	P_3		
镉	3.25	2.85	2.60	0.13	0.11
铅	0.84	0.93	0.87	2.37	0.05
铜	0.40	0.39	0.26	8.54	0.21
锌	0.25	0.25	0.24	1.03	0.02
铬	0.23	0.26	0.18	3.75	0.08

从表 1.33 可知,对于公路河边水田土壤的重金属浓度平均值分别为镉(1.02mg/kg)、铅(43.74mg/kg)、铜(26.76mg/kg)、锌(61.09mg/kg)、铬(47.87mg/kg),分散程度依然最大的是铜,达到了 4.36,但远小于四湖河菜地铜,分散程度最小的也是镉,达到了 0.18,和四湖河菜地镉差不多,变异程度大小依次为镉>铜>铅>铬>锌,但最大变异系数为 0.18,仍然远低于 0.30,故其变异程度对其地区污染水平的评价没有什么影响,能够基本反映该地区的污染水平。根据表中单因子指数分析显示,除了镉以外其他四个重金属在所有采样点均为无污染,而镉最大指数为 2.36、最小为1.64,三个采样点中两个为轻度污染,一个为轻微污染,在公路河边的重金属中,镉超出国家《土壤环境质量标准》二级标准中背景值浓度,且达到了轻微污染到轻度污染。

表 1.33 公路河边菜地土壤单因子指数评价

	公路河边水田土壤单因子指数			标准偏差	变异系数
	P_1	P_2	P_3		
镉	2.36	1.64	2.12	0.18	0.18
铅	0.60	0.55	0.50	3.94	0.09
铜	0.31	0.27	0.22	4.36	0.16
锌	0.25	0.25	0.24	0.63	0.01
铬	0.17	0.15	0.16	1.88	0.04

2. 不同土壤内梅罗综合污染指数分析与评价

由表 1.34 可知,在四湖河边和公路河边采集的 6 个采样点中,内梅罗综合污染指数均为轻污染,这说明毛市镇两大农田水域两边的菜地土壤和水田土壤已经受到较大的威胁,达到了轻微污染的程度,直接影响到当地农产品的安全和人的身体健康。同时四湖河边菜地土壤的污染程度大于公路河边水田土壤的污染程度,这可能是因为菜地土壤大量的使用化肥农药所致。

表 1.34	不同土壤的内梅罗综合指数评价		
不同土壤类型	I_1	I_2	I_3
四湖河边菜地土壤	1.46	1.38	1.31
公路河边水田土壤	1.24	1.05	1.18

3. 结论

(1)根据四湖河边菜地土壤和公路河边水田土壤重金属污染情况和各个采样点的变异程度可以基本反映监利县毛市镇的重金属污染状况,从中可以看出该地区基本上还没受到锌、铜、铬的污染,部分地区铅的浓度非常接近背景值,达到警戒水平。

(2)在所调查采集点中,主要来源于重金属镉的污染,四湖河边菜地土壤镉的污染程度达到中度水平,而公路河边镉的污染程度也达到轻度污染水平。

(3)在采集的两个区六个点中,内梅罗综合污染指数均为轻度污染水平,属于Ⅲ级。

参考文献:

[1]贾学萍. 土壤重金属污染的来源及改良措施[J],现代农业科技,2007,9:197.

[2]柴世伟,温谈茂,韦献革,等. 珠江三角洲主要城市郊区农业土壤的重金属含量特征[J]. 中山大学学报(自然科学版),2004,43(4):90-94.

[3]魏秀国,何江华,陈俊坚,等. 广州市蔬菜地土壤重金属污染状况调查及评价[J]. 土壤与环境,2002,11(3):252-254.

[4]郑海龙,陈杰,邓文靖. 六合蒋家湾蔬菜基地重金属污染现状与评价[J]. 土壤,2004,36(5):557-566.

[5]李佑国,房世波,潘剑君,等. 城市化进程中的南京市土壤重金属污染调查[J]. 四川师范大学学报(自然科版学),2004,27(1):93-96.

[6]巫和昕,胡雪峰,张国莹,等. 上海市宝山区土壤重金属含量

及其分异特征[J].上海大学学报（自然科学版）.2004，10（4）：400-405.

[7]檀满枝，陈玲，张学雷，等.北京市边缘区土壤重金属污染的初步研究[J].土壤通报，2005，36（1）：96-100.

[8]祖旭宇，李元.蔬菜及土壤的铅、镉、铜和锌污染及评价方法初探[J].云南农业大学学报，2004，19（4）：457-461.

[9]闫兴凤，李高平，王建党，等.土壤重金属污染及其治理技术[J].微量元素与健康研究，2007，24（1）：52-53.

[10]范栓喜.土壤重金属污染与控制[M].北京：中国环境科学出版社，2011.

[11]周振民.污水灌溉土壤重金属污染机理与修复技术[M].北京：中国水利水电出版社，2011.

[12]罗良清，魏和清.统计学[M].北京：中国财经经济出版社，2011.

[13]贾俊平.统计学[M].北京：中国人民大学出版社，2011.

[14]吴克宁，赵华甫，黄勤，等.基于农用地分等和土壤环境质量评价的耕地综合质量评价[J].农业工程学报，2011，27（2）：323-328.

[15]崔力拓，耿世刚，李志伟.我国农田土壤镉污染现状及防治对策[J].现代农业科技，2006（115）：184-185.

[16]崔德杰，张玉龙.土壤重金属污染现状与修复技术研究进展[J].土壤通报，2004，35（3）：365-370.

[17]顾继光，林秋奇.土壤—植物系统中重金属污染研究展望[J].土壤通报，2005，36（1）：128-133.

[18]夏家淇，骆永明.关于土壤污染的概念和3类评价指标的探讨[J].生态与农村环境学报，2006，22（1）：87-90.

[19]王亚平.尾矿库周围土壤中重金属存在形态特征研究[J].岩矿测试，2003，19（1）：11-12.

[20]陈怀满.中国土壤重金属污染现状与防治对策[J].人类环境杂志，1999，28（2）：130-134.

[21]王家乐.土壤镉污染及治理技术综述[J].中国西部科技，

2010，9（7）：8-9.

[22]黄璐琳．用植物修复技术解决土壤重金属污染问题[J]．中药研究与信息，2002，4（11）：10-12.

[23]顾红，李建东，赵煊赫．土壤重金属污染防治技术研究进展[J]．中国农学通报，2005，21（8）：397-398.

第三节　农田土壤—蔬菜重金属污染的研究现状

一、农田土壤重金属的来源及原因分析

在科学技术迅速发展的当今时代，人们对生活质量的要求越来越高，全社会都在掀起一股绿色食品革命，人们对绿色事业的认识也逐渐加强。绿色食品必须保证食品的原料产地、加工工艺及生产成品绿色化、无害化、不危及人类健康。土壤作为农业的基础，是农产品吸取营养的躯体，它的污染将对农产品的品质产生极大的影响。但是，随着工业化及交通运输业等的发展，土壤污染极为严重，特别是土壤中的重金属污染现象严重。重金属污染物进入土壤后不能为土壤微生物所分解，易被作物吸收，在土壤中积累，甚至在土壤中可能转化为毒性更大的甲基化合物，还能通过食物链的作用进入人体。资料表明，部分重金属具有致突变、致癌、致畸作用。土壤中的重金属污染同时具有普遍性、隐蔽性、长期性等特点，容易被人忽视。因此，对土壤重金属污染的研究已成为当今的热点话题。

（一）土壤重金属污染的原因分析

通常情况下，重金属指化学元素周期表金属栏内原子量超过40以上之金属元素，如：铜、汞、镉、锌、铅、镍、铬、锰、铁等，另外砷虽不是重金属，但它的污染特性与重金属类似，通常人们也把它归为重金属污染。重金属极易因吸附沉淀作用而富集于土壤中，成为长期的次生污染源。水中各种无机配位体，如氯离子、硫酸离子、氢氧离子等和有机配位体腐蚀质等会与其生成络合物或螯合物，而使其被带入土壤，形成污染物。如：镉在土壤中以离子

或络合态存在，它可以破坏红细胞以致骨骼疼痛；汞进入土壤可以在细菌的作用下转化成有机汞，毒性加大危害人的神经系统；砷的化合物中亚砷酸能与蛋白质发生反应，引起皮肤癌及肺癌等。

（二）土壤中重金属污染来源类型

（1）随着大气沉降进入土壤的重金属

大气中的重金属主要来源于能源、运输、冶金和建筑材料生产产生的气体和粉尘。除汞以外，重金属基本上是以气溶胶的形态进入大气，经过自然沉降和降水进入土壤。据 Lisk 报道，煤含 Ce、Cr、Pb、Hg、Ti 等金属，石油中含有相当量的 Hg(0.02~30mg/kg，这类燃料在燃烧时，部分悬浮颗粒和挥发金属随烟尘进入大气，其中 10%~30%沉降在距排放源十几公里的范围内，据估计全世界每年约有 1600 吨的汞是通过煤和其他石化燃料燃烧而排放到大气中去的。据有关材料报道，汽车排放的尾气中含 Pb 量多达 20~50μg/L，它们呈条带状分布，因距离公路、铁路、城市中心的远近及交通量的大小有明显的差异。在宁—杭公路南京段两侧的土壤形成 Pb、Cr、Co 污染带，且沿公路延长方向分布，自公路两侧污染强度减弱。

（2）随污水进入土壤的重金属

利用污水灌溉农业在国内很普遍，污水按来源和数量可分为城市生活污水、石油化工污水、工业矿山污水和城市混合污水等。生活污水中重金属含量很少，但是，由于我国工业迅速发展，工矿企业污水未经分流处理而排入下水道与生活污水混合排放，从而造成污灌区土壤重金属 Hg、As、Cr、Pb、Cd 等含量逐年增加。淮阳污灌区土壤 Hg、Cd、Cr、Pb、As 等重金属 1995 年已超过警戒线。随着污水灌溉而进入土壤的重金属，以不同的方式被土壤截留固定。95%的 Hg 被土壤矿质胶体和有机质迅速吸附，一般累积在土壤表层，自上而下递减。如 Cd 很容易被水中的悬浮物吸附，水中 Cd 的含量随着距排污口距离的增加而迅速下降，因此污染的范围较少。Pb 很容易被土壤有机质和粘土矿物吸附。Pb 的迁移性弱，污灌区 Pb 的累积分布特点是离污染源近土壤含量高，距离远则土壤含量低。污水中 Cr 有 4 种形态，一般以 3 价和 6 价为主，3

价 Cr 很快被土壤吸附固定，而 6 价 Cr 进入土壤中被有机质还原为
3 价 Cr，随之被吸附固定。因此，污灌区土壤 Cr 会逐年累积。

（3）随固体废弃物进入土壤的重金属

固体废弃物种类繁多，成分复杂，其中矿业和工业固体废弃物
污染最为严重。这类废弃物在堆放或处理过程中，由于日晒、雨
淋、水洗重金属极易移动，以辐射状、漏斗状向周围土壤、水体扩
散。如武汉市垃圾堆放场，杭州铬渣堆放区附近土壤中重金属含量
的研究发现，这些区域土壤中 Cd、Hg、Cr、Cu、Zn、Pb、As 等
重金属含量均高于当地土壤背景值。

随着工业的发展以及城镇环境建设的加快，污水处理正在不断
加强。由于污泥含有较高的有机质和氮、磷养分，因此土壤成为污
泥处理的主要场所。一般来说，污泥中 Cr、Pb、Cu、Zn、As 极
易超过控制标准。许多研究指出，污泥的施用可使土壤重金属含量
有不同程度的增加，其增加的幅度与污泥中的重金属含量、污泥的
施用量及土壤管理有关。

4）随农用物资进入土壤的重金属

农药、化肥和地膜是重要的农用物资，对农业生产的发展起着
重大的推动作用，但长期不合理施用，也可以导致土壤重金属污
染。绝大多数的农药为有机化合物，少数为有机—无机化合物或纯
矿物质，个别农药在其组成中含有 Hg、As、Cu、Zn 等重金属。杀
真菌农药常含有 Cu 和 Zn，被大量地用于果树和温室作物，常常会
造成土壤 Cu、Zn 累积达到有毒的浓度。如在莫尔达维亚，葡萄生
长季节要喷 5~12 次波尔多液或类似的制剂，每年有 6000~8000 吨
的铜施入土壤。氮、钾肥料中重金属含量较低，磷肥中含有较多的
有害重金属，复合肥的重金属主要来源于母料及加工流程所带入。
Cd 是土壤环境中重要的污染元素，随磷肥进入土壤的 Cd 一直受到
人们的关注。许多研究表明，随着磷肥及复合肥的大量施用，土壤
有效 Cd 的含量不断增加，作物吸收 Cd 量也相应增加。据马耀华
等对上海地区菜园土研究发现：施肥后，Cd 的含量从 0.13mg/kg
上升到 0.32mg/kg。新西兰在同一地点施用磷肥 50 年后取土分
析，土壤 Cd 含量由 0.39mg/kg 提高到 0.85mg/kg。近年来，地

膜的大面积的推广使用，造成了土壤的白色污染。由于地膜生产过程中加入了含有 Cd、Pb 的热稳定剂，同时也增加了土壤重金属污染。

（三）土壤中重金属的行为特征

（1）分布

由外界环境进入到土壤的重金属元素主要分布在土壤的耕作层。夏增禄等的研究表明，在污染土壤中，重金属进入土壤后，由于土壤对它们的固定，不易向下迁移，多集中分布在表层。张民等的研究结果也表明，土壤表层中的重金属元素（Cu、Pb、Zn）含量最高，向下递减。冯恭衍等的研究表明，重金属元素主要集中在 0~10 cm 的土层中。宋书巧等研究发现，在土壤剖面中，重金属无论是其总量还是存在形态，均表现出明显的垂直分布规律，在沈阳的张士灌区，77.0%~86.6% 土壤中的镉累积在 30cm 以内的土层中，即使在长期污灌条件下，也很少向下淋溶，从而使耕作层成为重金属的富集层。重金属主要分布在表层，不但给作物的吸收带来了便利，同时，由于风化作用过程中元素的释放、活化也给环境创造了二次污染的机会。

（2）迁移

物理迁移：土壤溶液中的重金属离子或络离子可以随水迁移至地面水体。而更多的是重金属可以通过多种途径被包含于矿物颗粒内或被吸附于土壤胶体表面上，随土壤水分的流动或以尘土飞扬的形式而被机械搬运。

物理化学迁移和化学迁移：土壤环境中的重金属污染物与土壤无机胶体结合，发生非专性吸附或专性吸附；或被土壤中有机胶体络合或螯合，或者由有机胶体表面吸附；另外，重金属化合物的溶解和沉淀作用，是土壤环境中重金属元素化学迁移的重要形式，它主要受土壤 pH、Eh 和土壤中存在的其他物质（如富里酸、胡敏酸）的影响。

生物迁移：土壤环境中重金属的生物迁移，主要是指植物通过根系从土壤中吸收某些化学形态的重金属，并在植物体内积累起来。另外，土壤微生物的吸收以及土壤动物啃食重金属含量较高的表土，也是重金属发生生物迁移的一种途径。

（3）转化

重金属元素在土壤中的转化主要有两种形式：①转化为可给态；②转化为无效态。重金属进入土壤后，通过溶解、沉淀、凝聚、络合、吸附等反应，转化成不同的化学形态。宋书巧等的研究表明，不同形态的重金属在土壤中的转化能力不同，对农作物的生物有效性亦不同。土壤中本底重金属以不同的形态存在，其中绝大部分以残渣态存于土壤中，有机态、铁锰氧化态和碳酸盐态优于交换态和水溶态。如土壤中的 Cd 有 7 种形态。

（四）土壤重金属国内外的一些重要治理方法

治理土壤重金属污染的原理大致有两种，一是改变重金属在土壤中的存在形态，使其固定，降低其在环境中的迁移性和生物可利用性，二是从土壤中去除重金属。为了降低和消除重金属的危害，目前，国内外常用的治理重金属的方法有物理法、化学法、农业生态工程法、生物修复法等。

（1）物理法

现在常用的物理法有热解吸法、电化法、玻璃化技术和提取法等。

热解吸法是采取加热的方式，针对某些挥发性强的重金属，从土壤中解吸出来，然后加以利用。美国一家 Hg 回收服务公司对 Hg 的回收利用进行了实验室和中型模拟实验研究，成功地将此方法应用于现场治理，并且开始了商业化服务。用此项技术治理后，土壤中 Hg 的浓度可达到背景值($1mg/L$）。

电化法是美国路易斯安那州立大学研究出的一种净化土壤污染的方法。该法是在饱和的黏土中插入石磨电极，通过低强度直流电（$1\sim5mA$）后，金属阳离子流向阴极，然后采取措施回收。该技术已经被应用于清除土壤中的有机物和无机污染物，如高岭土中的 Pb、Cd 离子和苯、二甲苯等有机污染物。

提取法分为冲洗法、洗土法和浸滤法等。这几种方法的原理相同，都是利用试剂和土壤中的重金属作用，形成溶解性的重金属离子或金属—试剂络合物，最后从提取液中回收重金属，并循环利用提取液。美国曾应用淋滤法和洗土法成功地治理了 8 种重金属（Cd、Cu、Hg、Cr、Ni 、Ag、Pb、Tb）污染的土壤。

玻璃化技术是利用电极加热将污染的土壤熔化，冷却后形成比较稳定的玻璃态物质。玻璃化技术相对比较复杂，实地应用中会以达到统一的熔化以及地下水的渗透等问题。此外，熔化过程需要消耗大量的电能，这使得玻璃化技术成本很高，限制了它的应用。

（2）化学法

化学法主要是通过向土壤中施加化学物质，以改变土壤的化学性质，从而降低重金属的活性，减少农作物对重金属的吸收。常用的化学法有添加土壤改良剂、淋洗法等。

添加物主要有有机物料、化学改良剂、沉淀剂、吸附剂和黏和剂等。其中加入沉淀剂就是使土壤中的金属离子形成金属沉淀物而降低土壤重金属的污染；加入有机物料是使有机酸与金属离子络合生成难溶的络合物而减轻土壤重金属的污染。在沈阳张士污灌区的试验表明，每公顷土壤施用 1500~1875kg 石灰，籽实含 Cd 量下降 50 %。向土壤中投放硅酸盐钢渣，对 Cr、Ni、Zn 离子具有吸附和共沉淀作用。

（3）农业生态工程法

农业生态工程法有客土法、排土法和水洗法。它是治理重金属的常用措施。客土法是在被污染的土壤上覆盖上非污染土壤；换土法是部分或全部挖除污染土壤而换上非污染土壤；水洗法是采用清水灌溉稀释或洗去重金属离子或使重金属离子迁移至较深土层。还可以改变耕作制度或改变作物种类和肥料品种，在一定程度上可以减轻重金属的污染。

（4）生物修复法

生物修复法包括植物修复法和微生物修复法。

第一，植物修复法。

植物修复技术是一种新兴的绿色生物技术，能在不破坏土壤生态环境，保持土壤结构和微生物活性的情况下，通过植物的根系直接将大量的重金属元素吸收，通过收获植物地上部分来修复被污染的土壤。植物修复的机理通常包括植物萃取作用、植物挥发作用和根际过滤作用，目前主要是植物萃取作用。与物理法、化学法等措施相比，植物修复法成本低且不会造成"二次污染"，对土壤结构和特性方面也不会有影响。但超累积植物往往植株矮小，生物量较低，生长周期长，而且受到土壤水分、盐度、酸碱度的影响，很难在实际中应用。所以要配合土壤特性，调节土壤 pH 值及施加一些化学物质等来提高超累积植物的可利用性并提高植物的吸收。中国科学院在湖南、广西等地找到大面积分布的蕨类植物蜈蚣草，发现蜈蚣草对 As 具有很强的超富集功能，其叶片含 As 量高达 8 ‰，大大超过植物体内的氮磷养分含量。中美科学家利用转基因烟草吸收土壤中的 Hg，不仅效率高，而且本身不留残。

第二，微生物修复法。

微生物修复法就是利用土壤中的某些微生物的生物活性对重金属具有吸收、沉淀、氧化和还原等作用，把重金属离子转化为低毒产物，从而降低土壤中重金属的毒性。微生物修复主要有两方面：生物吸附和生物氧化还原。微生物修复技术同植物修复技术一样，对土壤生态环境不会有影响，是保证土壤生态健康和农业可持续发展的重要措施。

（五）总结

综上所述，土壤重金属污染的治理应因地制宜，根据污染情况、植物种类等选择治理方法。生物修复法是新兴的绿色生物技术，在治理土壤重金属污染上具有越来越广阔的前景。无论是从治理成本还是对生态环境影响等方面，采用生物修复技术将是未来的发展趋势。

参考文献：

[1]杨景辉. 土壤污染与防治[M]. 北京：科学出版社，1995.

[2]李天杰. 土壤环境化学[M]. 北京：高等教育出版社，1995.

[3]张书海，林树生. 交通干线铅污染对两侧土壤和蔬菜的影响[J]. 环境监测管理与技术，2000，12(3)：22-28.

[4]张书海，沈跃文. 污灌区重金属污染对土壤的危害[J]. 环境监测管理与技术，2000，12(2)：22-24.

[5] 符建荣. 土壤中铅的积累及污染的农业防治[J]. 农业环境保护, 1993, 12(5): 35-42.

[6] 方满, 刘洪海. 武汉市垃圾堆放场重金属污染调查及控制途径[J]. 中国环境科学, 1998, 8(4): 54-59.

[7] 潘海峰. 铬渣堆存区土壤重金属污染评价[J]. 环境与开发, 1994, 9(2): 268-270.

[8] 马耀华, 刘树应. 环境土壤学[M]. 西安: 陕西科学技术出版社, 1998, 178-207.

[9] Taylor M D. Accumulation of cadmium derived from fertilizers in New Zealand [J]. Soil Sci. Total Environ, 1997, 208: 123-126.

[10] 夏增禄, 李森照, 穆从如. 北京地区重金属在土壤中的纵向分布和迁移[J]. 环境科学学报, 1985, 5(1): 105-112.

[11] 张民, 龚子同. 我国菜园土壤中某些重金属元素的含量与分布[J]. 土壤学报, 1996, 2(1): 82-93.

[12] 冯恭衍, 张炬. 宝山区菜区土壤重金属污染的环境质量评价[J]. 上海农学院学报, 1993, 1(1): 35-42.

[13] 宋书巧, 吴欢, 黄胜勇. 重金属在土壤——农作物系统中的迁移转化规律研究[J]. 广西师范大学学报(自然科学版), 1999, 16(4): 87-92.

[14] 李天杰. 土壤环境学[M]. 北京: 高等教育出版社, 1995.

[15] 马运宏, 范喻, 胡维桂等. 重金属在土壤——农作物系统中的迁移分配规律分析[J]. 江苏环境科技, 1995, 1: 7-10.

[16] 莫争, 王春霞, 陈琴等. 重金属 Cd、Pb、Cu、Zn、Cr 在土壤中的形态分布和转化[J]. 农业环境保护, 2002, 21(1): 9-12.

[17] 王云, 魏复盛. 土壤环境元素化学[M]. 北京: 中国环境科学出版社, 1992.

[18] 夏星辉, 陈静生. 土壤重金属污染治理方法研究进展[J]. 环境科学, 1997, 18(3). 72-76.

[19] 顾红, 李建东, 赵煊赫. 土壤重金属污染防治技术研究进展[J]. 中国农学通报, 2005. 21(8). 397-398.

[20] Solozhenko E G. Soboleva N M. Goncharuk V V. Decolorization of

azodye solutions by fentonps oxidation［J］. Water Research, 1995, 29(9)：2206.

［21］Flescher D J. Light Aided（Laser）Decontamination［J］. WHC-SD-WM-TI-518, 1992.

［22］Hanson A T. David A S. Transport and Remediation of Subsurface Contaminants［J］. Washington D C：American Chemical Society, 1992(5)：108-121.

［23］高太忠，李景印. 土壤重金属污染研究与治理现状［J］. 土壤与环境，1999，8(2). 137-140.

［24］陈怀满. 中国土壤重金属污染现状与防治对策［J］. 人类环境杂志，1999，28(2)：130-134.

［25］骆永明. 金属污染土壤的植物修复［J］. 土壤，1999，31(5)：261-265.

［26］Paul Romkens. Lucas Bouwman. Jan Japenga. Cathrina draaisma potentials and drawbacks of chelate-enhanced phytore mediation of scils［J］. Environmental pollution, 2002(116)：109-121.

［27］黄璐琳. 用植物修复技术解决土壤重金属污染问题［J］. 中药研究与信息，2002，4(11)：10-12.

二、农田蔬菜重金属污染的研究现状

随着工农业的发展，污染来源也增多。陈家冲村垃圾填埋场则是对当地农户蔬菜造成污染的主要原因。蔬菜是人们日常生活必不可少的食物，随着生活水平的不断提高，公众环境保护、农产品食用安全意识增强，人们对蔬菜质量的要求越来越高。蔬菜通过根系吸收土壤中由垃圾填埋场迁移而来的重金属离子或者由叶片直接从大气中吸收，经食物链转移进入人体，逐步累积对人体健康造成危害。从20世纪80年代至今，国内很多大城市都开展了城郊菜地土壤重金属污染状况的研究。对国内蔬菜重金属污染调查结果表明，我国菜地土壤重金属污染形势非常严峻。因此，开展对蔬菜中重金属含量的调查与分析对提高蔬菜产量，保障饮食安全等具有重要意义。

蔬菜污染研究现状分析：

（一）调查地区的污染源及环境状况

陈家冲村地处较远离城市的地区，人们以种植农作物为主。因此，工业污染相对较少而农业污染是主要原因。其污染源来自位于北面的垃圾填埋场及农药、化肥、除草剂等的不合理使用。另外，废弃飘尘也是引起农作物重金属污染的主要原因。

（二）目前研究进展

重金属污染是近年来环境污染的主要问题之一，也是最近几年人们比较关注的一个问题。当前环境中，重金属主要指 Cd、Pb、Cr 等生物毒性显著的元素，也包括正常时为营养元素但过量时有一定毒性的 Cu、Zn、Mn 等，这几种重金属也是人们比较关注的金属。目前随着经济的迅速发展，其"三废"对土壤造成的污染也在日益加重，据我国农业部进行的全国污灌区调查，我国每年因重金属污染而减产粮食 1000 多万吨，被重金属污染的粮食每年多达 1200 万吨，合计经济损失至少 200 亿元。重金属污染不仅导致土壤的退化、农作物产量和品质的降低，而且通过食物链危及人类健康。防治土壤污染，保护有限的土壤资源，已成为突出的世界性问题。目前，国内外关于重金属污染土壤的植物修复研究比较多，但主要集中在对重金属耐性植物（Met-aholerant Plants）、富集植物（Hyperaccumulator）和指示植物（Indicator）的研究上，但对有关在轻度污染地区筛选种植蔬菜的报道比较少。

主要研究方法：

许秀琴等重金属消化液和各形态提取液均在原子吸收分光光度计（THERMO ICE3500）上测定，其中 Pb、Cd 测定采用石墨炉法，Cu 测定采用火焰法。秦普丰等研究蔬菜样品采用微波消解法分别称取 0.1~0.2 g 蔬菜样品放入 50 mL 干燥且干净的塑料消解管中，加入 2 mL 浓硝酸（优级纯），静置过夜，然后将消解管随机放入微波消解仪（MARS5，CEM Microwave Technology Ltd. USA）进行消解。

蔬菜污染程度与土壤的相关性：

重金属进入土壤后不能为生物所降解，形成永久性潜在危害。土壤重金属的生物有效性主要是通过土壤中各形态重金属直接体现的，对蔬菜有效性较高的是有机物和硫化物结合态和铁锰氧化物结合态。活性态重金属含量与比例是影响蔬菜累积重金属的重要因素，但不同重金属元素的各种形态对蔬菜的生物有效性的差异较大。在重金属元素的4种形态(残渣态、铁猛氧化物结合态、有机物和硫化物结合态、水溶态、可交换态和碳酸盐结合态)中铁猛氧化物结合态和有机物和硫化物结合态对作物有潜在威胁。而比例最小的水溶态、可交换态和碳酸盐结合态，极易进入土壤溶液而被作物吸收，有较大的危险性。许秀琴等研究表明植物吸收重金属与重金属在土壤中存在的形态有关。只有活性态才易被蔬菜吸收积累，对其产生毒害。如蔬菜茎部的 Cd 随着土壤有机物和硫化物结合态 Cd 的增加而减少。

表1.35是蔬菜及土壤中的重金属含量分布特征相关数据。表明叶菜类蔬菜中铜、铅、镉含量平均值均高于瓜豆类蔬菜，只有锌含量低于豆类蔬菜。土壤中有效态重金属锌、铜、铅、镉以锌含量最高。

表 1.35　　　　　　　**蔬菜与种植土壤重金属含量表**　　　　　　（mg/kg）

重金属		叶菜类		瓜豆类	
		蔬菜	土壤	蔬菜	土壤
Zn	浓度范围	0.87~10.47	6.23~9.09	1.15~23.75	6.40~8.04
	平均值	6.77	7.27	7.01	6.89
	标准偏差	4.18	1.32	7.82	0.52
Cu	浓度范围	0.87~5.54	4.22~7.37	0.15~2.38	4.93~7.14
	平均值	2.43	5.35	1.05	6.54
	标准偏差	2.20	1.39	0.82	0.73
Pb	浓度范围	0.113~0.283	3.76~4.63	0.003~0.0155	3.86~5.47
	平均值	0.188	4.26	0.074	4.52
	标准偏差	0.084	0.36	0.45	0.56
Cd	浓度范围	0.0075~0.046	0.0805~0.0873	0.0032~0.0176	0.0793~0.0957
	平均值	0.027	0.083	0.01	0.087
	标准偏差	0.017	0.0031	0.0067	0.0051

表 1.35、表 1.36 是仝磊、朱圣陶针对苏州市工业园区蔬菜研究其土壤与蔬菜重金属含量及其相关性研究所得数据。相关分析表明，EDTA 浸提的有效态重金属全量的重金属与蔬菜全量重金属之间相关性很好，在对十二种蔬菜重金属全量的相关分析中，土壤有效 Zn 只与蚕豆、油菜、大豆全 Zn 无相关性，与其他几种呈显著相关。土壤有效 Cu 只与蚕豆、油菜、大豆、韭菜、尖椒、雪菜全 Cu 无相关性，与其他几种呈显著相关。土壤有效 Pb 只与油菜全 Pb（r =0.786）之间呈显著正相关；其他的均达不到显著水平。土壤有效 Cd 只与大豆全 Cd 无相关性，与其他几种呈显著相关。这表明，蔬菜对重金属的吸收是有选择性的，蔬菜种类不同其吸收各种元素的量与土壤中的存在的量是不一致的。

表 1.36　　土壤中重金属与蔬菜重金属含量之间的相关系数（r）

蔬菜	锌	铜	铅	镉
青菜	0.983	0.730	0.458	0.945
蚕豆	0.357	0.446	0.669	0.876
油菜	0.395	0.688	0.786	0.869
苋菜	0.993	0.748	0.547	0.957
韭菜	0.704	0.679	0.648	0.781
大豆	0.406	0.776	0.653	0.659
雪菜	0.837	0.658	0.465	0.848
茄子	0.614	0.958	0.479	0.869
丝瓜	0.756	0.887	0.436	0.768
尖椒	0.779	0.579	0.335	0.716
豆角	0.867	0.759	0.564	0.844
黄瓜	0.897	0.863	0.558	0.931

蔬菜对镉的富集能力：

如图 1.12 是韩静等对葫芦岛龙岗区芹菜、油菜、甘蓝、辣椒、豇豆、胡萝卜六种蔬菜对 Cd 的富集系数研究结果。

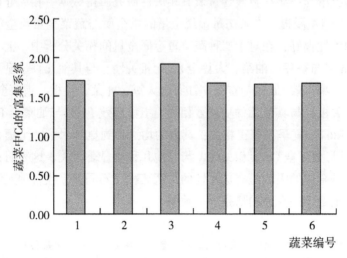

图中 1~6 分别代表芹菜、油菜、甘蓝、辣椒、豇豆、胡萝卜，下同。

图 1.12　蔬菜中 Cd 的富集系数

蔬菜对铅的富集能力：

　　蔬菜是人们膳食中重要组成部分，也是人体铅摄入的重要来源之一。区域环境中蔬菜铅等重金属含量状况已引起越来越多研究者的关注，但研究者采取的样品采集策略和污染评价方法并不完全相同。样品采集地多依据经验选择污染较严重的局部区域，属于区域抽样式调查，调查范围多在 100km 以下，样品量较少；近年来，也有针对省、市级行政区域菜地土壤进行普查式调查的研究，调查范围多在数千乃至数万 km。研究者采用的抽样方式也有所不同，较为普遍的为随机抽样，更具代表性的抽样方法则综合考虑蔬菜消费结构、种植方式和产地来源等，其研究结果也更具科学性。近年来，我国部分大中城市都曾开展过蔬菜中铅含量状况的调查与研究。对北京市主要蔬菜基地和农贸市场的蔬菜进行的大规模调查的结果显示，蔬菜铅超标率为 9.2%；珠海市蔬菜铅超标率为 4.1%，超标的均为叶菜。蔬菜中的铅除来源于土壤之外，还可能与蔬菜的生理特性、生长期长短以及对重金属敏感程度等因素有关，也可能是与蔬菜叶片直接暴露于大气有关。郑路等在研究蔬菜对铅的吸收时认为，大气中 50% 以上的铅可被蔬菜叶片直接吸收，而且当重金属元素含量较高的烟尘落在蔬菜叶面上时，可被叶片组织吸收从而导致重金属在蔬菜中的积累。

蔬菜对汞的富集能力：

如图 1.13 是韩静等对葫芦岛龙岗区芹菜、油菜、甘蓝、辣椒、豇豆、胡萝卜六种蔬菜对 Hg 的富集系数研究结果。

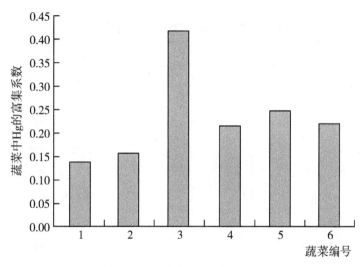

图 1.13　蔬菜中 Hg 的富集系数

蔬菜对锌的富集能力：

蔬菜体内的重金属含量与相应的土壤重金属含量之比为富集系数。涂修敏等研究表明如表 1.37 不同蔬菜对锌的富集能力有差异的，叶类(包菜、香菜、小白菜)总体表现为高富集，菠菜却有些例外，对锌的富集表现出中富集，这可能与菠菜本身的特性有关。根茎类(红菜薹、莴苣)表现为中富集。因此，对于重金属污染较严重的地区，应尽量种植一些低富集蔬菜，而对一些污染较轻的地区，则应种植中或者低富集蔬菜。这样既能保证农户的经济利益，也能保证蔬菜的质量。

表 1.37　　　　　　　　　不同蔬菜对锌的富集系数

作物种类	包菜	红菜薹	小白菜	萝卜	菠菜	莴苣	香菜	辣椒
富集系数	1.061	0.987	0.674	0.764	0.394	0.572	1.344	0.502

蔬菜对铜的富集能力：

林君峰等研究表明在蔬菜对铜的富集系数中，土壤铜含量影响起一定作用。

表 1.38　　蔬菜对土壤铜的富集系数（以蔬菜干基含量计）

作物种类	样品数	富集系数（$X\pm S$）
空心菜	4	0.274±0.168
茄子	2	0.237±0.229
丝瓜	3	0.165±0.059
芥菜	4	0.161±0.126
莲藕	6	0.143±0.047
豇豆	5	0.141±0.086
青包菜	3	0.135±0.087
白包菜	3	0.129±0.117
葱	4	0.119±0.056
芋头	4	0.119±0.056
茭白	2	0.105±0.043
萝卜	3	0.059±0.054

蔬菜对铬的富集能力：

如图 1.14 是韩静等对葫芦岛龙岗区芹菜、油菜、甘蓝、辣椒、豇豆、胡萝卜六种蔬菜对 Cr 的富集系数研究结果。

根据 GB 2762—2012 食品安全国家标准得知汞、镉、锌、铜、铬、铅等在食品原料中或食品可食部分中允许的最大限值如表1.39 所示。

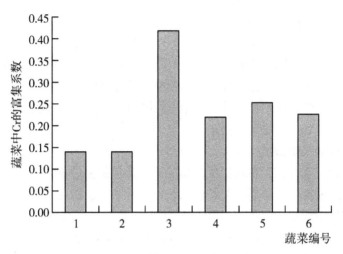

图 1.14 蔬菜中心 Cr 的富集系数

表 1.39

蔬菜及其制品	限量（Pb）mg/kg	蔬菜及其制品	限量（Cd）mg/kg	蔬菜及其制品	限量（Hg）mg/kg	蔬菜及其制品	限量（Cr）mg/kg
新鲜蔬菜	0.1	新鲜蔬菜	0.05	新鲜蔬菜	0.01	新鲜蔬菜	0.5
芸薹类蔬菜、叶类蔬菜	0.3	叶类蔬菜	0.2	—	—	—	—
豆类蔬菜、薯类	0.2	豆类蔬菜、块根和块茎蔬菜、茎类蔬菜	0.1	—	—	—	—
蔬菜制品	1.0	芹菜	0.2	—	—	—	—

我国食品卫生标准 GB 2762—2005 规定，一般蔬菜 Cu ≤ 5.0mg/kg，Zn≤20.0mg/kg。

六种重金属离子对人体健康的危害。

Cd 对健康的危害：

镉（Cd）是广泛存在于自然界的一种重金属元素，在人体内镉可蓄积 50a，能对多种器官和组织造成损害。镉对农业最大的威胁是产生"镉米"、"镉菜"，进入人体后使人得骨痛病。另外，镉会损伤肾小管，出现糖尿病，还有镉引起血压升高，出现心血管病，甚至还有致癌、致畸的报道。

Pb 对健康的危害：

铅广泛存在于自然界中，是对人体毒性最强的重金属之一。长期或过量摄入铅容易引起神经系统、消化系统、造血系统和肾脏的损害等中毒反应，使铅对人体健康的危害成为不容忽视的社会问题。居民食用蔬菜的铅摄入量（DI）为各种蔬菜（Pb）的几何平均值与其相应的消费量权重乘积的加和及蔬菜人均日消费量之积。1993年，FAO/WHO（世界粮农组织与世界卫生组织）建议，每周每 kg 体质量允许铅摄入量为 25μg。以中国成年人平均体质量为 56kg 计，则 ADI（每日铅允许摄入量）为 200μg/d。对于普通人群而言，膳食为铅摄入的主要途径。若考虑其他摄入途径，我国蔬菜铅的平均贡献率为 37.9%。

Hg 对健康的危害：

有机汞是一种蓄积性毒性，从人体排泄比较慢。汞可危害人的神经系统，使手足麻痹，严重时可痉挛致死。通常植物体内只含有极微量的汞，只有在较高浓度下，汞才对植物产生伤害。植物受汞毒害表现的症状是叶、花、茎变成棕色或黑色。汞进入植物体内有两条途径：一条是土壤中的汞化物转变为甲基汞或金属汞为植物根所吸收；另一条是经叶片吸收而进入植物体，在这种情况下，如汞浓度过大，叶片很易遭受伤害。

Cu 对健康的危害：

铜是人类最早使用的金属。1874 年 Harless 指出软体动物体内铜具有重要作用，1878 年 Ferderig 从章鱼血内蛋白质配合物中将铜分离出来，并称该蛋白为血铜蓝蛋白，至 1928 年 Hart 发现铜是生物体内的必需微量元素。它具有重要的生理功能，参与机体代谢。

摄入量过高或过低都会导致各种疾病。铜是含铜酶及含铜的生物活性蛋白质的组分，有助铁的吸收和利用。缺铜病人由于黑色素不足，常发生毛发脱色症，不能耐受阳光照射，若体内严重缺乏酪氨酸酶则发生白化病。

Zn 对健康的危害：

锌是人体必需的微量元素，含量少但功用非常重要。婴幼儿缺锌不仅会导致生长发育的停滞，而且会影响婴儿智力的发育，正常人血锌值应为 13.94μmol/L。科学研究表明，锌是人体内 200 多种酶的组成部分，它直接参与了核酸、蛋白质的合成、细胞的分化和增殖以及许多重要的代谢。人体内还有一些酶需要锌的激活而发挥其活性作用。锌是人体生长发育、生殖遗传、免疫、内分泌等重要生理过程中必不可少的物质，人体含锌总量减少时，会引起免疫组织受损，免疫功能缺陷，所以锌被人们誉为"生命之花"。锌是骨骼及软骨形成的初期阶段必需的元素。摄入过多，会痿昧、口渴、胸部紧束感、干咳、头痛、头晕、高热、寒战等。

Cr 对健康的危害：

秦军等研究表明，少量浓度的铬对植物生长有促进作用，高浓度铬对植物有抑制作用。高浓度的铬胁迫对这些蔬菜的抑制作用非常大。能抑制作物生长发育，可与植物体内细胞原生质的蛋白质结合，使细胞死亡；可使植物体内酶的活性受到抑制，阻碍植物呼吸作用等代谢过程。叶面积受抑后生菜的营养生长得不到足够的光合产物，导致株型矮小，叶片黄化。镉也被认为是致癌物质。

研究的目的及意义：

蔬菜是人们日常生活中必不可少的食物。由于重金属难降解、易富集的特性，使得重金属在土壤中积累和在作物体内富集，严重影响了作物的生长和品质，并通过食物链进入动物和人体，使人体产生慢性中毒，对人类的生存和健康构成威胁。随着生活水平的不断提高，公众环境保护、农产品食用安全意识的增强，人们对蔬菜质量的要求越来越高。对蔬菜中重金属含量进行调查与分析，旨在全面了解该地区重金属的污染特征，期望为该地区重金属污染的诊断、污染源与污染过程的分析、污染控制与修复提供参考。

总结:

由于含重金属物质的工业废水对农用水源的污染,以及空气中含重金属的悬浮颗粒的沉降,这些都可能造成重金属对农用耕地的污染。由于重金属不可以分解,因此一旦对土壤产生污染,那么这种污染是具有积累性的,是不可以逆转的。蔬菜一方面可以通过根系从土壤吸收并富集重金属,另一方面也可通过叶片上的气孔从空气中吸收气态或尘态的重金属,从而使蔬菜受到重金属的污染。这些问题都影响着农业的安全生产,影响人们的食品安全。

蔬菜中重金属含量主要与土壤中重金属含量、植物生理生化特点以及蔬菜基地周围水环境和大气环境有关。因此,要建立健全环保监测体系,定期进行蔬菜地的水、大气、土壤的环境质量监测工作。应同时开展有关土壤重金属含量与种植的不同蔬菜中重金属含量的相关性课题研究。除此之外,在研究土壤与蔬菜重金属污染时,不能仅考虑单一重金属元素的污染。重金属的复合污染存在协同作用的同时也存在拮抗作用,后者降低了污染元素的毒性。

参考文献:

[1] ALLEN S E, GRIMSHAW H W, PARKINSON J A, et al. Chemical Analysis of Ecological materials[M]. Blackwell:Oxford, 1974: 565-566.

[2] 中华人民共和国卫生部, 中国国家标准化管理委员会. 食用菌卫生标(GB 7096—2(1)3)[S]. 北京: 中国标准出版社, 2004.

[3] 柴振林, 吴学谦, 魏海龙, 等. 浙江省食用菌重金属背景值及质量安全评价[J]. 林业科学, 2009, 45(12): 59-64.

[4] 陈志良, 仇荣亮. 重金属污染土壤的修复技术环境保护 2002, 29(6): 21-23.

[5] 李廷亮, 谢英荷, 刘子娇. Cd、Cr、Pb 对几种叶类蔬菜生长状况及品质的影响[J]. 山西农业科学 2008, 36(4): 20-22.

[6] 仝磊, 朱圣陶. 土壤与蔬菜中重金属含量及其相关性. 苏州: 苏州大学放射医学与公共卫生学院, 2015.

[7]许秀琴，朱勇，孙亚米等．土壤重金属的形态特征及其对蔬菜的影响研究[J]．安徽农学报，Anhui Agi. Sci. Buli，2012，18 (09)．

[8]刘岚．铅对人类健康的危害及其防治[J]．职业与健康，2005，21(5)：665-666.

[9]陈天金，魏益民，潘家荣．食品中铅对人体危害的风险评估[J]．中国食物与营养，2007(2)：15-18.

[10]郑娜，王起超，郑冬梅．基于THQ的锌冶炼厂周围人群食用蔬菜的健康风险分析[J]．环境科学学报，2007，27(4)：672-678.

[11]陈同斌，宋波，郑袁明，等．北京市菜地土壤和蔬菜铅含量及其健康风险评估[J]．中国农业科学，2006，39(8)：1589-1597.

[12]MOHAMED A R, AHMED K S. Market basket survey for some heavy metals in Egyptian fruits and vegetables[J]. Food and Chemieal Toxicology, 2006, 44: 1273-1278.

[13]胡小玲，张瑰，陈剑刚，等．珠海市蔬菜重金属污染的调查研究[J]．中国卫生检验杂志，2006，16(8)：980-981.

[14]师荣光，赵玉杰，高怀友等．天津市郊蔬菜重金属污染评价与特征分析[J]．农业环境科学学报，2005，24(SI)：169-173.

[15]宋波，陈同斌，郑袁明，等．北京市菜地土壤和蔬菜镉含量及其健康风险分析[J]．环境科学学报，2006，26(4)：1343-1353.

[16]姚春霞，陈振楼，张菊，等．上海浦东部分蔬菜重金属污染评价[J]，农业环境科学报，2005，24(4)：761-765.

[17]郑路，常江．合肥市菜园蔬菜和土壤铅污染调查[J]．环境污染与防治，1989，11(5)：33-35.

[18]胡勤海，叶兆杰．蔬菜主要污染问题[J]．农村生态环境，1995，11(3)：52-56.

[19]WHO. Evaluation of certain food additives and contaminants：41st report of the joint FAO/WHO expert committee on food additives [R]. Geneva：World Health Organization；1993.

[20]W ANG X L, SATO T, XING B S, et al. Health risks of heavy metals to the general public in Tianjin, China via consumption of

vegetables and fish[J]. Set Total Environ, 2005, 350(1/2/3): 28-37.

[21]Curyol T. et al. Effect of some organic-mineral fertilizers on uptake of heavymetals by vegetables[J]. Roczniki- Akada mi i Rolnic zej-w-Poznaniu cgrodnictwo. 1998, 27: 39-49.

[22]Tyler. et al., Heavy metal ecology of terrestrial plants. Microganismsand invertebrates [J]. A review: Water Air and Soil pollution, 1989, 47(3—4): 189-215 .

[23]钟桂芳, 史蓉蓉, 丁园, 等. 南昌市不同企业周边重金属污染调查及评价. 南昌航空大学环境与化学工程学院, 2009 (2): 149-152.

[24]马瑾, 万洪富, 杨国义. 东莞市蔬菜重金属污染状况研究[J]. 生态环境, 2006, 15(2): 319-322.

[25]周毛, 向运荣, 罗妙榕, 等. 广州市郊区农业土壤重金属含量特征[J]. 中国环境科学, 2003(6): 138.

[26]涂修敏, 罗巍, 郭鹏, 等. 蔬菜与土壤环境中锌含量相关性研究. 湖北孝感学院生命科院, 2010, 35: 2-3.

[27]孙健, 铁柏清, 秦普丰, 等. 铅锌矿区土壤和植物重金属污染调查分析[J]. 植物资源与环境学报, 2006, 15(2): 63-67.

[28]陈怀满. 土壤中化学物质的行为与环境质量[M]. 北京: 北京大学出版社. 2002.

[29]程炯, 吴志峰, 刘平, 等. 珠江三角洲地区农业环境问题与生态农业建设[J]. 农业现代化研究, 2004, 25(2): 116-120.

[30]韩静, 肖伟, 陈芳, 等. 不同蔬菜对重金属汞、铬、砷、镉、铅积累效应的研究[N]. 中国农学通报, 2012, 28(21): 264-268.

[31]秦军, 蒋文强. 重金属铬对几种蔬菜生长的影响研究[J]. 枣庄学院学报, 2011, 28(5).

[32]林君峰, 高树芳, 陈伟平, 等. 蔬菜对土壤铜锌富集能力的研究[J]. 土壤与环境, 2002, 11(3): 248-251.

[33]秦普丰, 刘丽, 侯红, 等. 工业城市不同功能区土壤和蔬菜中重金属污染及其健康风险评价[J]. 生态环境学报, 2010,

19(7)：1668-1674.

[34]田龙. 微波消解法快速测定蔬菜中的痕量铅、镉研究[J]. 食品研究与开发，2006，27(10)：111-112.

第四节 菜地土壤镉重度污染水平对小白菜、苋菜生长和品质的影响

依据 2014 年 4 月 17 日公布的"全国土壤污染状况调查公报"公布结果，土壤镉超标率 7.0%，其中镉重度污染点位比例 0.5%，通过实地调查显示一些厂矿企业周边(周边有印染厂、水泥厂、眼镜厂、垃圾卫生填埋场等)零散种植或集中种植的蔬菜园重金属镉的浓度达到 1.5~170mg/kg，但是依然有蔬菜种植，尤其叶菜类蔬菜种植偏多，例如小白菜、苋菜等。

一、原位定点试验

在原居地眼镜制造厂附近菜园地重金属镉达到 5.85~17.89mg/kg，苋菜能正常生长，完成其完整的生命周期，小白菜生长受阻。在原居地印染厂附近菜园地重金属镉达到 15.90~170.01mg/kg，小白菜严重受阻，有的刚发芽就死了，有的不能正常出苗，而苋菜的生长状况较小白菜好。在重金属 170.01mg/kg 的情况下，苋菜(红圆叶)能够出苗，但不久就枯死，后来经过成苗的苋菜进行移栽，能够完成其生命周期。

二、盆栽条件下镉重度污染水平与氮交互作用对小白菜、苋菜生长及品质的影响

按试验设计纯镉 0，20，50，100，150mg/kg 土；纯氮 0，0.1，0.2，0.4，0.6g/kg 土二元素随机区组试验，共 9 个处理，每处理 3 个重复。镉源是 $3CdSO_4 \cdot 8H_2O$，氮源是 NH_4NO_3，每盆 6 株，底肥施用 KH_2PO_4 和 K_2SO_4，用量为 P_2O_5 0.2g/kg 土和 K_2O 0.3g/kg 土，全程一次基施。日常管理同大田。

（一）超高镉污染浓度下对苋菜、小白菜生长状况的影响

当镉污染水平达 100~150mg/kg 时，植株几乎全部枯萎死亡，无论施氮与否，都没有太多的生长量，由此可见，当镉浓度达到 100mg/kg 及以上时，菜地几乎没有蔬菜收成，这对分析农产品品质已经没有任何意义，所以，本设计只取前 3 个处理进行分析。

特别指出：图 1.15 N_3Cd_3 处理是在苋菜苗成活后移栽的，可以完成其生命周期，说明苋菜的耐镉能力很强。

图 1.15 100mg/kg 土镉浓度下随着含氮量的增加，对苋菜生长的影响

图 1.16 150mg/kg 土镉浓度下随着含氮量的增加，对苋菜生长的影响

（二）盆栽条件下镉重度污染水平与氮交互作用对小白菜、苋菜生长的影响

由表 1.40、图 1.17、图 1.18 可知，镉污染严重抑制了小白菜的生长，3 个镉水平下（不考虑氮水平）小白菜单株重的平均值分别为：7.316g、5.842g、4.612g，都达到极显著（$P<0.01$）水平，说明随着镉污染程度的增加小白菜的生长受抑制程度也随之增加。3 个氮水平下（不考虑镉水平）小白菜单株重的平均值分别为：7.157g、5.845g、4.768g，且都达极显著（$P<0.01$）水平，表明在高浓度镉污染条件下，随着施氮量的增加小白菜生长量极显著降低，氮镉之间表现为极显著的交互效应：在 3 个镉处理水平下，施氮处理分别较不施氮处理小白菜的生长量下降 9.08%、33.32%、37.96%，表明随着镉污染浓度的增加，施用氮肥抑制小白菜生长量也随之增加。

表 1.40　高浓度镉和氮互作对小白菜、苋菜生长量的影响　（g/株）

处理 Treatment	小白菜 *Brassica*	苋菜 *Amaranth*	处理 Treatment	小白菜 *Brassica*	苋菜 *Amaranth*
N_0Cd_0	7.787ab	6.477c	$N_{0.2}Cd_{20}$	5.304d	6.537c
$N_{0.1}Cd_0$	8.050a	11.431b	N_0Cd_{50}	6.175c	3.862d
$N_{0.2}Cd_0$	6.110c	16.279a	$N_{0.1}Cd_{50}$	4.772e	2.369e
N_0Cd_{20}	7.510b	3.768d	$N_{0.2}Cd_{50}$	2.890f	2.924de
$N_{0.1}Cd_{20}$	4.712e	7.516c			
			F(Cd)	320.033**	284.406**
			F(N)	250.021**	60.688**
			F(Cd×N)	49.588**	44.561**

列中不同小写字母表示在 $P<0.05$ 差异显著（$P<0.05$）；** 表示 F 检验在 $P<0.01$ 水平下显著。Means with the different lowercase letters indicate significant differenceat $P<0.05$；** indicate F-test significant differenceat $P<0.01$.

图 1.17   100mg/kg 土镉浓度下随着含氮量的增加，对苋菜生长的影响

图 1.18   100mg/kg 土镉浓度下随着含氮量的增加，对苋菜生长的影响

镉污染也极显著地抑制了苋菜的生长。3 个镉水平下(不考虑氮水平)苋菜的单株重分别为：11.395g、5.940g、3.052g，都达极显著差异；3 个氮水平下(不考虑镉水平)苋菜单株重分别为：4.702g、7.105g、8.580g，且都达极显著水平，说明在高浓度镉污染条件下施氮极显著地促进了苋菜的生长。氮镉之间表现为极显著的交互效应，在 3 个镉污染浓度下，施氮较不施氮苋菜的单株重增加为：

113.91%、86.48%、−31.47%，表明随着镉污染浓度的增加施氮苋菜的单株重增加速度降低，到镉浓度 50mg/kg 时施氮降低了苋菜的单株重。

从小白菜和苋菜的整个长势上来看，影响其生长量的主要因子是镉，随着镉污染浓度的增加，小白菜和苋菜的生长量都极显著地降低，这与孙光闻等（2005）研究结果 10mg/L Cd 处理显著影响小白菜植株对氮和水分的吸收，抑制生长一致。

小白菜和苋菜对于氮镉交互作用的反应，随着镉污染浓度的增加，施氮较不施氮其生长量随之降低。

（三）盆栽条件下镉重度污染水平与氮交互作用对小白菜、苋菜叶绿素的影响

1. 对小白菜叶绿素的影响

如表 1.41 所示，高浓度镉污染极显著地（$P<0.01$）降低了小白菜叶绿素的含量，3 个镉污染水平下（不考虑氮水平）小白菜叶绿素含量的平均值为 0.243、0.249 和 0.221mg/g，表明当镉污染水平20mg/kg 土时，对小白菜叶绿素有促进合成的趋势，但差异不显著；当镉污染达 50mg/kg 土时，小白菜叶绿素含量显著下降，降低了 9.05%。3 个氮水平下（不考虑镉水平）小白菜叶绿素的平均值为 0.228、0.253 和 0.232mg/g，在氮水平 0.1g/kg 土时，小白菜叶绿素含量达最大，差异极显著，随着施氮量的增加，小白菜叶绿素开始下降，直到与对照水平一致。氮镉之间存在极显著的交互效应：在 3 个镉污染水平下，施氮较不施氮小白菜的叶绿素分别增加 2.00%、8.33% 和 2.27%，表明在镉污染水平下，施氮能增加小白菜叶绿素的含量。

2. 对苋菜叶绿素的影响

镉污染极显著地（$P<0.01$）降低了苋菜叶绿素的含量，抑制作用较小白菜大（表 1.41），3 个镉污染水平下（不考虑氮水平）苋菜叶绿素含量的平均值为 2.774、2.055 和 1.933mg/g，镉污染水平20 和 50mg/kg 土与对照相比差异显著，但二者之间差异不显著，说明镉污染水平在 20mg/kg 时已经达到抑制最高点。3 个氮水平下（不考虑镉水平）苋菜叶绿素含量的平均值为 1.396、2.568 和

2. 798mg/g，表明施氮极显著地增加了苋菜叶绿素的含量。氮镉之间存在极显著的交互效应，在 3 个镉污染水平下，施氮较不施氮，苋菜的叶绿素含量分别增加 336%、200% 和 14.77%，均达显著（$P<0.05$）差异，表明施氮能够增加苋菜叶绿素的含量，但是随着镉浓度的增加，苋菜叶绿素含量增加的速度减慢。

表 1.41　高浓度镉和氮互作对小白菜、苋菜叶绿素的影响　　（mg/g）

处理 Treatment	小白菜 Brassica	苋菜 Amaranth	处理 Treatment	小白菜 Brassica	苋菜 Amaranth
N_0Cd_0	0. 225±0. 16cd	1. 553±0. 21e	$N_{0.2}Cd_{20}$	0. 224±0. 15cd	2. 702±0. 13b
$N_{0.1}Cd_0$	0. 270±0. 09a	3. 325±0. 16a	N_0Cd_{50}	0. 218±0. 11de	1. 756±0. 11de
$N_{0.2}Cd_0$	0. 233±0. 10bc	3. 444±0. 13a	$N_{0.1}Cd_{50}$	0. 209±0. 13e	1. 796±0. 08d
N_0Cd_{20}	0. 243±0. 11b	0. 880±0. 12f	$N_{0.2}Cd_{50}$	0. 237±0. 10b	2. 247±0. 16c
$N_{0.1}Cd_{20}$	0. 280±0. 11a	2. 584±0. 09b			
			F(Cd)	47. 37 **	117. 69 **
			F(N)	40. 28 **	322. 29 **
			F(Cd×N)	39. 64 **	51. 37 **

列中不同小写字母表示在 $P<0.05$ 差异显著（$P<0.05$）；** 表示 F 检验在 $P<0.01$ 水平下显著。Means with the different lowercase letters indicate significant differenceat $P<0.05$；** indicate F-test significant differenceat $P<0.01$.

在镉污染浓度范围内，对于小白菜，随着镉污染浓度的增加，小白菜叶绿素有逐渐降低的趋势，但镉污染水平 20mg/kg 时，小白菜叶绿素含量有升高但差异不显著。赵勇等（2006）研究发现，一定浓度的镉对作物生长有积极的"刺激作用"，这可能是因为一定浓度的镉促进植物体内的过氧化氢酶、过氧化物酶和酸性磷酸酶等的活性，促进了植物的生长，增加了叶绿素的合成；随着镉污染水平的增加，对小白菜体内毒害程度增强，影响了小白菜的生长，抑制了叶绿素的合成。在镉污染的条件下，增施氮肥可促进叶绿素合成，原因可能在于：一方面，适度镉浓度（如 20mg/kg）可促进小白菜叶绿素合成；另一方面，在镉污染浓度较高时，增施氮肥可提高土壤环境的缓冲能力，进而增强小白菜对土壤环境介质中重金属污染物质的耐性；氮肥供应扭转或减轻了高浓度镉污染对小白菜植株的抑制和毒害作用(安志装等，2002)。

与小白菜不同，随着镉污染浓度的增加，苋菜叶绿素含量显著降低，但处理2与处理3差异不显著，表明在镉污染水平20mg/kg时抑制作用已达到最低点，这与很多研究结果一致，Cd对植物光合作用毒害表现在它直接干扰叶绿素生物合成(Padmajaetal.，1990)，破坏光合器官及色素(Siedleka and Baszynsky，1993)，Cd除降低总叶绿素含量外也降低有效叶绿素(PSⅡ)含量(Gregerand Ogren，1991)，孙赛初等(1985)认为，Cd与叶绿体蛋白质上的巯基(-SH)结合或取代其中的锌离子(Zn^{2+})，破坏了叶绿体的结构和功能活性，从而导致叶绿素含量降低。Nag(1981)指出，Cd使叶绿素酶活性增加而导致叶绿素分解加快，致使叶绿素含量减少；在镉污染条件下，随着施氮量的增加，苋菜叶绿素的含量极显著增加，这可能与小白菜的原理相同。

(四)盆栽条件下镉重度污染水平与氮交互作用对小白菜、苋菜可溶性蛋白的影响

1. 对小白菜可溶性蛋白的影响

镉污染极显著地($P<0.01$)增加了小白菜可溶性蛋白的含量(表1.42)，3个镉污染水平下(不考虑氮水平)小白菜可溶性蛋白的平均值为：1.686%、2.339%和2.333%，处理间达极显著差异，但处理2和处理3间差异不显著，说明镉水平20mg/kg土时小白菜可溶性蛋白的含量已达到最大值。3个氮水平下(不考虑镉水平)小白菜可溶性蛋白的平均值为：1.655%、2.063%和2.641%，处理间都达极显著水平，表明在高浓度镉污染下，随着施氮量的增加，小白菜可溶性蛋白含量极显著地增加。氮镉之间存在极显著的交互效应，在3个镉污染水平下，施氮较不施氮小白菜可溶性蛋白分别增加20.95%、135.5%和21.57%，说明随着镉污染水平的增加施氮使小白菜可溶性蛋白的含量增加，在镉污染浓度20mg/kg土时增加量达最大。

表 1.42　高浓度镉和氮互作对小白菜、苋菜可溶性蛋白的影响 （%）

处理 Treatment	小白菜 *Brassica*	苋菜 *Amaranth*	处理 Treatment	小白菜 *Brassica*	苋菜 *Amaranth*
N_0Cd_0	1.483±0.21g	1.250±0.16c	$N_{0.2}Cd_{20}$	2.906±0.13b	0.559±0.15ef
$N_{0.1}Cd_0$	1.866±0.19e	1.372±0.16b	N_0Cd_{50}	2.044±0.17d	0.333±0.08h
$N_{0.2}Cd_0$	1.709±0.17f	1.555±0.15a	$N_{0.1}Cd_{50}$	1.647±0.15f	0.649±0.08e
N_0Cd_{20}	1.436±0.11g	0.359±0.10gh	$N_{0.2}Cd_{50}$	3.308±0.15a	1.076±0.11d
$N_{0.1}Cd_{20}$	2.677±0.16c	0.460±0.09fg			
			F(Cd)	172.32**	461.35**
			F(N)	300.58**	84.84**
			F(Cd×N)	138.17**	13.58**

列中不同小写字母表示在 $P<0.05$ 差异显著（$P<0.05$）； ** 表示 F 检验在 $P<0.01$ 水平下显著。

2. 对苋菜可溶性蛋白的影响

镉污染极显著地（$P<0.01$）降低了苋菜可溶性蛋白的含量（表 1.42），3 个镉污染水平下（不考虑氮水平）苋菜可溶性蛋白的平均值为：1.393%、0.459% 和 0.686%，处理间均达极显著水平，随着镉污染水平的增加，苋菜可溶性蛋白含量呈降低趋势，且在镉污染水平 20mg/kg 土对苋菜可溶性蛋白合成的抑制达到最低点。3 个氮水平下（不考虑镉水平）苋菜可溶性蛋白的平均值为：0.647%、0.827% 和 1.063%，表明施氮极显著地增加了苋菜可溶性蛋白的含量。氮镉之间存在极显著的交互效应，在 3 个镉污染水平下，施氮较不施氮，苋菜可溶性蛋白含量分别增加 17.20%、41.67% 和 162.21%，且均达极显著（$P<0.01$）差异，表明随着镉污染浓度的增加，施氮能显著增加苋菜可溶性蛋白的含量。

镉与氮交互作用对小白菜、苋菜可溶性蛋白的影响与对叶绿素的基本相似，但是，镉污染水平显著地增加了小白菜可溶性蛋白的含量，而降低了苋菜可溶性蛋白的含量，同时在 20mg/kg 时，小白菜中可溶性蛋白达到最高点而苋菜中可溶性蛋白达到最低点，这可能与蔬菜品种不同有关,小白菜属于芸苔属(*Brasscia*)而苋菜属于苋科苋属(*Amaranthusmangostanus*L.)。在镉污染条件下,随着氮素水平的增加,苋菜和小白菜的可溶性蛋白都有增加的趋势,表明施氮可以扭转镉污染对植物生理的毒害,增加蔬菜可溶性蛋白含量,在试验浓度范围内,在镉污染条件下,施氮能够增加可溶性蛋白的含量。

(五)盆栽条件下镉重度污染水平与氮交互作用对小白菜、苋菜吸收镉的影响

1. 对小白菜镉积累的影响

镉污染水平极显著地($P<0.01$)促进了小白菜对镉的吸收(表1.43),3个镉污染水平下(不考虑氮水平)小白菜鲜样镉平均值分别为0.035、4.745和9.665mg/kg,随着镉污染水平的增加,小白菜中镉的累积量极显著地增加,且都达极显著($P<0.01$)水平,表明土壤镉含量与小白菜中镉的累积量成正相关。3个氮水平下(不考虑镉水平)小白菜镉的平均值分别为4.769、4.849和4.827mg/kg,差异不显著,表明在试验浓度范围内,施氮对小白菜对镉的累积影响不显著。氮镉之间存在极显著的交互效应,在3个镉污染水平下,施氮较不施氮,小白菜镉含量分别增加1616.67%、-22.21%和15.94%,且均达极显著($P<0.01$)水平,说明在低镉或镉过量时,施氮能增加小白菜对镉的积累,镉污染水平20mg/kg时,施氮抑制小白菜对镉的积累。

2. 对苋菜镉积累的影响

镉污染极显著地($P<0.01$)促进了苋菜对镉的积累(表1.43),3个镉污染水平(不考虑氮水平)苋菜鲜样镉的平均值分别为0.071、7.323和11.427mg/kg,随着镉污染水平的增加,苋菜吸收镉的量极显著地增加,且都达极显著($P<0.01$)差异,表明土壤镉的含量与植物吸收镉的含量成正相关。3个氮水平下(不考虑镉水平)苋菜镉含量平均值为4.523、6.381和7.917mg/kg,说明随着施氮量的增加苋菜对镉的吸收显著增加。氮镉之间存在极显著的交互效应,在3个镉污染水平下,施氮较不施氮苋菜镉含量分别增加48.15%、9.43%和108.73%,且均达极显著($P<0.01$)差异,说明

施氮促进苋菜对镉的积累。

表 1.43　高浓度镉和氮互作对小白菜、苋菜镉积累的影响（mg/kg）

处理 Treatment	小白菜 *Brassica*	苋菜 *Amaranth*	处理 Treatment	小白菜 *Brassica*	苋菜 *Amaranth*
N_0Cd_0	0.003±0.01g	0.054±0.06f	$N_{0.2}Cd_{20}$	3.531±0.10f	8.594±0.11c
$N_{0.1}Cd_0$	0.046±0.05g	0.079±0.05f	N_0Cd_{50}	8.736±0.11c	6.625±0.06e
$N_{0.2}Cd_0$	0.057±0.03g	0.079±0.06f	$N_{0.1}Cd_{50}$	9.365±0.08b	12.579±0.21b
N_0Cd_{20}	5.570±0.01d	6.890±0.10d	$N_{0.2}Cd_{50}$	10.892±0.11a	15.078±0.21a
$N_{0.1}Cd_{20}$	5.135±0.00e	6.485±0.10e			
			F(Cd)	9393.63**	19709.99**
			F(N)	0.67	1721.93**
			F(Cd×N)	160.61**	1136.99**

　　列中不同小写字母表示在 $P<0.05$ 差异显著（$P<0.05$）；** 表示 F 检验在 $P<0.01$ 水平下显著。Means with the different lowercase letters indicate significant differenceat$P<0.05$；** indicate F-test significant differenceat$P<0.01$.

　　总之，两季连作后，在 3 个氮水平下（不考虑镉水平）小白菜与苋菜对镉的吸收不同，在第一季种植小白菜时，3 个氮水平没有影响小白菜对镉的吸收，而在第二季种植苋菜时氮水平促进了苋菜对镉的吸收，这可能有两方面的原因：第一，小白菜和苋菜的品种不同；第二，种植一季小白菜后土壤镉浓度降低，施氮能够缓解它的毒害作用。

　　土壤镉的含量与蔬菜吸收镉的含量成正相关，在试验含量范围内，施氮能够促进小白菜、苋菜对镉的吸收，这与李艳梅（2007）的研究结果一致，但在土壤投加镉 20mg/kg 土时，施氮却明显抑制了小白菜对镉的吸收，还需要进一步的研究。

　　小结：

　　（1）土壤高浓度镉污染极显著地降低了小白菜和苋菜叶绿素的

含量、小白菜和苋菜的生长以及苋菜可溶性蛋白的含量；增加了小白菜可溶性蛋白的含量，小白菜和苋菜对镉的积累。

（2）在镉污染条件下，施氮能够提高苋菜和小白菜叶绿素、可溶性蛋白含量，促进苋菜的生长、苋菜对镉的吸收；抑制了小白菜的生长，小白菜对镉的吸收。

（3）3个镉污染水平下，施氮较不施氮增加了小白菜、苋菜叶绿素、可溶性蛋白的含量，苋菜对镉的积累。

参考文献：

[1]安志装，王校常，施卫明．重金属与营养元素交互作用的植物生理效应[J]．土壤与环境，2002，11(4)：392-396.

[2]李艳梅．土壤镉污染下小白菜对氮肥的生物学反应[D]．杨凌：西北农林科技大学图书馆，2008.

[3]孙光闻，朱祝军，方学智．水平对小白菜生长及其营养元素含量的影响[J]．农业环境科学学报，2005，24(4)：658-661.

[4]孙赛初，王焕校，李启任．水生维管束植物受镉污染后的生理变化及受害机制初探[J]．植物生理学报，1985，11(2)：113-121.

[5] Nag P. Heavy metal effects in planttissue involving chlorophyll, chlomphyllase, hill reaction activity and gehlec-tmphorefic patterns of soluble proteins[J]. *Indian J Exp Biol*, 1981. 19：702-706.

[6]Padmaja K, Parsad DDK, Parsad ARK, Inhibition of chlorophyll synthesis in Phasedus rulgaris Lseedlings by cadmium acetate[J]. *Photosynthetica*, 1990. (24)：399-404.

[7]GregerM, OgrenE. Direct and indirect effectsofCd^{2+} on photosynthe-sisinsugarbeet. *Physiologia Plantarurn*, 1991. 83(1)：129-135.

[8]Siedleka A, Baszynsky T, Inhibition of election flow around photo-system Iin chloroplasts of Cadmium-treated maize plants is due to cadmium-induced ironde fiency [J]. *Physiol Plant*, 1993. 87：199-202.

第五节 土壤—蔬菜系统氮镉交互作用研究

试验处理为纯镉 0；0.5；1.0；1.5mg/kg 土；纯氮 0；0.2；0.4；0.6g/kg 土二元素随机区组，共 16 个处理，每处理 3 个重复。镉源是 $3CdSO_4 \cdot 8H_2O$，氮源是 NH_4NO_3，每盆 6 株，底肥为 KH_2PO_4、K_2SO_4，用量为 P_2O_5 0.2g/kg 土、K_2O 0.3g/kg 土，全程一次基施。

第一茬种植苋菜，苋菜收获后，翻土处理，第二茬种植小白菜，种植小白菜前，按种植苋菜时同样的施肥量施用氮、磷、钾肥，平衡一周后播种。

一、盆栽条件下氮镉交互作用对苋菜、小白菜生长及其营养品质的影响

土壤重金属污染是近年来影响农产品品质和人类健康的重大环境问题。土壤镉污染对叶菜类蔬菜的品质影响很大，当土壤镉含量达到 1mg/kg 时，已经很难生产出镉含量符合卫生标准的叶菜产品（丁爱芳等，2003）。苋菜（*Amarantustricolor*）、小白菜（*Brassicachinensis*）均是一种营养丰富的大众化蔬菜，但对重金属的抵抗能力较弱，是易吸收镉的蔬菜之一，土壤 pH 值（水）7.11、镉含量 0.25mg/kg 的情况下，苋菜的镉含量都能超过警戒浓度（赵勇等，2006）。所以，在镉污染的农田上种植蔬菜，势必会对人类健康构成威胁。

苋菜、小白菜又是易于富集硝酸盐的蔬菜，而蔬菜中的硝酸盐含量主要受氮肥的影响（胡克玲等，2006）。关于氮镉共存对农作物影响的研究有所进展，但结论不完全一致（GAVIF，BASTANT，RAUNWR，etal，1997；LANDBERGT，GREGERM.2003；李艳梅等，2008）。

1. 镉氮交互作用对苋菜、小白菜生长的影响

由表 1.44 可知，镉污染水平极显著（$P < 0.01$）影响了苋菜单株重和株高，4 个镉水平下（不考虑氮水平）单株重和株高的平均值分

别是 5. 496、7. 003、5. 482、5. 753g 和 11. 117、12. 872、12. 897、
11. 506cm。说明低浓度镉能够提高苋菜单株重和株高,这与前人
所研究的低浓度镉对蔬菜的生长有刺激作用,而高浓度的镉对植物
生长有抑制作用的结论一致(秦天才等,1997)。

4 个氮水平下(不考虑镉水平)苋菜单株重和株高的平均值分别
为 2. 002、7. 132、7. 240、7. 361g 和 8. 192、13. 986、13. 461、
12. 753cm。说明施氮能够提高苋菜的单株重和株高,这与前人研
究的结果一致。但从生长趋势上,随着氮浓度的增加生长速度减
小,这与胡克玲等(2003)的研究结果一致。氮镉之间表现为极显
著的交互效应,在 4 个镉水平下,施氮处理分别较不施氮,处理单
株重增加 234. 39%、283. 53%、234. 82%、994. 41%;株高分别增
加 89. 36%、52. 55%、46. 62%、76. 18%,且差异极显著。

表 1.44　　　　　　　　氮镉交互作用下对苋菜品质的影响

处理 Treatment	株高 (cm)	单株重 (g)	叶绿素 (mg/g)	Vc (mg/100g)	可溶性糖 (%)	可溶性蛋白 (%)
N_0Cd_0	6. 56i	1. 933hi	1. 314e	53. 421g	0. 266bc	5. 629b
$N_{0.2}Cd_0$	14. 78ab	5. 987f	2. 003abcd	59. 649f	0. 163fgh	6. 623a
$N_{0.4}Cd_0$	10. 61f	6. 403e	1. 962abcd	48. 905h	0. 160fgh	3. 441g
$N_{0.6}Cd_0$	12. 42d	7. 603d	2. 109abc	38. 333i	0. 144h	3. 134gh
$N_0Cd_{0.5}$	9. 23g	2. 240h	1. 864bcd	56. 666fg	0. 238cd	3. 552fg
$N_{0.2}Cd_{0.5}$	15. 34a	6. 603e	2. 285a	57. 764f	0. 174fgh	5. 793b
$N_{0.4}Cd_{0.5}$	14. 78b	8. 580b	2. 189abc	66. 329e	0. 316a	4. 298de
$N_{0.6}Cd_{0.5}$	12. 43d	10. 590a	2. 013abcd	74. 306bc	0. 164fgh	2. 937h
$N_0Cd_{1.0}$	9. 56g	1. 931hi	1. 785cd	74. 867b	0. 206def	4. 715d
$N_{0.2}Cd_{1.0}$	14. 28b	7. 962c	2. 201ab	76. 655b	0. 221de	4. 655d
$N_{0.4}Cd_{1.0}$	14. 24b	6. 367e	2. 256ab	70. 521cd	0. 301ab	4. 309de
$N_{0.6}Cd_{1.0}$	13. 51c	5. 667g	2. 066abc	66. 950de	0. 191efg	3. 561fg
$N_0Cd_{1.5}$	7. 32h	1. 843i	1. 616de	81. 644a	0. 307ab	5. 202c
$N_{0.2}Cd_{1.5}$	11. 54e	7. 977c	2. 237ab	74. 602bc	0. 200def	2. 926h
$N_{0.4}Cd_{1.5}$	14. 51b	7. 610d	2. 001abc	72. 918bc	0. 147gh	4. 524d
$N_{0.6}Cd_{1.5}$	12. 64d	5. 583g	2. 082abc	65. 358e	0. 178efgh	3. 997ef

处理 Treatment	株高 （cm）	单株重 （g）	叶绿素 （mg/g）	Vc （mg/100g）	可溶性糖 （%）	可溶性蛋白 （%）
F（Cd）	83.69**	199.027**	2.391	262.504**	8.454**	12.47**
F（N）	692.24**	2612.656**	24.202**	16.179**	29.406**	93.33**
F（Cd×N）	43.83**	176.188**	1.376	34.287**	15.393**	53.99**

列中不同小写字母表示在 $P<0.05$ 差异显著（$P<0.05$）；** 表示 F 检验在 $P<0.01$ 水平下显著。

由表 1.45 可知，镉污染水平对小白菜的生长影响不显著，但是施氮极显著地抑制了小白菜的生长，4 个氮水平下（不考虑镉水平）小白菜单株重的平均值分别为 3.04g、2.97g、2.26g 和 1.07g，表明在镉污染条件下增施氮肥抑制了小白菜的生长。氮镉之间表现为极显著的交互效应，4 个镉水平下施氮处理较不施氮处理单株重分别下降 28.87%、13.45%、65.19%、-6.97%，且差异极显著，表明镉污染试验条件下增施氮肥有抑制小白菜生长的趋势。

表 1.45　　　　　氮镉交互作用下对小白菜品质的影响

处理 Treatment	单株重 （g）	叶绿素 （mg/g）	Vc （mg/100g）	可溶性糖 （%）	可溶性蛋白 （%）
N_0Cd_0	3.104bcd	1.101de	24.34j	0.065i	2.433h
$N_{0.2}Cd_0$	3.361abc	1.013ef	18.87i	0.097g	2.068i
$N_{0.4}Cd_0$	2.083e	0.947f	26.07hi	0.113f	3.209d
$N_{0.6}Cd_0$	1.180f	0.967f	25.26i	0.130e	2.034i
$N_0Cd_{0.5}$	2.582cde	1.119de	34.47c	0.084h	3.047e
$N_{0.2}Cd_{0.5}$	3.309bc	1.017ef	30.11e	0.035j	3.309c
$N_{0.4}Cd_{0.5}$	2.142e	1.408a	27.51fg	0.162d	2.608g
$N_{0.6}Cd_{0.5}$	1.253f	1.146d	26.70gh	0.209b	1.791j
$N_0Cd_{1.0}$	4.092a	1.278bc	38.89a	0.185c	2.789f
$N_{0.2}Cd_{1.0}$	1.354f	1.385ab	37.04b	0.128e	3.885a

续表

处理 Treatment	单株重 （g）	叶绿素 （mg/g）	Vc （mg/100g）	可溶性糖 （%）	可溶性蛋白 （%）
$N_{0.4}Cd_{1.0}$	2.116de	1.225cd	18.19l	0.109fg	3.052e
$N_{0.6}Cd_{1.0}$	0.803f	1.100de	31.35d	0.318a	2.859f
$N_0Cd_{1.5}$	2.366de	1.309abc	27.81f	0.131e	3.942a
$N_{0.2}Cd_{1.5}$	3.847ab	1.365ab	30.33e	0.071i	3.426b
$N_{0.4}Cd_{1.5}$	2.693cde	1.144d	19.84k	0.119ef	3.353bc
$N_{0.6}Cd_{1.5}$	1.053f	1.317abc	14.24m	0.181c	2.591g
F（Cd）	1.98	40.64**	848.56**	273.55**	950.13**
F（N）	53.07**	2.62	751.01**	617.36**	866.85**
F（Cd×N）	9.62**	11.65**	406.80**	109.39**	326.99**

列中不同小写字母表示在 $P<0.05$ 差异显著（$P<0.05$）；** 表示 F 检验在 $P<0.01$ 水平下显著。

2. 镉氮交互作用对苋菜、小白菜 Vc 含量的影响

由表1.45可知，镉污染水平极显著（$P<0.01$）影响了苋菜 Vc 含量，4个镉污染水平下（不考虑氮水平）的平均值分别是500.77、637.66、722.48、736.46mg/kg。在试验浓度范围内的镉能够极显著增加苋菜 Vc 含量，但镉污染水平 1.0mg/kg 与 1.5mg/kg 下的 Vc 含量差异不显著，说明镉浓度在 1.0mg/kg 时苋菜 Vc 含量最高。这与胡克玲等（2006）的研究结果不一致，可能与氮的设置水平和镉的浓度有关。4个氮水平下苋菜 Vc 含量的平均值（不考虑镉水平）分别为 666.50、671.67、646.83、612.37mg/kg，在氮水平 0.2g/kg 时达到最大，但与对照差异不显著，随后随着氮水平的增加显著（$P<0.05$）递减，分别比对照降低 2.95% 和 8.12%。这与胡承孝等（1992）的研究结果一致。随着氮肥水平的增加，苋菜 Vc 含量显著（$P<0.05$）下降，但是在氮水平 0.2g/kg 时 Vc 含量提高0.78%，差异不显著，但仍有增加趋势，这与王荣萍等（2007）的研究结果一致，适量的氮肥也能提高蔬菜 Vc 的含量。镉氮之间表现

为极显著的交互效应，4个镉水平下施氮处理较不施氮处理 Vc 含量分别增加-8.35%、16.17%、-4.66%、-13.06%。说明在镉一定水平下(除0.5mg/kg的镉污染水平外)，施氮有减少 Vc 含量的趋势。

由表1.45可见，镉污染水平极显著($P<0.01$)影响了小白菜 Vc 的含量，4个镉污染水平下(不考虑氮水平)小白菜 Vc 含量的平均值分别是23.63、29.69、31.37、23.05mg/100g，这说明在试验水平内镉能够极显著($P<0.01$)增加小白菜 Vc 含量，至镉污染浓度1.0mg/kg 土时小白菜 Vc 含量达最大值，这说明低浓度镉能够促进而高浓度则抑制小白菜 Vc 含量的合成。4个氮水平下(不考虑镉水平)小白菜 Vc 平均含量分别为31.38、29.09、22.90、24.39mg/100g，说明在镉污染条件下施氮抑制了小白菜 Vc 的合成，这与胡承孝等(1996)的研究结果一致。镉氮之间表现为极显著的交互效应，4个镉水平下施氮处理较不施氮处理小白菜 Vc 含量分别下降3.86%、18.46%、25.79%、22.79%，说施氮能够降低小白菜 Vc 的含量。

3. 镉氮交互作用对苋菜、小白菜叶绿素含量的影响

由表1.44可知，氮素营养水平极显著($P<0.01$)增加了苋菜叶绿素的含量，4个氮水平下苋菜叶绿素含量的平均值(不考虑镉水平)分别为1.645、2.181、2.102、2.068mg/g，但是在施氮的3个水平下差异不显著且呈下降趋势，说明施氮能够极显著增加苋菜叶绿素的含量，且在施氮0.2g/kg处理时叶绿素含量最高。说明在镉污染水平下，施氮0.2g/kg 为合成叶绿素的最佳施肥量。

由表1.45可知，镉污染极显著($P<0.01$)地提高了小白菜叶绿素的含量，4个镉水平下(不考虑氮水平)小白菜的平均值分别为1.007mg/g、1.172mg/g、1.247mg/g 和1.284mg/g，结果显示，镉污染水平达1.0mg/kg 土时，对小白菜叶绿素合成的促进达最大。氮镉存在极显著($P<0.01$)的互作效应，4个镉污染水平下施氮较不施氮小白菜叶绿素的含量分别下降11.21%、-6.25%、3.13%、3.33%，说明在镉污染水平下施氮不能增加小白菜叶绿素的含量。

4. 镉氮交互作用对苋菜、小白菜可溶性糖含量的影响

由表 1.44 可知，镉污染水平极显著($P<0.01$)影响了苋菜可溶性糖的含量，4 个镉污染水平下(不考虑氮水平)的平均值分别是 0.183%、0.223%、0.230%、0.208%。在试验浓度范围内的镉能够极显著($P<0.01$)增加苋菜可溶性糖的含量，但镉污染水平 0.5 与 1.0mg/kg 下的可溶性糖的含量差异不显著，说明镉浓度为 0.5mg/kg 时苋菜可溶性糖含量最大。4 个氮水平下(不考虑镉水平)苋菜可溶性糖含量的平均值分别为 0.254%、0.190%、0.231%、0.169%，说明施氮极显著($P<0.01$)降低了苋菜可溶性糖的含量。镉氮之间表现为极显著的交互效应，4 个镉水平下施氮处理较不施氮处理分别增加 −41.35%、−8.40%、15.53%、−42.50%。说明在镉污染条件下(除 1.0mg/kg 的镉污染水平外)，施氮能够减少可溶性糖的含量。

镉污染水平极显著($P<0.01$)地增加小白菜可溶性糖的含量，4 个镉污染水平下(不考虑氮水平)小白菜可溶性糖平均含量分别是 0.101%、0.123%、0.185%、0.126%，这说明在试验氮水平内低浓度的镉能够极显著($P<0.01$)提高小白菜可溶性糖含量，镉污染水平在 1.0mg/kg 时小白菜可溶性糖含量达最大。氮素水平极显著($P<0.01$)地影响了小白菜可溶性糖的含量，4 个氮水平下(不考虑镉水平)小白菜可溶性糖平均含量分别为 0.116%、0.083%、0.126%、0.209%，研究结果表明，在镉污染条件下，随着施氮量的增加，小白菜可溶性糖含量呈升高的趋势；镉氮之间表现为极显著的交互效应，0.5mg/kg 和 1.5mg/kg 的镉污染水平下施氮为负效应，即小白菜可溶性糖分别下降 35.25% 和 5.59%；无镉污染时施氮较不施氮小白菜可溶性糖含量增加 74.36%。说明施氮对小白菜可溶性糖含量的影响因镉污染水平不同。

5. 镉氮交互作用对苋菜、小白菜可溶性蛋白质含量的影响

由表 1.44 可知，镉污染水平极显著($P<0.01$)地抑制了苋菜可溶性蛋白的合成，4 个镉污染水平下(不考虑氮水平)苋菜可溶性蛋白的平均值分别是 47.07、41.45、43.10、41.62mg/kg。但镉污染水平 0.5、1.0 和 1.5mg/kg 下的可溶性糖的含量差异不显著，说明

镉污染极显著降低了苋菜可溶性蛋白的含量，在镉污染 0.5mg/kg 时达最低值。4 个氮水平下(不考虑镉水平)苋菜可溶性蛋白含量的平均值分别为 47.75、49.99、41.43、34.07mg/kg，说明适量的氮肥(0.2g/kg)能够显著($P<0.05$)促进可溶性蛋白的合成，但过量的氮(0.4、0.6g/kg)极显著抑制苋菜可溶性蛋白的合成。镉氮之间极显著的交互效应，4 个镉水平下施氮处理较不施氮处理可溶性蛋白含量分别增加-22.92%、22.27%、-11.39%、-26.64%。说明在镉污染条件下(除 0.5mg/kg 的镉污染水平外)，施氮极显著($P<0.01$)地减少可溶性蛋白的含量。

镉污染极显著($P<0.01$)地刺激小白菜可溶性蛋白的合成，4 个镉污染水平下(不考虑氮水平)小白菜可溶性蛋白平均含量分别是 2.436%、2.689%、3.146% 和 3.328%，且差异均极显著，与苋菜的结果刚好相反，而与前面高浓度镉污染对小白菜可溶性蛋白的研究结果一致。4 个氮水平下(不考虑镉水平)小白菜可溶性蛋白平均含量分别为 3.053%、3.172%、3.056% 和 2.319%，与苋菜的研究结果一致。镉氮之间表现为极显著的交互效应，0.5mg/kg 土和 1.5mg/kg 土的镉污染水平下施氮为负效应，即小白菜可溶性蛋白分别下降 15.74% 和 20.81%；1.0mg/kg 的镉污染水平下施氮为正效应，即增加 16.97%，其原因值得深入研究。

讨论：

1. 氮镉交互作用对苋菜、小白菜生长量的影响

在试验水平内，氮、镉水平极显著地增加了苋菜的生物量，从苋菜的整个生长周期来看，从外观观察上似乎看不出长势之间的差异性，这表明在试验浓度内的镉对苋菜生长的影响还不会引起一般菜农的注意，与高浓度镉(20mg/kg、50mg/kg)相比，当镉浓度 20mg/kg 时从外观上看也能够正常生长，这说明苋菜的耐镉能力很强，更要引起菜农的注意。随着施氮量的增加小白菜生物量显著递减，这可能是因为苋菜收获后施加了氮肥和底肥，使氮肥过量的缘故。

2. 镉氮交互作用对苋菜、小白菜叶绿素的影响

对叶绿素而言，在第一季的试验浓度范围内氮素营养是主导因

子，随着施氮量的增加苋菜叶绿素含量增加，施氮 0.2g/kg 时达最高峰，随着氮浓度的升高，苋菜叶绿素趋于平稳状态，且差异不显著，表明适量的氮能增加苋菜叶绿素的含量，可能由于氮素的过量存在，在第一季镉对苋菜的影响差异不显著；在第二季的试验中，由于收获完苋菜按设计方案加入了底肥和氮水平，所以土壤中的氮处于过量状态，为此，在这一季镉占主导地位，但是处理 3 和处理 4 差异不显著，说明在试验浓度范围内，镉污染水平达 1.0mg/kg 时已经达到了小白菜叶绿素的最大量，连茬种植苋菜后种植小白菜，此时与 4 个镉水平处理对应的土壤镉污染水平为 0.20~0.25mg/kg 土、0.50~0.70mg/kg 土、1.10~1.30mg/kg 土和 1.58~1.80mg/kg 土。从试验结果来看，低浓度的镉是能够促进小白菜叶绿素合成的，但是当镉浓度达 1.10mg/g 土以上时，小白菜叶绿素增加缓慢，差异不显著。这可能是因为镉与锌的性质相似，而锌、铜、锰、铁等某些酶的活化剂促进叶绿素的合成。

3. 镉氮交互作用对苋菜、小白菜可溶性蛋白、可溶性糖以及 Vc 的影响

在试验浓度范围内，高浓度的镉降低了苋菜可溶性蛋白质的含量，经过一季的种植，镉浓度降低，增加了小白菜可溶性蛋白的含量，当氮处理 0.2g/kg 时，小白菜中可溶性蛋白量最高。镉污染水平极显著($P < 0.01$)地增加了苋菜、小白菜的可溶性糖的含量；氮素水平极显著地降低了苋菜、小白菜可溶性糖的含量，氮镉交互效应差异极显著。试验浓度范围内的镉氮水平下，镉污染水平极显著地增加了苋菜、小白菜 Vc 的含量，施氮极显著地降低了苋菜、小白菜 Vc 的含量，但适量的氮仍然有增加苋菜 Vc 含量的趋势，氮镉存在极显著地交互效应。

小结：

(1)在试验浓度范围内，镉污染水平对苋菜的生长、小白菜的可溶性蛋白以及苋菜和小白菜中叶绿素、可溶性糖、Vc 等的含量显著地增加，对苋菜可溶性蛋白的含量有显著地降低趋势。

(2)在镉污染条件下，施适量的氮对苋菜的生长、叶绿素的含量以及苋菜和小白菜可溶性蛋白的含量有显著地增加作用，但高浓

度的氮对上述指标有抑制作用；另外，对小白菜的生长、苋菜可溶性糖以及苋菜和小白菜的 Vc 等的含量有显著地抑制作用。

（3）氮镉互作效应明显，在 4 个镉水平下，施氮较不施氮促进了苋菜的生长而降低了小白菜的生长、叶绿素的含量以及苋菜和小白菜可溶性糖、可溶性蛋白、Vc 的含量。

参考文献：

[1] 丁爱芳，潘根兴. 南京城郊零散菜地土壤与蔬菜重金属含量及健康风险分析[J]. 生态环境，2003，12(4)：409-411.

[2] 赵勇，李红娟，孙志强. 土壤、蔬菜 Cd 污染相关性分析与土壤污染阀值研究[J]. 农业工程学报，2006，22(7)：149-153.

[3] 胡克玲，陶鸿，汪季涛，等. 不同氮素水平对苋菜硝酸盐累积和营养品质的影响[J]. 中国农学通报，2006，22(11)：275-278.

[4] GAVIF, BASTANT, RAUNWR, et al. Wheat grain cadmium as affected by long. term fertilization and soil acidity [J]. Journal of Environmental Quality，1997，26(1)：265-271.

[5] LANDBERGT, GREGERM. Influence of N and N supplementation on cd accumulation in wheat grain[C]//Uppsala：7th International Conferenceon the Biogeoehemistry of Trace Elements，2003：90-91.

[6] 李艳梅，刘小林，袁霞，等. 镉氮交互作用对小白菜生长及其体内镉累积的影响[J]. 干旱地区农业研究，2008，26(6)：110-113.

[7] 秦天才，吴玉树，黄巧云，等. 镉铅单一和复合污染对小白菜抗坏血酸含量的影响[J]. 生态学杂志，1997，16(3)：31-34.

[8] 胡承孝，邓波儿，刘同仇. 施用氮肥对小白菜和番茄中硝酸盐含量的影响[J]. 华中农业大学学报，1992，11(3)：239-243.

[9] 王荣萍，蓝佩玲，李淑仪，等. 氮肥品种及施肥方式对小白菜产量与品质的影响[J]. 生态环境，2007，16(3)：1040-1043.

[10] 范洪黎. 苋菜超积累镉的生理机制研究[D]. 北京：中国农业科学院，2007.

二、氮镉交互作用对苋菜、小白菜体内累积镉与硝酸盐的影响

1. 氮镉交互作用下对平衡处理后播种苋菜前土壤有效镉和硝酸盐的影响

如表 1.46、表 1.47，在苋菜—小白菜两茬连作情况下，镉污染极显著地影响了土壤有效镉的转化，4 个镉水平下（不考虑氮水平）土壤有效镉平均含量分别为：种植苋菜前 0.057、0.403、0.679 和 1.037mg/kg 土；收获苋菜后 0.089、0.373、0.784、0.969 和 mg/kg 土；收获小白菜后 0.073、0.276、0.499、0.764mg/kg，且都差异极显著（$P<0.01$）。说明在本试验条件下土壤全镉含量与土壤有效镉的转化量成正相关；通过两季蔬菜的种植，土壤有效镉含量大幅度降低，原因可能是有效镉部分被蔬菜吸收。4 个氮水平下（不考虑镉水平）土壤有效镉含量平均分别为：种植苋菜前 0.574、0.542、0.516 和 0.546mg/kg 土；收获苋菜后 0.556、0.563、0.512 和 0.584mg/kg 土；收获小白菜后 0.414、0.376、0.415、0.408mg/kg 土。种植苋菜前处理的土壤有效镉形态转化受施氮的抑制，不施氮土壤有效镉的转化量显著高于其他施氮处理（这与很多研究结果不一致，可能是由于处理时间较短有关）；而种植蔬菜后施氮显著影响土壤有效镉的转化，收获苋菜后施氮最大处理时土壤有效镉达最大，且与其他处理差异显著，种植小白菜后在施氮处理 0.2g/kg 时土壤有效镉达最小。

表 1.46　**氮镉交互作用地苋菜体内累积镉与硝酸盐的影响**　　(mg/kg)

处理 Treatment	苋　菜				小　白　菜			
	土壤镉	土壤硝酸盐	苋菜镉	苋菜硝酸盐	土壤镉	土壤硝酸盐	小白菜镉	小白菜硝酸盐
N_0Cd_0	0.110f	0.158i	0.118f	237.04l	0.055l	0.098k	0.001k	2357.79k
$N_{0.2}Cd_0$	0.106f	0.675h	0.032f	3873.08d	0.088k	0.858i	0.002k	7646.79e
$N_{0.4}Cd_0$	0.073f	1.702e	0.037f	4666.20b	0.067kl	2.069e	0.015j	8567.98d
$N_{0.6}Cd_0$	0.067f	2.634a	0.041f	6384.45a	0.086k	2.403d	0.023i	13030.50b

处理 Treatment	苋　菜				小　白　菜			
	土壤镉	土壤硝酸盐	苋菜镉	苋菜硝酸盐	土壤镉	土壤硝酸盐	小白菜镉	小白菜硝酸盐
$N_0Cd_{0.5}$	0.357e	0.155i	0.195e	943.14j	0.255ij	0.105k	0.071f	3769.64j
$N_{0.2}Cd_{0.5}$	0.374e	0.659h	0.183e	4272.02c	0.265i	1.188h	0.058	6373.55h
$N_{0.4}Cd_{0.5}$	0.369e	1.542e	0.137e	3816.65d	0.239j	2.631c	0.056i	7560.09ef
$N_{0.6}Cd_{0.5}$	0.391e	2.511b	0.143e	3039.14f	0.345h	3.589a	0.067f	15272.14a
$N_0Cd_{1.0}$	0.773c	0.157i	0.312cd	250.32l	0.568d	0.072k	0.088d	3814.34j
$N_{0.2}Cd_{1.0}$	0.78c	0.699h	0.221de	802.11k	0.431g	0.772j	0.095c	7135.90g
$N_{0.4}Cd_{1.0}$	0.722d	1.112g	0.241de	2085.41h	0.529e	2.668c	0.101b	7611.14ef
$N_{0.6}Cd_{1.0}$	0.862b	2.514b	0.308cd	3329.50e	0.471f	3.266b	0.132a	10362.61c
$N_0Cd_{1.5}$	0.984a	0.148i	0.356bc	325.33l	0.779b	0.077k	0.063g	3751.25j
$N_{0.2}Cd_{1.5}$	0.992a	0.717h	0.324cd	728.69k	0.723c	0.779j	0.082e	5551.15i
$N_{0.4}Cd_{1.5}$	0.885b	1.233f	0.544a	2354.97g	0.825a	1.254g	0.062g	7362.29fg
$N_{0.6}Cd_{1.5}$	1.016a	2.146c	0.448b	1674.94i	0.730c	1.748f	0.102b	8700.28d
$F(Cd)$	2392.99**	91.97**	2066.005**	3756.20**	6358.51**	3716.83**	3194.48**	384.19**
$F(N)$	13.76**	8652.79**	85.545**	5357.87**	24.81**	33281.54**	287.80**	6594.68**
$F(Cd×N)$	4.74**	56.66**	98.919**	811.78**	42.20**	1006.43**	56.22**	329.43**

列中不同小写字母表示在 $P<0.05$ 差异显著($P<0.05$）；** 表示 F 检验在 $P<0.01$ 水平下显著。

表 1.47　氮镉交互作用下对平衡处理后播种苋菜前
土壤有效镉和硝酸盐的影响　　　　（mg/kg）

处理	土壤有效镉	土壤硝酸盐	处理	土壤有效镉	土壤硝酸盐
N_0Cd_0	0.048g	0.103i	$N_0Cd_{1.0}$	0.691d	0.146i
$N_{0.2}Cd_0$	0.060g	1.050h	$N_{0.2}Cd_{1.0}$	0.675d	1.254g
$N_{0.4}Cd_0$	0.062g	1.887e	$N_{0.4}Cd_{1.0}$	0.673d	2.604c

处理	土壤有效镉	土壤硝酸盐	处理	土壤有效镉	土壤硝酸盐
$N_{0.6}Cd_0$	0.058g	2.609b	$N_{0.6}Cd_{1.0}$	0.680d	2.814a
$N_0Cd_{0.5}$	0.433e	0.141i	$N_0Cd_{1.5}$	1.124a	0.119i
$N_{0.2}Cd_{0.5}$	0.392ef	1.224g	$N_{0.2}Cd_{1.5}$	1.039b	1.326f
$N_{0.4}Cd_{0.5}$	0.349f	2.096cd	$N_{0.4}Cd_{1.5}$	0.978c	2.080d
$N_{0.6}Cd_{0.5}$	0.438e	2.605b	$N_{0.6}Cd_{1.5}$	1.007bc	2.604b
			F(Cd)	2803.49**	101.05**
			F(N)	9.29**	22930.46**
			F(Cd×N)	4.72**	24.98**

不同小写字母的处理平均值表示在 $P<0.05$ 水平差异显著；** 和 * 分别表示 F 检验在 $P<0.01$ 和 $P<0.05$ 水平下显著。

2. 氮镉交互作用对苋菜体内积累镉与硝酸盐的影响

由表1.46可知，镉污染水平极显著($P<0.01$)地促进了苋菜对镉的吸收，4个镉污染水平下(不考虑氮水平)的平均值分别为 0.057、0.164、0.270、0.418mg/kg，说明土壤中镉的含量与苋菜中镉的含量呈正相关。4个氮水平下(不考虑镉水平)苋菜镉含量的平均值分别为 0.245、0.190、0.240、0.235mg/kg，说明施氮 0.2g/kg 时极显著($P<0.01$)地抑制了苋菜对镉的吸收，高浓度的氮促进了苋菜对镉的吸收，且在氮处理 0.2g/kg 时达到抑制最高峰。

镉污染水平极显著($P<0.01$)地抑制了苋菜对硝酸盐的吸收，4个镉污染水平下(不考虑氮水平)的平均值分别是 842.468、723.665、355.121、274.530mg/kg。4个氮水平下(不考虑镉水平)苋菜硝酸盐的平均值分别为 49.348、546.22、729.537、814.485mg/kg，说明土壤中氮的含量与苋菜中硝酸盐的含量呈极显著的正相关。对照有关镉与硝酸盐的限量标准(表1.46)，在试验浓度范围内苋菜中的镉含量都严重超标，且从长势上没有看到苋菜受镉污染的影响，这说明苋菜是耐镉性植物且土壤中镉在 0.2mg/kg 时都能使苋菜镉超标，这与范洪黎和赵勇等的研究结果

一致。另外，在试验浓度范围内的硝酸盐也基本超标，尤其土壤中氮的浓度大于 0.2g/kg 时，苋菜中硝酸盐的含量都超出了 1 级标准。

3. 氮镉交互作用对小白菜体内积累镉与硝酸盐的影响

如表 1.46 所示，镉污染水平极显著地（$P<0.01$）影响了小白菜对镉的吸收，4 个镉污染水平下（不考虑氮水平）小白菜镉含量平均值分别为 0.009、0.063、0.104 和 0.077mg/kg。说明小白菜中镉的含量与土壤中镉含量呈正相关。4 个氮水平下（不考虑镉水平）小白菜镉含量平均分别为 0.056、0.059、0.058 和 0.081mg/kg，说明施氮 0.2g/kg 土时极显著（$P<0.01$）地抑制了苋菜对镉的吸收；由于部分镉被苋菜吸收，前 3 个处理的施氮对小白菜吸收镉差异不显著，当施氮至 0.6g/kg 时极显著地（$P<0.01$）促进了小白菜对镉的吸收。氮镉存在着极显著的互作效应，镉污染水平低于 1.5mg/kg 施氮使镉含量分别降低 68.64%、20.85%、17.74%，当镉污染水平为 1.5mg/kg 时施氮使镉含量提高 23.22%。与高浓度镉污染比较，小白菜的研究结果基本一致。

如表 1.46，镉污染水平极显著（$P<0.01$）地降低了小白菜硝酸盐含量。4 个镉污染水平下（不考虑氮水平），小白菜硝酸盐平均含量值依次为 7900.77、8243.85、7230.99 和 6341.24mg/kg，且均达极显著水平。4 个氮水平下（不考虑镉水平），小白菜硝酸盐平均含量依次为 3423.25、6676.85、7775.38、11841.38mg/kg，说明苋菜、小白菜积累硝酸盐含量随施氮水平提高而提高且呈极显著（$P<0.01$）的正相关。氮镉之间存在极显著的互作效应，在施氮条件下施镉使小白菜硝酸盐含量随施氮水平依次降低 16.91%、12.33%、12.17%；在不施氮条件下施镉使小白菜硝酸盐 60.25%。由此说明，在氮不足时，镉污染能够极显著增加苋菜和小白菜硝酸盐积累；而在施氮充足或过量时，镉污染极显著地减少小白菜硝酸盐的积累。

4. 氮镉互作对苋菜植株吸收氮镉的影响

（1）氮镉互作对土壤有效镉的转化与苋菜镉浓度的影响

土壤中镉的形态有很多种，但并不是所有的镉都能被作物吸收，只有有效态的镉在当季才能被作物吸收，产生生物有效性，图 1.19 是种植前处理后土壤有效镉的变化情况，由图 1.19 可知，土壤有效镉是随着土壤镉加入量的增加而增加，且达显著水平，在镉处理 0、0.5mg/kg、1.0mg/kg 时，有效镉的转化量不受施氮量的影响，差异不显著，在镉处理 1.5mg/kg 时，有效镉的转化量受施氮量的影响，且达显著水平，不施氮的转化量最大，施氮 0.2g/kg 时次之，施氮 0.4g/kg 转化量第三，且三个处理之间均达显著水平。这说明在试验浓度范围内土壤有效镉的转化影响因素主要是受镉浓度的影响，随着镉浓度的增加，土壤有效镉的转化量增加，且差异显著，在 0~1.0mg/kg 浓度范围内不受施氮量的影响，在镉处理浓度 1.5mg/kg 时，随着施氮量的增加有效镉的浓度呈递减趋势，且达显著水平。

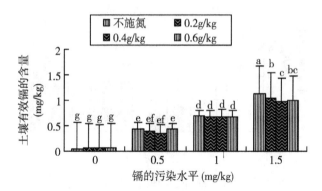

图 1.19　种植前氮镉交互作用土壤有效镉的变化

注：图中不同字母表示处理显著差异性（$P<0.05$）（下同）

由图 1.20 可知，苋菜镉浓度随土壤镉污染水平的增加而显著增加，苋菜镉浓度随施氮量的变化趋势因镉污染水平不同而异，在镉背景的情况下，施氮提高了苋菜对镉的吸收，且差异显著，在镉浓度 0.5mg/kg 和 1.0mg/kg 时随施氮量的增加苋菜镉浓度呈降低趋势，且达显著水平，在镉浓度 1.5mg/kg 时，苋菜镉浓度是随氮量的增加而显著增加。总体来说，在 0.5mg/kg 和 1.0mg/kg 时，施氮降低了苋菜镉浓度，在 0.5mg/kg 时，施 0.2g/kg、0.4g/kg、0.6g/kg 分别比不施氮降低苋菜镉浓度 6.50%、43.95% 和 31.67%；在 1.0mg/kg 时，施 0.2g/kg、0.4g/kg、0.6g/kg 分别比不施氮降低苋菜镉浓度 57.41%、16.15% 和 13.47%。而在 1.5mg/kg 时，施氮 0.4g/kg 时，比不施氮提高苋菜镉浓度 30.50%，说明施氮在一定镉浓度范围内降低了苋菜对镉的吸收，在一定浓度下也会提高苋菜对镉的吸收，这一结果与李艳梅的研究结果有类似也有不同，这可能与供试蔬菜不同以及设计处理浓度不同所致。此外，在背景镉浓度下，苋菜地上部镉浓度已经达到超标浓度（见表 1.48），这一现象也印证范洪黎的研究结果，苋菜属于超积累镉的生理机制，同时，也与赵勇的研究结果相吻合。

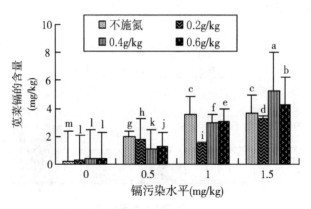

图 1.20　氮镉交互作用苋菜镉的变化

表 1.48　　　　　　　蔬菜中硝酸盐与镉的评价标准

级别	一级	二级	三级	四级
NO_3^- 含量(mg/kg)*	≤432	≤785	≤1440	≤3100
污染程度	轻度	中度	重度	严重
蔬菜镉的临界值(mg/kg)	0.010	0.020	0.030	0.050**
分　级	优秀	良好	安全	警戒

注：* GB 18406.1—2001　** 国家食品卫生标准。

表 1.49　　**土壤环境质量标准值(mg/kg)[GB/T 15618—1995]**

	指标(一级)	指标(二级)		
	自然背景	pH 值<6.5	pH 值 6.5~7.5	pH 值>7.5
镉 ≤	0.20	0.30	0.30	0.60

(2)氮镉互作对土壤硝酸盐的转化与苋菜硝酸盐浓度的影响

农作物吸收氮的形态有两种,一是硝态氮,二是铵态氮。由于硝酸盐的特殊性,它一旦在蔬菜体内过量积累,就会经过食物链给人类健康带来潜在的威胁,图 1.21 是种植前处理后氮镉交互作用土壤硝酸盐的变化,由图 1.21 可知,随着氮素营养水平的增加土壤中的硝酸盐显著增加,针对同一氮素水平下不同的镉污染水平硝酸盐的变化也不一样,除不施氮肥外,在同一氮素营养水平下,土壤硝酸盐的变化随镉污染水平的增加而呈显著增加的趋势,在 0.2g/kg 氮素水平下,在试验浓度范围内,高浓度的镉污染比不施镉土壤硝酸盐的量提高 26.27%,在 0.4g/kg 时,提高 12.86%;在 0.6g/kg 时,提高 8.05%。随着氮素营养水平的增加,不同镉污染下,转化硝酸盐量的增长速度趋于下降。

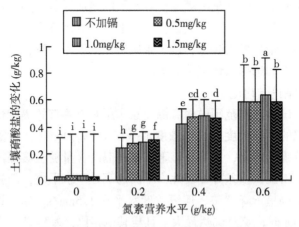

图 1.21　氮镉交互作用对土壤硝酸盐的变化

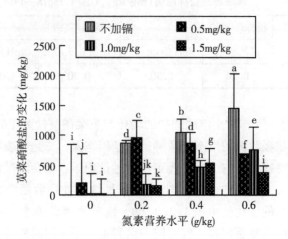

图 1.22　氮镉交互作用苋菜硝酸盐的变化

图 1.22 是氮镉交互作用下苋菜硝酸盐浓度的变化情况，在试验浓度范围内，总体来讲，随着氮素营养水平的增加，苋菜中的硝酸盐浓度呈显著增加趋势，但是同一氮素营养水平下，不同镉污染水平苋菜硝酸盐含量不同，随着镉污染水平增加苋菜硝酸盐含量呈显著降低的趋势，甚至达差异极显著水平，这说明在试验浓度范围内，苋菜硝酸盐的含量随氮素营养水平的增加显著增加，这与很多前人研究结果一致，同一氮素营养水平，随镉污染水平的增加苋菜硝酸盐的含量呈显著降低，这与张旭研究结果不一致，可能受设计镉污染水平和选择供试蔬菜有关。

（3）结论与讨论

①在试验浓度范围内，氮镉交互作用对土壤有效镉转化的主要因子是镉的污染浓度，当镉浓度水平在 1.5mg/kg 时，施氮抑制了土壤有效镉的转化，且差异显著。苋菜镉的含量随土壤镉污染浓度的增加而增加，呈差异显著性，不同的镉处理水平内，随施氮量的增加苋菜镉呈下降趋势，但镉浓度水平在 1.5mg/kg 时，氮素营养在 0.4g/kg 时，苋菜镉达最大，且与其他相比，差异显著。氮镉交互作用对土壤硝酸盐转化的主要影响因子是氮素营养，随着氮素营养水平的增加，土壤硝酸盐的转化量显著增加，在同一氮素营养

下，随着镉污染水平的增加，土壤硝酸盐显著增加；氮镉交互作用对苋菜硝酸盐的营养差异显著，随着氮素营养的增加苋菜硝酸盐显著增加，但在同一氮素营养水平下，随着镉污染浓度的增加苋菜硝酸盐的含量显著降低。

②在试验浓度范围内，从整个生育周期苋菜的生长情况来看，镉污染对苋菜生长的影响不大，这可能与所设镉的浓度较低有关，刘用场[11]提出菜田土壤镉的临界浓度为有效态镉 0.1mg/kg，全镉为 0.8~1.0mg/kg，这可能符合一般蔬菜的要求，但对于苋菜土壤赵勇[6]设计镉浓度在 0.25mg/kg，所种植苋菜中镉浓度达 0.0830mg/kg，这已经超过了蔬菜镉的警戒浓度 0.05mg/kg（见表 1.49），本研究是在"土壤—苋菜系统是一个紧密联系的统一体"的思想指导下完成的，本研究供试土壤镉的有效浓度为 0.05mg/kg，全镉含量 0.21~0.30mg/kg，而苋菜的浓度最低达 0.1671mg/kg，这远远超过了镉的警戒浓度，这从另一个角度证实了苋菜对镉的超积累性以及对镉的耐受性。另外，从无公害蔬菜种植方面来讲，对于苋菜的种植不能依据一般菜地对镉的要求，在施用氮肥时也要根据需要来选择氮肥种类和施用量。

参考文献：

[1]楼根林，张中俊．镉在不同土壤和蔬菜中残留规律研究[J]．环境科学学报，1990，10（2）：153-159.

[2]彭玉魁，赵锁劳．陕西省大中城市郊区蔬菜矿质元素及重金属元素含量研究．西北农业学报，2002，11（1）：97-100.

[3]薛艳，沈振国，周东美．蔬菜对土壤重金属吸收的差异与机理[J]，土壤，2005，37（1）：32-36.

[4]李艳梅．土壤镉污染下小白菜对氮肥的生物学反应[D]，杨凌：西北农林科技大学，2008：26-29.

[5]范洪黎．苋菜超积累镉的生理机制研究[D]，北京：中国农业科学院，2007：1.

[6]赵勇，李红娟，孙志强．土壤、蔬菜 Cd 污染相关性分析与土壤污染阀限值研究[J]，农业工程学报，2006，7（22）：

149-153.

[7] 胡克玲，陶鸿，汪季涛，等．不同氮素水平对苋菜硝酸盐累积和营养品质的影响[J]．中国农学通报，2006，11(22)：275-278.

[8] 武鹏鸣，杜忠东，贾田青．施氮肥对苋菜硝酸盐、亚硝酸盐积累的影响[J]．山西农业科学，2006，34(3)：63-65.

[9] 杨涛，汤惠华．施肥对苋菜硝酸盐及亚硝酸盐含量的影响[J]．福建热作科技，2006，1(31)：1-7.

[10] 张旭，魏成熙．土壤中镉对小白菜硝酸盐累积量的影响[J]．山地农业生物学报，2004，23(1)：54-57.

[11] 刘用场．菜园土壤镉临界浓度的初步研究[J]．福建农业科技，1997：16-17.

讨论：

通过氮镉交互作用对土壤中有效镉转化的影响分析，在4个氮水平下(不考虑镉水平)，通过连作两茬3次(种植前处理后、苋菜收获后、小白菜收获后)对土壤中有效镉的分析发现：随着施氮量的增加，土壤有效镉的转化有降低的趋势(除苋菜收获后，土壤有效镉的转化有升高的趋势外)，但是规律不明显，这与很多研究结果不一致，仍需要进一步的研究。

通过氮镉交互作用对苋菜、小白菜对镉的累积研究分析，从另一个方面印证了小白菜和苋菜属重金属镉耐受型蔬菜，同时也又一次说明了小白菜和苋菜作为镉污染修复的植物有巨大潜力，这与李艳梅(2008)和范洪黎(2007)的研究结果相一致。氮镉存在着极显著的互作效应，对苋菜而言，除0.5mg/kg土镉水平外，施氮使鲜样镉含量分别提高1233.33%、150.23%、301.59%；对小白菜而言，除1.5mg/kg土镉水平外，施氮使鲜样镉含量分别降低68.64%、20.85%、17.74%。对于苋菜和小白菜的研究结果不一，这可能有几种原因，一是由于镉的污染浓度不同而引起的，或者是由于不同的蔬菜品种所致，也可能与生长温度有一定的关系。对照表1.51，蔬菜中硝酸盐与镉的评价标准，可以看出，镉污染水平

1.0mg/kg 与 1.5mg/kg 时，苋菜镉含量超出了《食品中污染物限量标准》(GB 2762—2005) 0.2mg/kg，而经过一季苋菜的种植后，小白菜中镉含量全部达标(GB 2762—2005)，但是，根据《农产品安全质量无公害蔬菜安全要求》(GB 18406—2001)无论苋菜还是小白菜中鲜样镉含量都(除小白菜对照外)严重超标(0.05mg/kg)。在空白对照中苋菜镉 0.032mg/kg、小白菜镉 0.009mg/kg，低于标准0.05mg/kg1.56 倍和 5.56 倍，说明在土壤全镉量 0.27mg/kg 的菜地，仍然可以生产出无公害蔬菜(叶菜)。经过一季苋菜的种植，小白菜中镉的含量低于苋菜中镉的含量 3.53 倍，这说明苋菜富集镉的能力较强。

表 1.50　　　　　　　　　蔬菜中硝酸盐与镉的评价标准

项目	标准极限(mg/kg，鲜重)	标准来源
Cd	≤0.05	《农产品安全质量无公害蔬菜安全要求》(GB 18406—2001)
硝酸盐	≤3000(叶菜类)	《农产品安全质量无公害蔬菜安全要求》(GB 18406—2001)
Cd	≤0.2(叶菜类)	《食品中污染物限量》(GB2762—2005)

对照表 1.50 蔬菜中硝酸盐的评价标准，所有苋菜和小白菜的硝酸盐含量除空白对照外，都基本严重超标，这再次说明叶菜类是极易富集硝酸盐的蔬菜。

小结：

1. 土壤全镉的含量与土壤有效镉的转化量成显著正相关，在镉污染条件下，施氮有抑制土壤有效镉转化的趋势。

2. 土壤中镉的含量与蔬菜中镉的累积量成显著正相关，施氮有促进苋菜镉积累的趋势，但有抑制小白菜对镉累积的趋势。

3. 苋菜、小白菜中硝酸盐的累积量与土壤中氮的含量成显著正相关，在低或氮不足时，镉污染能够极显著增加苋菜和小白菜硝酸盐积累；而在施氮充足或过量时，镉污染极显著地减少苋菜和小白菜的硝酸盐积累。

三、盆栽条件下氮镉交互作用对苋菜、小白菜土壤酶活性的影响

1. 氮镉交互作用对苋菜、小白菜收获后土壤脲酶活性的影响

镉污染水平极显著地($P<0.01$)影响了蔬菜收获后土壤脲酶的活性(表 1.52)，4 个镉污染水平下(不考虑氮水平)苋菜收获后土壤脲酶活性的平均值分别为 0.138、0.145、0.115 和 0.148mg(NH_3-N)/g 干土；小白菜土壤脲酶活性的平均值依次为 0.128、0.118、0.140 和 0.073mg(NH_3-N)/g 干土，苋菜和小白菜土壤酶活性的变化比较复杂，苋菜土壤脲酶活性的最低阀值出现在镉污染水平 1.0mg/kg(收获苋菜后土壤有效镉 0.775mg/kg)处，而小白菜土壤脲酶活性的最低阀值出现在镉污染水平 1.5mg/kg(收获小白菜后土壤有效镉 0.764mg/kg)处，这说明土壤脲酶活性在土壤有效镉 0.764～0.775mg/kg 土浓度范围内受到严重抑制；氮素营养水平也极显著($P<0.01$)地影响了土壤脲酶活性，4 个氮素水平下(不考虑镉污染水平)苋菜土壤脲酶活性的平均值分别为 0.135、0.128、0.158 和 0.125mg(NH_3-N)/g 干土；小白菜土壤脲酶活性的平均值依次为 0.100、0.118、0.133 和 0.108mg(NH_3-N)/g 干土，总体上，施氮能够提高土壤的脲酶活性，最高峰都在 N0.4g/kg 时出现，这表明适量的氮素可提高土壤脲酶活性，而过低或过高则不利于土壤脲酶活性。氮镉之间表现为极显著($P<0.01$)地交互效应，4 个镉污染水平下，施氮较不施氮使苋菜土壤脲酶活性在镉水平最低和最高呈负效应(-11.11%和-17.65%)，在镉水平 0.5mg/kg 土和 1.0mg/kg 土呈正效应(4.76%和 58.33%)；施氮较不施氮小白菜土壤脲酶活性分别增加为 9.23%、12.59%、24.15%、43.17%，且随镉污染水平的增加小白菜土壤脲酶活性增加速度增加，说明在镉污染水平下，施氮能够刺激土壤脲酶活性，但是根据茬口不同，苋菜土壤脲酶活性在不施镉和 1.5mg/kg 土镉时呈负效应。

表 1.51   氮镉交互作用对苋菜、小白菜土壤酶活性的影响

处理	苋菜土壤酶活性				小白菜土壤酶活性			
	蔗糖酶活性	脲酶活性	蛋白酶活性	酸性磷酸酶活性	蔗糖酶活性	脲酶活性	蛋白酶活性	酸性磷酸酶活性
N_0Cd_0	278.39ef	0.15bc	0.39k	0.049abc	103.43j	0.12d	0.39f	0.075a
$N_{0.2}Cd_0$	324.67c	0.13hi	0.49j	0.046cd	140.47f	0.14b	0.33h	0.063de
$N_{0.4}Cd_0$	283.99e	0.14fg	0.96e	0.052ab	137.64g	0.13cd	0.39f	0.059h
$N_{0.6}Cd_0$	269.63fg	0.13g	1.01d	0.040fg	107.32i	0.12d	0.39f	0.075a
$N_0Cd_{0.5}$	266.81fgh	0.14de	1.07b	0.049bc	59.47l	0.11e	0.74b	0.049i
$N_{0.2}Cd_{0.5}$	255.35h	0.15cd	0.91f	0.050ab	138.56g	0.09f	0.36g	0.060gh
$N_{0.4}Cd_{0.5}$	262.87gh	0.17a	1.04c	0.045de	150.31c	0.15a	0.39f	0.062def
$N_{0.6}Cd_{0.5}$	342.74b	0.12i	1.01d	0.042ef	111.06h	0.12d	0.30i	0.059h
$N_0Cd_{1.0}$	324.69c	0.08k	1.31a	0.051ab	142.59e	0.12d	0.39f	0.060efgh
$N_{0.2}Cd_{1.0}$	374.76a	0.09j	0.23m	0.053a	150.09c	0.15a	0.45d	0.068c
$N_{0.4}Cd_{1.0}$	371.88a	0.16g	0.37k	0.044de	173.08a	0.16a	0.44e	0.062defg
$N_{0.6}Cd_{1.0}$	341.61b	0.13gh	0.34l	0.048bc	103.28j	0.13c	0.46d	0.059h
$N_0Cd_{1.5}$	274.76efg	0.17a	0.87g	0.043def	137.74g	0.05g	0.75b	0.063d
$N_{0.2}Cd_{1.5}$	287.33de	0.14ef	0.72h	0.046cd	167.55b	0.09f	0.33h	0.060fgh
$N_{0.4}Cd_{1.5}$	255.73h	0.16b	0.74h	0.040fg	147.79d	0.09f	0.54c	0.070b
$N_{0.6}Cd_{1.5}$	296.86d	0.12i	0.59i	0.038g	99.48k	0.06g	0.77a	0.076a
F(Cd)	306.65**	346.92**	2676.53**	28.32**	7027.17**	483.19**	664.40**	196.37**
F(N)	41.29**	131.75**	1371.31**	28.89**	255574.92**	96.53**	539.39**	52.18**
F(Cd×N)	51.24**	114.62**	1929.01**	7.44**	4265.12**	35.32**	358.54**	101.34**

注：列中不同小写字母表示在$P<0.05$差异显著($P<0.05$)；** 表示 F 检验在$P<0.01$水平下显著。以1kg 土壤中葡萄糖的毫克数表示蔗糖酶活性，1g 土壤(干基)中含 NH_3-N 的毫克数表示脲酶活性，1g 土壤(干基)中产生酚的毫克数表示酸性磷酸酶活性，1g 土壤中含氨基酸的毫克数表示蛋白酶活性。

2. 氮镉交互作用对苋菜、小白菜收获后土壤蛋白酶活性的影响

镉污染水平极显著($P<0.01$)地影响了蔬菜收获后土壤蛋白酶

的活性(表 1.51),4 个镉污染水平下(不考虑氮水平)苋菜收获后土壤蛋白酶活性的平均值分别为 0.713、1.008、0.563 和 0.730mg(氨基酸)/g 干土;小白菜土壤蛋白酶活性的平均值依次为 0.375、0.448、0.435 和 0.598mg(氨基酸)/g 干土,与对照不投加镉相比,加镉污染条件下,苋菜、小白菜收获后土壤蛋白酶活性都出现不同程度的增加趋势(苋菜土壤镉 1.0mg/kg 土除外),苋菜土壤蛋白酶活性增加幅度较小白菜大。可见,在试验水平范围内镉污染能提高土壤蛋白酶活性,苋菜土壤蛋白酶活性普遍高于小白菜土壤蛋白酶活性,可能是因为茬口不同所致。氮素营养水平也极显著($P<$0.01)地影响了蔬菜收获后土壤蛋白酶活性:4 个氮素水平下(不考虑镉水平)苋菜土壤蛋白酶活性的平均值分别 0.910、0.588、0.778 和 0.738mg(氨基酸)/g 干土;小白菜土壤蛋白酶活性的平均值依次为 0.568、0.368、0.440 和 0.480mg(氨基酸)/g 干土,与对照相比,苋菜和小白菜土壤蛋白酶活性均表现出降低趋势,说明施氮有抑制土壤蛋白酶活性的趋势,另外,苋菜土壤蛋白酶活性及其变化幅度较小白菜高,这可能有两种原因,一是茬口不同,土壤中有效镉和氮素水平不同,二是蔬菜品种不同,其根系分泌物及其相应的微生物种群不同。此外,氮镉之间表现为极显著的交互效应:4 个镉污染水平下,施氮较不施氮使苋菜土壤蛋白酶活性(除镉水平为背景值增加为 110.26%)分别降低为 7.79%、76.08%、21.46%;小白菜土壤蛋白酶活性依次降低为 6.12%、6.80%、5.23% 和 3.88%,说明施氮能够抑制(除苋菜镉污染水平为背景值外)土壤蛋白酶活性。

　　3. 氮镉交互作用对苋菜、小白菜收获后土壤酸性磷酸酶活性的影响

　　镉污染极显著($P<0.01$)地影响了蔬菜土壤酸性磷酸酶的活性(表 1.52),4 个镉污染水平下(不考虑氮水平)苋菜土壤酸性磷酸酶活性的平均值分别为 0.047、0.046、0.049 和 0.042 酚(mg)/g 干土;小白菜土壤酸性磷酸酶活性的平均值分别为 0.068、0.058、0.062 和 0.067 酚(mg)/g 干土,连茬种植后,酸性磷酸酶活性的变化趋势不尽相同,这可能是由于连茬种植后土壤酸碱度以及土壤

磷素发生变化的缘故；氮素水平也极显著（$P<0.01$）地影响了蔬菜收获后土壤酸性磷酸酶的活性，4 个氮素水平（不考虑镉水平）下苋菜土壤酸性磷酸酶活性的平均值分别为 0.048、0.049、0.045 和 0.042 酚（mg）/g 干土；小白菜土壤酸性磷酸酶活性的平均值分别为 0.062、0.063、0.064 和 0.067 酚（mg）/g 干土，苋菜收获后土壤酸性磷酸酶活性呈现降低趋势，且处理间差异显著，但是处理 1 和处理 2 差异不显著，说明高浓度的氮会抑制苋菜收获后土壤酸性磷酸酶的活性；而小白菜收获后土壤酸性磷酸酶活性随氮素水平升高而呈上升趋势，表明氮肥可提高小白菜收获后土壤酸性磷酸酶的活性，但是施氮 0~0.4g/kg 土时，处理间差异不显著，施氮 0.6g/kg 土时，显著高于其他处理，说明高浓度的氮能够提高小白菜收获后土壤酸性磷酸酶的活性；氮镉之间存在极显著的交互效应，4 个镉污染水平下施氮较不施氮苋菜土壤酸性磷酸酶活性分别降低为 6.12%、6.80%、5.22% 和 3.88%；小白菜茬土壤酸性磷酸酶活性（除镉水平为背景值外）分别增加为 123.13%、5.00% 和 8.99%，在土壤镉背景值水平下，施氮使小白菜土壤酸性磷酸酶活性降低为 12.44%，说明施氮抑制了苋菜收获后土壤酸性磷酸酶的活性，但施氮提高了小白菜收获后（除小白菜镉背景值外）土壤酸性磷酸酶的活性。

讨论：

在试验水平范围内，经过苋菜、小白菜的收获后分析土壤酶活性发现，4 种土壤酶活性变化比较复杂。

（1）氮镉交互对土壤蔗糖酶活性效应显著，4 个镉污染水平下，施氮使苋菜茬土壤蔗糖酶活性依次增加 5.16%、7.56%、11.72% 和 18.97%，而仅使前两个镉水平小白菜茬土壤蔗糖酶活性依次增加 24.22%、124.16%。表明施氮能够激活土壤蔗糖酶活性，但这种激活作用可能受土壤镉污染水平和作物茬口的影响，即苋菜茬随镉污染水平而施氮激活作用愈大，小白菜茬在轻度污染条件下（0.5mg/kg 土）施氮激活作用特别显著。

（2）土壤脲酶活性的变化也比较复杂，通过分析土壤脲酶活性在土壤有效镉 0.764~0.775mg/kg 时严重受到抑制；另外，在 3 个镉处理条件下施氮较不施氮(除苋菜 Cd1.5mg/kg 外)激活了土壤脲酶活性。

(3)在试验水平内镉污染有助于土壤蛋白酶活性的激活,可能是试验浓度的镉还不足以毒害土壤蛋白酶,另外,苋菜土壤蛋白酶活性普遍高于小白菜土壤蛋白酶活性,可能是因为土壤中的镉被苋菜、小白菜吸收后镉水平减小的缘故。而且,经过分析表明,施氮抑制(除苋菜镉污染水平为背景值外)了土壤蛋白酶活性。

(4)第一季苋菜收获后土壤酸性磷酸酶活性随氮素含量的增加而显著降低,第二季小白菜收获后土壤酸性磷酸酶活性随氮素含量的增加而增加,这可能是因为经过两季的种植土壤 pH 下降,又加上在播种小白菜前加入了底肥,磷肥增加,这可能是导致土壤酸性磷酸酶活性增加的主要原因。

小结:

(1)在镉污染水平小于 1.0mg/kg 土时,镉污染能够提高土壤蔗糖酶活性;在镉污染条件下,氮素水平有提高土壤蔗糖酶活性的趋势;在镉污染水平下,施氮能够使苋菜土壤酶活性增加,在镉污染水平小于 0.5mg/kg 时,施氮能够使小白菜土壤蔗糖酶活性增加。

(2)在镉污染水平下,施氮能够增加小白菜土壤脲酶的活性,在镉污染水平 0.5~1.0mg/kg 土时,施氮能够增加苋菜土壤脲酶活性,低镉或镉过量都能抑制苋菜土壤脲酶活性。

(3)镉污染能提高土壤蛋白酶的活性;随着氮素水平的增加,苋菜和小白菜土壤蛋白酶活性均表现出降低趋势;在镉污染水平下,施氮能够抑制(除苋菜土壤镉污染水平为背景值外)苋菜、小白菜土壤蛋白酶活性。

(4)在镉污染水平下,施氮抑制了苋菜土壤酸性磷酸酶活性,但促进(除小白菜土壤镉背景值外)小白菜土壤酸性磷酸酶活性。

第六节 土壤—蔬菜系统中镉污染条件下
不同品种的氮肥效应研究

镉是环境中的有毒物质,常随工业"三废"的排放,城市生活垃圾，污泥以及含重金属的农药、化肥等进入土壤。如果蔬菜生长在镉污染的环境中，其体内累积的镉势必会增加，进而通过食物链进入人体，使人类健康受到威胁，因此有必要研究镉对蔬菜品质的影响(张旭，2004)。

同时蔬菜也是容易富集硝酸盐的植物，尤其是叶菜类，其采收时期正是茎叶旺盛生长时期，体内硝态氮来不及转化，便会大量累积，这种累积虽然对植物本身没有害处，却严重危害人类健康。目前，关于蔬菜镉和硝酸盐的污染已有一些研究(张旭，2004；杨倩，2006；谢勇，2007；胡克玲，2006；赵勇，2006；周家蓓，2004)，而且，不同种类的氮肥对蔬菜的影响也有报道。但是，在镉污染的蔬菜地上施用不同种类的氮肥对蔬菜生长及品质影响报道不多。基于此，笔者以大众蔬菜小白菜和红苋菜为材料，研究在镉污染的条件下施用不同种类的氮肥对苋菜、小白菜营养品质的影响及苋菜、小白菜中镉与硝酸盐的迁移规律，旨在为镉污染区的蔬菜种植提供科学的资料和依据。

试验处理为：土壤镉水平设为 1.0mg/kg 土(不含土壤背景值)，氮水平(纯 N)0.2g/kg 土，氮肥品种包括尿素($CO(NH_2)_2$)、碳酸氢铵(NH_4HCO_3)、硫酸铵(($NH_4)_2SO_4$)、氯化铵(NH_4Cl)等 4 种氮肥，底肥与镉源同氮肥水平组，每盆 6 株，每处理 3 个重复。第一季种植苋菜，第二季连茬种植小白菜。

施肥与管理：播种前底肥为 KH_2PO_4、K_2SO_4，用量为 P_2O_5 0.2g/kg 土、K_2O 0.3g/kg 土，与氮处理一起施用，所有肥源播种前一次基施，所用肥料均为分析纯级别(AR)；镉按设计量溶于水稀释均匀播种前拌入土壤。浇水田间持水量的 60%，平衡一周后播种，整个生育期内以蒸馏水浇灌(每次定量，所有盆钵保持一致)，以避免污染。及时间苗、松土、除草及防治害虫。

一、镉污染条件下不同品种氮肥对苋菜、小白菜品质的影响

由表 1.52~1.57 可知，施用不同氮肥品种影响了苋菜和小白菜的品质。在镉污染条件下，4 个氮肥品种中，Vc 含量均小于对照，这与胡承孝等(1997)和杨竹青等(1989)研究结果相似，说明在镉污染浓度 1.0mg/kg 土条件下，施氮抑制了 Vc 的合成，不同品种氮肥对苋菜、小白菜 Vc 影响基本相同，先后顺序为：尿素、碳酸氢铵、硫酸铵、氯化铵。

表 1.52　镉污染条件下不同种类氮肥对苋菜品质的影响

处理	Vc （mg/100g）	叶绿素 （mg/g）	可溶性糖 （%）	可溶性蛋白 （%）	粗纤维 （%）
对照（CK）	74.87a	1.598b	0.206c	4.715c	9.167a
尿素（CO(NH$_2$)$_2$）	70.39b	2.114a	0.251b	5.657a	6.080b
硫酸（(NH$_4$)$_2$SO$_4$）	57.79d	1.909ab	0.375a	4.257d	8.957a
碳酸氢（NH$_4$HCO$_3$）	61.07c	2.025ab	0.161d	4.220d	8.346a
氯化铵（NH$_4$Cl）	52.41e	2.241a	0.233b	5.218b	8.856a

注：不同小写字母的处理平均值表示在 $P < 0.05$ 水平差异显著。

表 1.53　镉污染条件下不同种类氮肥对小白菜品质的影响

处理	Vc （mg/100g）	叶绿素 （mg/g）	可溶性糖 （%）	可溶性蛋白 （%）	粗纤维 （%）
对照（CK）	38.89a	1.278a	0.185a	2.789b	5.959d
尿素（CO(NH$_2$)$_2$）	25.56c	1.361a	0.095c	2.831b	10.379b
硫酸（(NH$_4$)$_2$SO$_4$）	22.65d	1.222a	0.133b	3.007a	1.369e
碳酸氢（NH$_4$HCO$_3$）	33.98b	1.261a	0.128b	3.106a	9.198b
氯化铵（NH$_4$Cl）	23.07d	1.237a	0.136b	1.969c	9.198c

注：不同小写字母的处理平均值表示在 $P < 0.05$ 水平差异显著。

与对照相比，施用氮肥能提高苋菜叶绿素的含量，但施用硫酸铵和碳酸铵的苋菜叶绿素与对照差异不显著；对小白菜来说，施用氮肥与否与对照差异不显著。

对可溶性糖而言，4 个氮肥品种中，硫酸铵对苋菜和小白菜效果最好；所有氮处理小白菜可溶性糖含量都低于对照，这可能是氮肥增施后对可溶性糖的稀释效应，或氮素过量抑制了可溶性糖的合成，这与胡克玲(2007)的研究结果相似。

不同氮肥处理对苋菜和小白菜可溶性蛋白的影响不同，比较发现，苋菜施尿素效果最好，氯化铵次之；而对于小白菜施硫酸铵和碳酸氢铵效果较好，尿素次之，施用氯化铵效果最差(比对照降低29.40%)。

在镉污染条件下，4个氮肥品种中，施用尿素苋菜粗纤维的含量最低，施用硫酸铵小白菜粗纤维的含量最低，这表明尿素和硫酸铵可降低蔬菜粗纤维的含量，其他几种氮肥没有降低蔬菜粗纤维的含量。

总之，在本试验镉污染浓度范围内，以品质为标准，选用肥料的优先顺序为：硫酸铵、氯化铵、碳酸氢铵、尿素。

二、镉污染条件下不同品种氮肥对苋菜、小白菜生长量的影响

如表1.54，施用氮肥能显著提高苋菜的生物量，各氮肥处理均比对照显著增加，其中硫酸铵和碳酸氢铵效果最显著，大大高于其他氮肥处理；但对于小白菜的生长，施氮处理却都表现出显著的抑制作用，其中硝氯化铵抑制最强，这可能是土壤氮过量所致。两季连茬蔬菜种植对同种肥料表现异常，这可能与蔬菜本身的特性、前茬氮肥对后茬的影响以及氮肥过量或栽培管理有关。

表1.54　　　　镉污染条件下不同种类氮肥对苋菜、
　　　　　　　　小白菜生长量的影响　　　　　　　　(g/株)

蔬菜	对照 CK	尿素 ($CO(NH_2)_2$)	硫酸铵 ($(NH_4)_2SO_4$)	碳酸氢铵 (NH_4HCO_3)	氯化铵 (NH_4Cl)
苋菜	1.931d	5.935b	7.087a	7.054a	5.309c
小白菜	4.092a	2.634d	3.063c	3.478b	1.793e

注：不同小写字母的处理平均值表示在$P<0.05$水平差异显著。

三、镉污染条件下不同品种氮肥对苋菜、小白菜吸收镉与硝酸盐的影响

如表 1.55 和 1.56，在镉污染的条件下（1.0mg/kg），不同氮肥品种极显著地（$P<0.01$）影响了苋菜、小白菜对硝酸盐和镉的积累，在相同氮素水平（0.2g/kg 土）下，苋菜、小白菜施用氯化铵体内硝酸盐累积量最少，苋菜施用硫酸铵硝酸盐累积量最高，而小白菜中施用碳酸氢铵硝酸盐的累积量最高；对于苋菜，4 种氮肥均显著降低了苋菜体内镉的含量，而施用尿素，显著增加小白菜体内镉的含量。由此看来，施用氮肥能够缓解镉在苋菜和小白菜（除尿素外）体内的积累，降低苋菜、小白菜的污染。

表 1.55 **镉污染条件下不同种类氮肥对苋菜吸收**

镉与硝酸盐的影响 （mg/kg）

苋菜	对照 CK	尿素 （$CO(NH_2)_2$）	硫酸铵 （$(NH_4)_2SO_4$）	碳酸氢铵 （NH_4HCO_3）	氯化铵 （NH_4Cl）
硝酸盐（NO_3^-）	249.820d	1187.019b	1915.729a	1143.759b	704.099c
镉（Cd）	0.359a	0.178c	0.228b	0.102e	0.150d

注：不同小写字母的处理平均值表示在 $P<0.05$ 水平差异显著。

表 1.56 **镉污染条件下不同种类氮肥对小白菜吸收**

镉与硝酸盐的影响 （mg/kg）

小白菜	对照 CK	尿素 （$CO(NH_2)_2$）	硫酸铵 （$(NH_4)_2SO_4$）	碳酸氢铵 （NH_4HCO_3）	氯化铵 （NH_4Cl）
硝酸盐（NO_3^-）	3814.339d	5224.027c	5905.736b	6908.408a	5101.268c
镉（Cd）	0.088b	0.094a	0.052d	0.056d	0.073c

注：不同小写字母的处理平均值表示在 $P<0.05$ 水平差异显著。

另外，表 1.55 和表 1.56 可以看出，苋菜的镉含量几乎是小白菜镉含量的 2~5 倍，经过一季的苋菜种植，小白菜中镉的含量低于《食品中污染物限量》（GB 2762—2005）镉的限量标准（Cd ≤ 0.2mg/kg），符合食用标准，与无公害蔬菜镉的限量标准接近。可见，苋菜对镉具有很强的富集能力，是否可用作土壤镉污染植物修复有待进一步研究。

讨论：

依照表 1.57 蔬菜中硝酸盐与镉的评价标准判断，本试验中苋菜、小白菜鲜样镉的含量都超出《农产品安全质量无公害蔬菜安全要求》（GB 18406—2001）的标准（Cd ≤ 0.05mg/kg），但是小白菜中镉的含量基本都低于《食品中污染物限量》（GB 2762—2005）镉的限量标准（Cd ≤ 0.2mg/kg），苋菜硝酸盐都没有超出《农产品安全质量无公害蔬菜安全要求》（GB 18406—2001）的标准（硝酸盐（叶菜类）≤3000mg/kg），但是与沈明珠（1984）根据世界卫生组织和联合国粮农组织（FAO/WHO1973）规定的硝酸盐含量分级评价标准（见表 1.57）相比，苋菜除施用硫酸铵的硝酸盐含量超出标准外，其他几个处理中硝酸盐含量都在二级标准之内，但是由于苋菜收获后重新按实验设计施用了同剂量的氮肥，可能造成小白菜氮肥过量，致使小白菜硝酸盐含量都严重超出四级标准（硝酸盐 ≤3100mg/kg），致使小白菜严重污染，不能食用。为此建议菜农在蔬菜连茬种植，尤其前茬氮肥施用量较大时后茬不宜大量施用氮肥。

表 1.57　　　　　　　蔬菜中硝酸盐的评价标准

级别	一级	二级	三级	四级
NO_3^- 含量（mg/kg）	≤432	≤785	≤1440	≤3100
污染程度	轻度	中度	重度	严重
参考卫生标准	允许食用	生食不宜，盐渍允许，熟食允许	生食不宜，盐渍不宜，熟食允许	不能食用

小结：

综合考虑，在镉污染菜地土壤里，建议施用氮肥的优先顺序为硫酸铵、碳酸氢铵、氯化铵、尿素。

四、镉污染条件下不同品种氮肥对苋菜土壤酶活性的影响

1. 镉污染条件下不同种类氮肥对苋菜土壤酶活性的影响

在试验浓度范围内，在镉污染条件下，不同氮肥对苋菜土壤蔗糖酶活性、脲酶活性、酸性磷酸酶活性及蛋白酶活性的影响（见表1.58）。施用尿素时蔗糖酶活性最高，其次是氯化铵，这2个处理都极显著高于对照，分别高出 5.47% 和 4.24%，而碳酸氢铵处理极显著低于对照。说明在镉污染的蔬菜土壤上施用尿素和氯化铵能极显著地激活蔗糖酶的活性，而施用碳酸氢铵则极显著抑制蔗糖酶的活性。从前面表述可知，蔬菜生物量与蔗糖酶活性呈正相关，这是因为土壤蔗糖酶是由植物根系分泌所产生的（孙波等，1997），植株越大其根系越多，分泌物越多，这与米国权等（2005）的研究结果一致。与对照相比，无论施用哪种氮肥都极显著增加脲酶的活性，各种氮肥的效果顺序为：碳酸氢铵>氯化铵>硫酸铵>尿素，且各处理间都达极显著差异，分别高出对照 109.64%、89.16%、65.06%、40.96%，表明脲酶对氮肥都很敏感，这可能与 NH4-N 在土壤中的转化速度有关。施用碳酸氢铵对酸性磷酸酶活性较好，高于对照 3.15%，但与对照差异不显著，其他几个处理都表现为对酸性磷酸酶的活性起抑制作用。总体来看，不同种类的氮肥对酸性磷酸酶活性的影响幅度不大，这是因为酸性磷酸酶比较稳定，其活性主要依赖于有效磷的含量，土壤有效磷含量越高磷酸酶活性越强，氮素对其影响相对较小；镉污染促进磷被固定。只有尿素对蛋白酶活性表现出显著的激活作用，高出对照 3.18%，其他几个处理都是极显著抑制蛋白酶活性，可能是因为这几种肥料在土壤中转化形成较高硝态氮含量，土壤中硝态氮含量过高会抑制蛋白酶的活性（米国权等，2005；孟亚利等，2005；蒋智林等，2008）。

表 1.58　　　镉污染条件下不同品种氮肥对苋菜土壤酶活性的影响

酶活性 Enzymeactivity	对照 CK	尿素 $(CO(NH_2)_2)$	硫酸铵 $((NH_4)_2SO_4)$	碳酸氢铵 (NH_4HCO_3)	氯化铵 (NH_4Cl)
蔗糖酶(Sucrace)	316.27c	333.58a	313.02c	255.30d	329.68b
脲酶(Urease)	0.083e	0.117d	0.137c	0.174a	0.157b
酸性磷酸酶(Apase)	0.051ab	0.047c	0.047c	0.053a	0.049bc
蛋白酶(Protease)	1.308a	1.349a	1.182b	0.510d	0.810c

注：1. 表中数据为 3 次重复的平均值，不同大、小写字母表示处理差异显著（$P<0.05$）

2. 以 1kg 土壤中葡萄糖的毫克数表示蔗糖酶活性，1g 土壤（干基）中含 NH_3-N 的毫克数表示脲酶活性，1g 土壤（干基）中产生酚的毫克数表示酸性磷酸酶活性，1g 土壤中含氨基酸的毫克数表示蛋白酶活性。

综合上述分析，在镉污染的条件下，施氮能够显著或极显著地影响 4 种酶的活性，脲酶对氮肥最敏感，这与郭天财等（2008）研究结果一致，其次是蔗糖酶和蛋白酶，酸性磷酸酶对氮肥敏感性较低。

2. 镉污染条件下不同种类氮肥对小白菜土壤酶活性的影响

如表 1.59 种氮肥品种中，施用尿素、硫酸铵、碳酸氢铵和氯化铵导致土壤蔗糖酶活性显著降低，分别比对照低 13.56%、10.74%、30.28% 和 47.03%，抑制了蔗糖酶的活性。在试验条件下，所有氮肥处理都能够促进脲酶活性，不同氮肥种类差异显著，先后顺序为尿素、硫酸铵>碳酸氢铵、氯化铵>对照，说明施氮肥能够激发土壤脲酶的活性。在试验范围内的 4 种氮肥中，除氯化铵处理显著低于对照外，其余 3 种氮肥都不同程度地提高土壤酸性磷酸酶的活性，其中尿素处理效果较好，其次硫酸铵和碳酸氢铵处理（二者之间差异不显著）。氯化铵能有效提高土壤蛋白酶的活性，尿素、硫酸铵、碳酸氢铵表现出对蛋白酶活性的抑制作用。综合考虑对土壤酶活性的影响，小白菜施用尿素、碳酸氢铵比较好。

表 1.59　　镉污染条件下不同品种氮肥对小白菜土壤酶活性的影响

酶活性 Enzymeactivity	对照 CK	尿素 $(CO(NH_2)_2)$	硫酸铵 $((NH_4)_2SO_4)$	碳酸氢铵 (NH_4HCO_3)	氯化铵 (NH_4Cl)
蔗糖酶(Sucrace)	142.59a	123.26c	127.27b	99.42d	75.53e
脲酶(Urease)	0.118c	0.181a	0.179a	0.155b	0.151b
酸性磷酸酶(Apase)	0.061c	0.074a	0.067b	0.067b	0.017d
蛋白酶(Protease)	0.301b	0.282b	0.259c	0.286db	0.598a

注：1. 表中数据为 3 次重复的平均值，不同大、小写字母表示处理差异显著（$P<0.05$）

2. 以 1kg 土壤中葡萄糖的毫克数表示蔗糖酶活性，1g 土壤(干基)中含 NH_3-N 的毫克数表示脲酶活性，1g 土壤(干基)中产生酚的毫克数表示酸性磷酸酶活性，1g 土壤中含氨基酸的毫克数表示蛋白酶活性。

讨论：

在镉污染条件下，比较不同品种的 4 种氮肥对苋菜和小白菜的品质、生长量、酶活性及其在土壤中的转化等各种因素发现，施用硫酸铵、氯化铵、碳酸氢铵、尿素对苋菜和小白菜的品质效果较好，碳酸氢铵、硫酸铵、尿素、氯化铵对苋菜和小白菜的生长较好，氯化铵、硫酸铵、碳酸氢铵、尿素对于苋菜和小白菜对镉与硝酸盐的吸收量较低，氯化铵、尿素对于镉转化为有效镉、氮转化为硝酸盐的量较低，尿素、硫酸铵、碳酸氢铵对苋菜土壤酶活性效果较好，尿素、碳酸氢铵对小白菜的土壤酶活性影响效果较好。

小结：

通过综合分析比较，笔者认为，在镉污染的条件下施用氮肥，应充分考虑通过施用氮肥来缓解或抑制蔬菜对镉和硝酸盐的吸收和累积，由此，建议菜农在镉污染的土壤上施用氮肥的优先顺序为硫酸铵、碳酸氢铵、氯化铵、尿素。

参考文献：

[1]张旭，魏成熙. 土壤中镉对小白菜硝酸盐累积量的影响[J]. 山

地农业生物学报，2004，23（1）：54-57.

[2]杨倩，付庆灵，胡红青，等．黄棕壤中铅镉复合污染对莴苣生长和品质的影响[J]．华中农业大学学报，2006，4（25）：389-392.

[3]谢勇，乐素菊．不同配方营养液对小白菜产量及品质的影响[J]．中国农学通报，2007，5（23）：278-280.

[4]胡克玲，陶鸿，汪季涛，等．不同氮素水平对苋菜硝酸盐累积和营养品质的影响[J]．中国农学通报，2006，11（22）：275-278.

[5]赵勇，李红娟，孙志强．土壤、蔬菜 Cd 污染相关性分析与土壤污染阀限值研究[J]．农业工程学报，2006，7（22）：149-153.

[6]周加倍，董英，王利群，等．蔬菜及土壤硝酸盐污染状况研究[J]．江苏农业科学，2004，（2）：89-91.

[7]杨竹青，胡一凡，宋世文．NH_4Cl 对苋菜产量和品质的影响[J]．土壤肥料，1989，3：34-36.

[8]沈明珠．蔬菜硝酸盐积累的研究：不同蔬菜硝酸盐和亚硝酸盐含量评价[J]．园艺学报，1984，9（4）：11-18.

[9]孙波，赵其国，张桃林，等．土壤质量与持续环境Ⅲ：土壤质量评价的生物学指标[J]．土壤，1997，5：225-234.

[10]米国权，袁丽萍，龚元石．不同水氮比供应对日光温室番茄土壤酶活性及生物环境影响的研究[J]．农业工程学报，2005，21（7）：124-127.

[11]孟亚利，王立国，周治国，等．套作棉根际与非根际土壤酶活性和养分的变化[J]．应用生态学报，2005，16（11）：2076-2080.

[12]蒋智林，刘万学，万方浩，等．紫茎泽兰与非洲狗尾草单、混种群落土壤酶活性和土壤养分的比较[J]．植物生态学报，2008，32（4）：900-907.

[13]郭天财，宋晓，马冬云，等．施氮量对冬小麦根际土壤酶活性的影响[J]．应用生态学报，2008，19（1）：110-114.

第七节 讨论与总结

一、讨论

在试验浓度镉污染水平下，高浓度镉污染水平下小白菜和苋菜叶绿素随着镉污染浓度的升高而降低，而低浓度的镉污染水平小白菜叶绿素随着镉污染浓度的升高而升高，苋菜叶绿素差异不显著；高浓度镉污染水平下小白菜和苋菜的生长量随镉污染水平的增加而降低，而低浓度镉污染水平下随镉污染水平的增加小白菜生长量差异不显著，而苋菜生长量随镉污染浓度的增加而增加；无论高浓度镉污染水平下还是低浓度镉污染水平下小白菜可溶性蛋白随镉污染水平的增加而增加，苋菜的可溶性蛋白随镉污染水平的增加而降低；高浓度镉污染水平下，施氮促进了苋菜对镉的吸收，而在低浓度镉污染下，施氮抑制了苋菜对镉的吸收，无论高浓度镉污染还是低浓度镉污染随着镉浓度的增加苋菜 Vc 含量也随着增加，随着施氮量的增加苋菜 Vc 含量都降低。

二、总结

本试验通过盆栽培养试验，采用了 3 个设计处理，连茬种植两种叶菜(小白菜和苋菜)，探讨了不同设计处理下氮镉交互作用对叶菜的品质、叶菜的生长特点、氮镉的吸收转化特点以及酶活性的影响，总结如下：

1. 氮镉交互作用对苋菜、小白菜品质和生长的影响

氮镉交互作用下，低浓度镉污染水平增加小白菜叶绿素的含量，而高浓度镉污染水平对苋菜和小白菜叶绿素的含量都有显著的降低趋势；高浓度镉污染水平对苋菜和小白菜的生长都有极显著的抑制作用，而低浓度的镉污染水平对苋菜的生长有促进作用，而对小白菜的生长差异不显著；小白菜的可溶性蛋白随镉污染水平的增加而增加，苋菜的可溶性蛋白随着镉污染水平的增加而降低；随着镉污染水平的增加苋菜 Vc 含量增加，随着氮水平的增加，苋菜 Vc

含量降低；高浓度镉污染水平下，施氮促进了苋菜对镉的积累，而在低浓度镉污染下，施氮抑制了苋菜对镉的积累。

2. 低浓度镉氮交互作用对苋菜、小白菜吸收镉和硝酸盐的影响

土壤中的有效镉是作物吸收的主要形态，经过土壤处理后种植前的连茬分析表明，土壤中的全镉含量与土壤有效镉的转化量成正相关，连作结果表明，氮素水平有益于土壤有效镉的转化；土壤镉的含量与苋菜、小白菜吸收镉的量成正相关，一定程度的施氮能够促进苋菜、小白菜对镉的吸收，镉污染水平极显著地降低了苋菜、小白菜对硝酸盐的累积。

3. 低浓度镉氮交互作用对苋菜、小白菜土壤酶活性的影响

在镉氮交互作用下，对4种酶的活性都显著改变，总体来看，对蛋白酶的活性影响最大，其次是脲酶，然后是蔗糖酶，对酸性磷酸酶的活性影响最小。

4. 镉污染条件下不同种类氮肥对苋菜、小白菜的影响

通过镉污染条件下4种氮肥对小白菜和苋菜品质、生长量、体内镉与硝酸盐的积累以及对土壤酶活性的影响，建议菜农在镉污染的土壤上施用氮肥的优先顺序为硫酸铵、碳酸氢铵、氯化铵、尿素。

5. 氮镉复合污染对两种叶菜的影响

高浓度镉与氮的交互作用，使小白菜和苋菜的生长严重受阻，促进了镉与硝酸盐在植株体内的积累，降低了Vc的含量，致使污染加剧；低浓度的镉与氮的交互作用，降低了小白菜和苋菜可溶性蛋白、可溶性糖、Vc的含量，也降低了小白菜的生长和叶绿素的含量，施氮促进了苋菜对镉的积累。

6. 氮肥施用(水平、品种)对调控叶菜镉污染的影响

高浓度镉污染下，施氮增加了小白菜和苋菜叶绿素、可溶性蛋白的含量，促进了苋菜的生长；降低了小白菜的生长量和Vc的含量；促进了小白菜硝酸盐的积累和苋菜镉的积累。

低浓度镉污染下：施氮增加了苋菜和小白菜叶绿素、可溶性蛋白的含量，促进了小白菜可溶性糖的合成，同时促进苋菜和小白菜

硝酸盐的积累，抑制了苋菜和小白菜(除氮浓度 0.6g/kg 土)中镉的积累。

在氮肥品种组，在镉污染(1.0mg/kg)条件下，施用一定品种的氮肥能够缓解镉对苋菜品质的污染，而加剧了小白菜品质的污染(可能是氮肥过量的原因)，施氮也促进了苋菜和小白菜中镉和硝酸盐的积累。

总之，在镉污染的氮肥水平组和氮肥品种组，合理的施用氮肥能够缓解镉污染对蔬菜的危害，提高蔬菜的品质，但对不同的蔬菜品种缓解程度不同。

三、不足之处

(1)本研究是在盆栽条件以及蒸馏水浇灌下完成的，是否适用大田推广还需要进一步的研究验证，在生产实践中不一定都是苋菜与小白菜连茬轮作，这可能也有一定的局限性，另外，在研究的过程中只局限于叶菜类，所以所得结果不一定适合于其他蔬菜种类。这还需要大量的研究工作。

(2)在整个的研究结果中，只对蔬菜品质、土壤酶活性以及吸收镉与硝酸盐的影响做了分析，至于土壤中镉的形态、氮镉交互作用下蔬菜对矿质元素的以及对土壤微生物的影响等还需要进一步的研究。

第二章 土壤—蔬菜系统氮镉交互作用下调控模式研究

第一节 土壤—蔬菜系统氮镉交互作用下调控模式研究现状

一、菜地—土壤系统氮镉交互作用下改良现状

（一）菜地—土壤系统镉污染的改良现状

1. 控制土壤水分

控制土壤的 Eh 及土壤的水分状况，使土壤作物有一个较为稳定的滞水期，可以减少镉进入植物体内的含量，即减少进入果实和茎实中的含量。据研究，在水稻抽穗期到成熟期，减少落干，保持淹水，可明显减少稻籽实中的镉、锌等金属的含量。

2. 施用有机肥

通过施用有机肥（堆肥、厩肥、植物秸秆等有机肥），增加土壤有机质有利于改良土壤结构，可增加土壤胶体对重金属的吸附能力，为土壤提供络合、螯合剂，而且有机质也是良好的还原剂，可以促进土壤中镉形成硫化镉。张亚丽等（2001）研究表明，有机肥的施用可以明显地降低土壤中有效性镉的含量，其中猪粪的效果优于秸秆类。与此同时还应控制常用化肥的施用，因为化肥中的 Cl^-，SO_4^{2-}，H^+ 可以活化土壤中的镉，提高土壤中的交换态镉的含量（陈志良等，2001）。

3. 改变耕作制度

为了尽可能减少镉污染，尽可能减少受镉污染的产品进入食物

链，可以在中、重度污染地区改种非食用植物，改种一些观赏性作物或经济作物。如：花卉、苗木、棉花、桑麻等。

王凯荣等(1998)研究表明，污染农田种桑树后土壤镉的含量普遍下降，下降幅度在 8.1%～83.9%，平均为 37.1%，同时通过农田桑蚕生产模式取得了良好的经济、生态、和社会效益。此外，还可以在镉污染区作为良种繁育基地，张士灌区污染严重地块改做水稻、玉米良种基地，收获的稻米不作为直接食用的商品粮，做种子，秋后糙米中含镉量小于 0.1mg/kg，每公顷产量达 5000 kg 以上，效益显著(李永涛等，1997)。

4. 化学治理方法

化学治理就是向污染土壤中投入改良剂、抑制剂、增加土壤有机质、阳离子代换量和粘粒的含量，改变 pH 和电导等理化性质，使土壤中镉发生氧化、还原、沉淀、吸附、抑制和拮抗等作用，以降低镉的生物有效性。对于土壤镉污染，目前用的比较广泛的方法是向土壤添加改良剂、表面活性剂、金属拮抗剂等，如磷酸盐、石灰、硅酸盐被认为是处理土壤镉污染的常用试剂。沈阳张士污灌区进行的大面积石灰改良实验表明，每公顷施石灰 1500～1875kg，镉含量下降 50%(陈怀满等，1997)。杨景辉(1995)研究表明，施用磷酸盐类物质可使重金属形成难溶性的磷酸盐。BARBAMGWOREK(1992)用膨润土合成沸石等硅铝酸盐作为添加剂钝化土壤中重金属，显著降低了受镉污染土壤中的镉的作用浓度。土壤镉浓度 49.5mg/kg 时，加入量为土重的 1%～2%中，莴苣叶中镉的浓度降低量达 60%～80%。通过离子之间的拮抗作用来降低植物对镉污染土壤中镉的吸收，根据法国农科院波尔多试验站的研究结果表明在污染土壤上施加铁丰富的物资，铁渣、废铁矿等，能明显降低植物中镉、锌的含量。

5. 水洗和淋溶

水洗法是采用清水灌溉稀释或洗去重金属离子，使重金属离子或迁移至较深土层中，以减少表土中重金属离子的浓度；或者将含重金属离子的水排出田外。淋溶法是用试剂和土壤中的重金属作用，形成溶解性的重金属离子或金属络合物，从提取液中回收重金

属，并循环利用提取液的技术。应用 EDTA 络合剂去除土壤中的
Cu、Cd、Zn，0. 01mol/l EDTA 能去除初始浓度为 100mg/kg～
300mg/ kg 重金属的 80 ％。这两种技术的运用都要慎重，特别注意
防止二次污染。

6. 植物修复

植物修复是一项去除土壤中重金属的新技术。Cunningha 和
Berti 将其定义为用维管植物从环境中去除污染物或使其无害化。
与传统的治理重金属污染土壤技术相比植物修复技术有很大的优
势。包括可大规模应用推广，高效低耗；植物可以美化污染地点的
环境；处理有毒废物只需要少量的设备，并且在处理植物的同时可
回收利用重金属。植物修复技术包括以下几个策略：一是植物萃取
（ Phy2toext reaction），即将重金属从土壤中转移到植物可收获的地
上部分；二是根系过滤（Rhizofilt ration），即植物的根系或幼苗种
植在通气的水中来沉淀或集中有毒重金属；三是植物挥发（
Phyto1voatilization），植物从土壤中吸收挥发性的金属例如汞。并
通过叶片把它们挥发掉；四是植物固定（ Phyto2stabilization），即利
用重金属耐性植物减少重金属的移动性。但这项新技术也有其局限
性目前还不能大规模推广。原因是现有绝大多数超积累植物只能积
累一种重金属而环境中重金属污染往往都是复合性的；超积累植物
生长缓慢而生物量低；超积累植物多为野生植物，对其生物学性状
知之不多，对这些植物聚集、转运及地上部累积重金属的生理过程
还不很清楚。超累积植物是一类能忍受、吸收和转运对其他生物产
生毒害的较高水平重金属的特殊植物，定义为生长在富含重金属土
壤中，地上部分含量>100mg/kgCd；>1000mg/kgPb、Cu；>10000mg/
kgZn（干重）的植物种类。

7. 施用土壤改良剂

在受重金属污染的土壤中施用石灰性物质，如氢氧化钙、碳酸
钙、硅酸钙等来提高土壤 pH 可有效地降低重金属的活性。陈玉成
等盆栽试验表明，在高污染背景条件下，添加石灰、腐殖酸、硫化
钠、亚硒酸钠都能够抑制土壤中的 Hg、Cd 进入蔬菜，但选用腐殖
酸既能增产，又能降低蔬菜 Hg、Cd 含量。邓波儿和刘同仇研究表

明石灰、钙镁磷肥、草炭、粉煤灰、绿肥等几种供试改良剂均不同程度地降低米 Cd 含量，但以施钙镁磷肥最有效。林匡飞等发现石灰和钙镁磷肥也能降低小白菜对 Cd 的吸收。高贵喜等研究表明，经过稀土处理的大白菜，与对照相比，重金属含量显著下降，经过处理的大白菜产量也比对照有较大幅度提高。

（二）菜地—土壤系统硝酸盐污染的改良现状

1. 提高蔬菜中硝酸还原酶的活性

蔬菜中硝酸还原酶活力高低关系到整个硝酸根的同化水平。而根外喷施钼、锰和稀土微肥，对蔬菜叶片硝酸还原酶有激活作用，可降低蔬菜中硝酸盐的含量，根外喷施微肥，有利于蔬菜生长，且成本低，使用方便，是一种值得推荐的技术。

2. 添加硝化抑制剂

双氰胺是一种氨基氰化盐类化合物。氰对生物呼吸有抑制作用，但其毒性能随时间推移而自我解除，通常在 24~48h 后，就很难找到其踪迹。是一种极为理想的硝化抑制剂。有研究表明，Nitrapyrin和 DCD 在粗质地的土壤上应用效果最好，能提高玉米、小麦和马铃薯的产量，因为这种土壤容易导致 NO_3^- 淋溶损失，氮素肥料不能满足作物的生长需要；而在细质地土壤上硝化抑制剂作用不明显，目前的主要研究的硝化抑制剂有 Nitrapyrin（N-Serve）、DCD 和 CMP（Didin 和 Alzon）。硝化抑制剂与氮肥配合施用，通过抑制硝化细菌的活性，抑制亚硝化作用，使施入氮源能够较长时间的以铵态氮的形态存在，供作物利用。这不仅提高了肥效，而且减少了 NO_2^--N、NO_3^--N 淋溶和反硝化造成的氮肥损失，降低环境污染（孙爱文等，2004；黄益宗等，2002，2001；Pasda G，2001）。有研究报道硝化抑制剂在提高肥效和减少环境污染的同时，还能改善作物的品质（许超等，2004；许晓平等，2007）。三种硝化抑制剂均不同程度地提高了小白菜对氮和磷的吸收，对钾没有明显影响，能明显提高小白菜 Vc 含量；双氰胺和氢醌明显提高了小白菜可溶性糖含量。

（三）菜地—土壤系统镉与硝酸盐复合污染改良现状

国内外大量研究表明：实用土壤改良剂能够很好地改善土壤的

理化性质，加强土壤的微生物活动，调节土壤的水、肥、气、热状况，最终达到增加土壤肥力的作用（杜彩艳等，2007）。重金属污染土壤的治理方法主要有物理法、化学法和生物法，这几种方法对土壤重金属污染治理均具有一定的改良效果（王凯荣等，2007）。土壤改良剂的修复机理是通过改变土壤 pH，增加吸附位点或促进重金属离子与土壤其他组分（包括改良剂本身）的共沉淀等过程来降低重金属生物有效性。因此，利用土壤改良剂来降低重金属向食物链的迁移（刘恩玲等，2008）。常用的土壤重金属改良剂有石灰、有机肥、腐殖酸施等。使用石灰被认为是抑制重金属污染土壤植株吸收重金属的有效措施。在土壤中施入石灰能提高土壤的 pH，促进重金属生成碳酸盐、氢氧化物沉淀，降低土壤中 Cd、Zn 等重金属的有效性，从而抑制作物对它们的吸收。刘恩玲等（2008）研究表明，有机肥、腐殖酸和栏肥的使用，主要是通过增加土壤中的有机质含量，促进土壤对重金属的吸收螯合，从而降低其迁移能力。农田中氮肥的损失一般经过硝化—反硝化作用、氨挥发、淋溶和径流等途径损失，这不仅浪费肥料，增加农业成本，而且导致 NO_2^- 和 NO_3^- 污染地表水和地下水以及 N_2O（硝化和反硝化作用的产物）对大气的污染（刘常珍等，2008）。国内外学者研制了大量的硝化抑制剂（如双氰胺 DCD 等），通过施用硝化抑制剂，能有效地提高铵态氮肥施入土壤中 NH_4^+-N 含量，削弱 NO_3^--N 形成，从而降低氮的淋失（黄东风等，2009）。也有研究表明，硝化抑制剂与氮肥配合施用，通过抑制硝化细菌的活性，抑制亚硝化作用，使施入土壤的氮素能够较长时间地以铵态氮的形态存在，供作物利用（余光辉等，2006）。硝化抑制剂的使用不仅提高了肥效，而且减少了硝态氮和亚硝态氮淋溶及反硝化造成的氮肥损失，降低环境污染。余光辉等（2006）研究表明，下氢醌（HQ）、双氰胺（DCD）和硫脲（TU）3 种硝化抑制剂在试验的各个时期均不同程度地降低了土壤和小白菜的硝酸盐含量，其中以双氰胺的效果最好。

（四）国内外相关研究的不足

从目前的研究现状来看，尽管已发现的能降低镉的化学活性和具有硝化抑制效应的化合物较多，但真正能在农业生产中大规模应用的理想镉抑制剂和硝化抑制剂品种还非常有限，并且，能同时抑制镉与硝酸盐复合污染的改良剂品种更是少之又少。加之受天然降雨周期长且难以人为控制，田间野外径流监测成本高、难度大，而且费时费力等诸多因素的影响，目前关于在自然降雨条件下田间施肥措施与菜地氮、磷随地表径流流失的关系研究很少，虽然有少量报道，采用人工模拟降雨或应用美国 SCS 法推算降雨径流量等方法，研究了田间施肥与菜地氮、磷流失的关系（梁新强等，2006；胡志平等，2007），但其研究结果与天然降雨情况及地表径流量实地监测结果仍存在一定差异。在田间环境下，石灰性物质、双氰胺和有机肥的改良效果很不稳定，同一种改良剂在不同地点或同一地点的不同季节所表现的效应可能完全不同。因此，对理想的镉与硝酸盐复合污染的改良剂品种的筛选及其相关的基础研究仍将是今后该领域研究的重点。

参考文献：

[1]张亚丽，沈其荣，姜洋．有机肥料对镉污染土壤的改良效应[J]．土壤学报，2001，38(2)：212-218.

[2]陈志良，莫大伦，仇荣亮．镉对有机生物体的危害及防治对策[J]．环境保护科学，2001，27(8)：37-39.

[3]王凯荣，陈朝明，龚惠群，等．镉污染农田农业生态整治与安全高效利用模式[J]．中国环境科学，1998，18(2)：97-101.

[4]李永涛，吴启堂．土壤污染治理方法研究[J]．农业环境保护，1997，16(3)：118-122.

[5]陈怀满，郑春荣．中国土壤重金属污染现状与防治对策[J]．AMBIO：人类环境杂志，1999，28(2)：130-134.

[6]杨景辉．土壤污染与防治[M]．北京：科学出版社，1995.

[7]GWOREK. B，肖辉林．利用合成沸石钝化污染土壤的镉[J]．热带亚热带土壤科学，1992，1(1)：58-60.

[8]孙爱文，石元亮，张德生，等．硝化/脲酶抑制剂在农业中的应用[J]．土壤通报，2004，35 (3)：357-361.

[9]黄益宗，冯宗炜，王效科，等．硝化抑制剂在农业上应用的研

究进展[J]. 土壤通报, 2002, 33(4): 310-315.

[10]黄益宗, 冯宗炜, 张福珠. 硝化抑制剂硝基吡啶在农业和环境保护中的应用[J]. 土壤与环境, 2001, 10(4): 323-326.

[11]Pasda G, Hndelr R, Zerulla W. Effect of fertilizers with the newnitrification inhibitor DMPP (3, 4 dimethylpyrazole phosphate) onyield and quality of agricultural and horticultural crops[J]. Biologyand Fertility of Soils, 2001, 34: 85-97.

[12]许超, 吴良欢, 巨晓棠, 等. 含 DMPP 硫硝铵不同基追肥比例对小青菜硝酸盐累积及品质的影响[J]. 科技通报, 2004, 25(5): 464-467.

[13]许晓平, 汪有科, 冯浩, 等. 土壤改良剂改土培肥增产效应研究综述[J]. 土壤肥料科学, 2007, 23(9): 331-334.

[14]杜彩艳, 祖艳群, 李元. 施用石灰对 Pb、Cd、Zn 在土壤中的形态及大白菜中累积的影响[J]. 生态环境, 2007, 16(6): 1710-1713.

[15]王凯荣, 张玉烛, 胡荣桂. 不同土壤改良剂对降低重金属污染土壤上水稻糙米铅镉含量的作用[J]. 农业环境科学学报, 2007, 26(2): 476-48.

[16]刘恩玲, 孙继, 王亮. 不同土壤改良剂对菜地系统铅镉累积的调控作用 [J]. 安徽农业科学, 2008, 36 (27): 11992-11994.

[17]黄益宗, 冯宗炜, 张福珠. 硝化抑制剂硝基吡啶在农业和环境保护中的应用[J]. 土壤与环境, 2001, 10(4): 323-326.

[18]刘常珍, 胡正义, 赵言文. 元素硫和双氰胺对菜地土壤铵态氮硝化抑制协同效应研究[J]. 植物营养与肥料学报, 2008, 14(2): 334-338.

[19]黄东风, 李卫华, 邱孝煊. 硝化抑制剂对小白菜产量、硝酸盐含量及营养累积的影响[J]. 江苏农业学报, 2009, 25 (4): 871-875.

[20]余光辉, 张杨珠, 万大娟. 几种硝化抑制剂对土壤和小白菜硝酸盐含量及产量的影响[J]. 应用生态学报, 2006, 17 (2):

247-250.

[21]梁新强,陈英旭,李华,等.雨强及施肥降雨间隔对油菜田氮素径流流失的影响[J].水土保持学报,2006,20(6):14-17.

[22]胡志平,郑祥民,黄宗楚,等.上海地区不同施肥方式氮磷随地表径流流失研究[J].土壤通报,2007,38(2):310-313.

二、不同改良剂对氮镉互作下土壤酶活性的研究进展

土壤酶活性反映了土壤中各种生物化学过程的强度和方向,是土壤肥力评价和土壤自净能力评价的重要指标。土壤重金属离子对土壤酶活性产生抑制或激活作用,同时土壤酶活性变化影响土壤养分释放及从土壤中获取养分的作物生长,因此土壤酶活性的测定将有助判明土壤重金属污染程度及其对作物生长的影响。氮肥作为作物生长的必需营养元素,在蔬菜生产中必不可少,但大量氮肥的施用直接导致蔬菜中硝酸盐含量的增加,严重时还会造成叶片烧伤及氨中毒,降低蔬菜的产量和品质。食品中高浓度的硝酸盐在人体内代谢过程中容易形成亚硝胺等致癌、致畸、致基因突变的物质。所以,蔬菜品质对人体健康十分重要。

(一)土壤中镉与硝酸盐的主要来源、污染现状

1. 土壤中镉的主要来源、污染现状及其对土壤酶活性的影响

(1)土壤中镉的主要来源及污染现状

自从日本骨痛病的发生与发现以来,土壤中的镉污染已普遍受到世界人民的关注。近年来随着采矿、冶金以及镉处理等工业的发展,我国农业土壤受镉污染也日益严重。镉污染的土壤,其中镉的污染途径主要有两个,一是工业废气中的镉扩散沉降累积于土壤之中,二是用含镉工业废水灌溉农田,使土壤受到严重污染。我国受镉、砷、铅等重金属污染的耕地面积近 $210\times10^7\,hm^2$,约占总耕地面积的 1/5;其中工业"三废"污染耕地 $110\times10^7\,hm^2$,污水灌溉的农田面积 $313\times10^6\,hm^2$。我国每年因重金属污染而减产粮食超过 $110\times10^7\,t$,另外被重金属污染的粮食每年也多达 $112\times10^7\,t$,由此造成的经济损失合计至少为 200 亿元。李素霞等调查发现,武汉市 6 大蔬菜基地土壤中重金属普遍超标。因此,重金属污染特别是镉污

染需被更多的关注。

（2）镉污染对土壤酶活性的影响

土壤生态系统中，土壤酶是土壤中生物化学反应的催化剂，参与土壤生态环境中许多重要的代谢过程，推动土壤中物质的循环。大量研究表明，土壤酶的活性对环境胁迫反应比较敏感，可以用来指示土壤环境的污染状况。在众多的土壤酶中，磷酸酶、脲酶、蛋白酶和脱氢酶对重金属污染最敏感。镉对酶的抑制效果也是相当明显的，当土壤镉含量达 0.25 和 1.00mg/kg 时，就会分别对蔗糖酶和脲酶产生抑制作用。在镉污染条件下，脲酶活性明显下降，过氧化氢酶活性也显著降低，随着镉浓度的增加，转化酶活性均下降。

2. 土壤中硝酸盐的主要来源、污染现状及其对酶活性的影响

（1）土壤中硝酸盐的主要来源及污染现状

近年来，随着蔬菜产业的迅速发展，为提高蔬菜产量，设施菜地超量施肥已成为普遍现象。氮素作为植物生长所必需的营养元素，投入量最多，通常远远高于蔬菜生长需求量。研究表明，大量使用氮肥在提高农作物产量的同时会导致蔬菜及土壤硝酸盐含量严重超标。柏延芳等研究表明，施入土壤的氮肥一部分被蔬菜吸收，另一部分被大量淋溶致土壤深层，造成土壤氮素污染。刘宏斌等研究表明 0~400cm 土壤剖面硝态氮累积总量以保护地菜田最高，平均达 1230kg/hm²。姚春霞等通过对上海菜地的监测结果进行分析，得出菜地土壤表层的硝态氮平均含量状况为：大棚蔬菜地 384.29mg/kg，露天蔬菜地 111.52mg/kg，大棚蔬菜地土壤表层硝态氮为水田的 70 倍左右。

（2）硝酸盐污染对土壤酶活性的影响

土壤酶是土壤的一个重要组成部分，主要来自于土壤微生物、植物和动物的活体或残体，参与包括土壤生物化学过程在内的自然界物质循环，在土壤的发生、发育以及土壤肥力的形成过程中起重要作用。近年来，有研究表明施肥可提高土壤总体酶活性，且与主要肥力因子有显著相关关系，对评价土壤肥力水平有重要意义。进入土壤和累积在土壤中的含氮有机化合物经复杂的生物化学转化，最后转变为植物可以利用的形式，在其转化的每一阶段，均有专性

的土壤酶类参与。因此，不同土壤酶活性的差异也代表着不同土壤氮素的转化情况。土壤脲酶与土壤中氮的转化密切相关，土壤脲酶活性可以反映土壤供氮水平与能力。林天等对红壤旱地土壤酶活性的研究表明，长期施肥可影响土壤微生物量及 C、N、P 的动态变化，并能调控土壤养分，提高各种土壤酶活性。氮肥作为最常用的化学肥料，其在提高作物产量、改善品质和培肥地力等方面起到了积极的作用，但盲目增施化肥不仅造成作物产量不稳定，土壤结构恶化、肥力下降，农业生产成本上升，并对生态环境造成严重威胁。

(二)不同污染因子交互作用对土壤酶活性的影响

随着工业的发展，进入生态系统中的污染物的种类随时间呈指数增长，环境污染不再是单一污染的理想状态，而是由以各种污染物构成的复合污染为主体。20 世纪 70 年代以来，土壤环境中多种污染物共存并发生相互作用而形成的复合污染现象已逐渐得到国内外学者的广泛重视，成为了环境科学发展的重要方向之一。近些年来国内外已相继开展了重金属—重金属，以及有机物—有机物复合污染方面的研究工作，并取得了富有成效的理论和实践成果。研究表明，单一及复合污染条件下，重金属元素对土壤酶活性产生明显的抑制作用，其中脲酶、酸性磷酸酶和脱氢酶活性对重金属污染的反应比较敏感。杨志新等研究表明，与单因素相比，复合污染因素处理后的 Cd 对土壤过氧化氢酶活性的抑制作用增强。许炼峰等在蔬菜盆栽土壤上模拟 Cd(0～1.0mg/kg)、Pb(0～10mg/kg)污水灌溉，发现蔗糖酶比脲酶对重金属更敏感。Rogers 等发现 Pb、Cu、Ni、Cd 和 Zn 复合污染均会降低脱氢酶的活性。杨志新等研究表明，Cd、Zn、Pb 复合污染对 4 种土壤酶活性的影响效应亦不同，其复合污染对脲酶表现出协同抑制负效应的特征，对过氧化氢表现出一定的屏蔽作用或拮抗作用，转化酶和碱性磷酸酶主要因 Cd 浓度的变化而变化。罗虹等研究表明，6 种土壤酶活性与 Cd，Cu，Ni 复合污染之间均呈显著或极显著的相关关系，但 Cd、Cu、Ni 复合污染对各种土壤酶活性的影响存在着明显差异。沈国清等的研究发现，重金属(Cd、Zn、Pb)和多环芳烃(菲、荧蒽、苯并 α 芘)复合污染能使土壤酶活性受到不同程度的抑制。

(三)不同改良剂对土壤酶活性的影响

1. 重金属与硝酸盐污染土壤的改良研究

土壤改良剂又称为土壤调理剂(soilconditioner),是一类主要用于改良土壤性质以便更适宜于植物生长,而并非为主要提供植物养分的物料。国内外大量研究表明:实用土壤改良剂能够很好地改善土壤的理化性质,加强土壤的微生物活动,调节土壤的水、肥、气、热状况,最终达到增加土壤肥力的作用。重金属污染土壤的治理方法主要有物理法、化学法和生物法,这几种方法对土壤重金属污染治理均具有一定的改良效果。土壤改良剂的修复机理是通过改变土壤 pH,增加吸附位点或促进重金属离子与土壤其他组分(包括改良剂本身)的共沉淀等过程来降低重金属生物有效性。因此,利用土壤改良剂来降低重金属向食物链的迁移。常用的土壤重金属改良剂有石灰、有机肥、腐殖酸施等。石灰被认为是抑制重金属污染土壤植株吸收重金属的有效措施。在土壤中施入石灰能提高土壤的 pH,促进重金属生成碳酸盐、氢氧化物沉淀,降低土壤中 Cd、Zn 等重金属的有效性,从而抑制作物对它们的吸收。刘恩玲等研究表明,有机肥、腐殖酸和栏肥的使用,主要是通过增加土壤中的有机质含量,促进土壤对重金属的吸收螯合,从而降低其迁移能力。农田中氮肥的损失一般经过硝化—反硝化作用、氨挥发、淋溶和径流等途径损失,这不仅浪费肥料,增加农业成本,而且导致 NO_2^- 和 NO_3^- 污染地表水和地下水以及 N_2O(硝化和反硝化作用的产物)对大气的污染。国内外学者研制了大量的硝化抑制剂(如双氰胺 DCD 等),通过施用硝化抑制剂,能有效地提高铵态氮肥施入土壤中 NH_4^+-N 含量,削弱 NO_3^--N 形成,从而降低氮的淋失。也有研究表明,硝化抑制剂与氮肥配合施用,通过抑制硝化细菌的活性,抑制亚硝化作用,使施入土壤的氮素能够较长时间地以铵态氮的形态存在,供作物利用。硝化抑制剂的使用不仅提高了肥效,而且减少了硝态氮和亚硝态氮淋溶及反硝化造成的氮肥损失,降低环境污染。余光辉等研究表明,下氢醌(HQ)、双氰胺(DCD)和硫脲(TU)3 种硝化抑制剂在试验的各个时期均不同程度地降低了土壤和小白菜的硝酸盐含量，其中以双氰胺的效果最好。

2. 改良剂对酶活性影响的研究

国内外学者对用土壤酶活性土壤重金属污染进行广泛的研究。前苏联学者提出蔗糖酶活性可作为土壤重金属污染的评价指标；磷酸酶活性可用作褐色森林生草土壤重金属污染的评价指标；脲酶和转化酶活性可作为土壤重金属污染的预测指标。可欣等研究得出，双氰胺对土壤中性磷酸酶活性的影响主要在培养的前20d，表现为显著的抑制作用；对土壤脲酶活性的影响主要在培养的第20、30d时表现为显著的抑制作用；对土壤过氧化氢酶活性的影响在培养的第30d时表现为显著的激活作用；对土壤转化酶活性影响不大。孟娜等研究表明，施用有机肥显著增加土壤有机磷含量和土壤磷酸酶活性。也有研究表明，土壤有机质含量与土壤脲酶活性呈正相关。李兆林等研究表明，在酸性土壤上施用生石灰使土壤酶活性增强。目前，对改良剂对单一污染改良的研究比较多，并且也取得很多成果，但对复合污染的土壤酶活性的研究较少。

（四）总结与展望

土壤中镉与硝酸盐复合污染会对土壤中的酶活性产生不同程度的影响，通过向土壤中施用土壤改良剂可以在一定程度上改善土壤污染状况，但也会对土壤的酶活性产生影响，通过对酶活性的测定，可以反映出土壤的理化状况，为农业的耕作以至人体的健康提供依据和帮组。

参考文献：

[1]曾希柏，李莲芳，梅旭荣．中国蔬菜土壤重金属含量及来源分析[J]．中国农业科学，2007，40（11）：2507-2517．

[2]刘翀．我国蔬菜重金属污染现状及对策[J]．安徽农学通报，2009，15（12）：73-75．

[3]陈娟，何云晓，冉琼．重金属污染下土壤酶活性的研究进展[J]．安徽农业科学，2009，37（21）：10083-10084

[4]尹君，高如泰，刘文菊，等．土壤酶活性与土壤Cd污染评价指标[J]．农业环境保护，1999，18（3）：130-132．

[5] 熊艳, 尹增松, 马艳兰, 等. 蔬菜中硝酸盐污染现状及其防治措施[J]. 云南农业大学学报, 2003, 18(3): 304-308.

[6] 张兵, 潘大丰, 黄昭瑜, 等. 蔬菜中硝酸盐积累的影响因子研究[J]. 农业环境科学学报, 2007, 26(增刊): 686-690.

[7] 陈媛. 土壤中镉及镉的赋存形态研究进展[J]. 广东微量元素科学, 2007, 14(7): 7-7.

[8] 曾咏梅, 毛昆明, 李永梅. 土壤中镉污染的危害及其防治对策[J]. 云南农业大学学报, 2005, 20(3): 360-361.

[9] 李素霞, 胡承孝. 武汉市蔬菜重金属污染现状的调查与评价[J]. 武汉生物工程学院学报, 2007, 04.

[10] 于寿娜, 廖敏, 黄昌勇. 镉、汞复合污染对土壤脲酶和酸性磷酸酶活性的影响[J]. 应用生态学报, 2008, 19(8): 1841-1842.

[11] 张浩, 王济, 郝萌萌, 等. 土壤—植物系统中镉的研究进展[J]. 安徽农业科学, 2009, 37(7): 3211-3212.

[12] 郑世英, 商学芳. 土壤镉污染研究进展. 安徽农学通报, 2006, 12(5): 43-44.

[13] 项琳琳, 赵牧秋, 王俊, 等. 双氰胺对设施菜地土壤硝酸盐淋溶和苦苣硝酸盐累积的影响[J]. 农业环境科学学报, 2009, 28(9): 1965-1966.

[14] 柏延芳, 张海, 张立新, 等. 氮肥对黄土高原大棚蔬菜及土壤硝酸盐累积的影响[J]. 中国生态农业学报, 2008, 16(3): 555-559.

[15] 刘宏斌, 李志宏, 张云贵, 等. 北京市农田土壤硝态氮的分布与累积特征[J]. 中国农业科学, 2004, 37(5): 692-698.

[16] 吴琼, 杜连凤, 赵同科, 等. 菜地硝酸盐累积现状、影响及其解决出路[J]. 中国农学通报, 2009, 25(2): 118-122.

[17] 王俊华, 尹睿, 张华勇, 等. 长期定位施肥对农田土壤酶活性及其相关因素的影响[J]. 生态环境, 2007, 16(1): 191-196.

[18] 林诚, 王飞, 李清华, 等. 不同施肥制度对黄泥田土壤酶活性及养分的影响[J]. 中国土壤与肥料, 2009, (6): 24-27.

[19] 左智天, 田昆, 向仕敏, 等. 澜沧江上游不同土地利用类型

土壤氮含量与土壤酶活性研究[J].水土保持研究,2009,16
(4):280-285.

[20]焦晓光,隋跃宇,张兴义.土壤有机质含量与土壤脲酶活性
关系的研究[J].农业系统科学与综合研究,2008,24(4):
494-496.

[21]和文祥,朱铭莪,张一平.土壤酶与重金属关系的研究现状
[J].土壤与环境,2000,9(2):139-142.

[22]龙健,黄昌勇,腾应,等.矿区废弃地土壤微生物及其生化
活性[J].生态学报,2003,23(3):496-503.

[23]郭天财,宋晓,马冬云,等.施氮量对冬小麦根际土壤酶活
性的影响[J].应用生态学报,2008,19(1):110-114.

[24]高大翔,郝建朝,金建华,等.重金属汞、镉单一胁迫及复
合胁迫对土壤酶活性的影响[J].农业环境科学学报,2008,
27(3):903-908.

[25]周东美,王慎强,陈怀满.土壤中有机污染物—重金属复合
污染的交互作用[J].土壤与环境,2000,9(2):143-145.

[26]腾应,骆永明,李振高.土壤重金属复合污染对脲酶、磷酸
酶及脱氢酶的影响[J].中国环境科学,2008,28(2):
147-152.

[27]杨志新,冯圣东,刘树庆.镉、锌、铅单元素及其复合污染
与土壤过氧化氢酶活性关系的研究[J].中国生态农业学报,
2005,13(4):138-141.

[28]许炼峰,郝兴仁,刘腾辉,等.重金属Cd和Pb对土壤生物
活性影响的初步研究[J].热带亚热带土壤科学,1995,4
(4):216-220.

[29]杨志新,刘树庆.Cd、Zn、Pb单因素及复合污染对土壤酶活
性的影响[J].土壤与环境,2000,9(1):15-18.

[30]罗虹,刘鹏,宋小敏.重金属镉、铜、镍复合污染对土壤酶
活性的影响[J].水土保持学报,2006,20(2):94-96.

[31]沈国清,陆贻通,洪静波.重金属和多环芳烃复合污染对土
壤酶活性的影响及定量表征[J].应用与环境生物学报,

2005，11（4）：479-482.

[32]韩小霞．土壤结构改良剂研究综述[J]．安徽农学通报，2009，15（19）：110-112.

[33]许晓平，汪有科，冯浩，等．土壤改良剂改土培肥增产效应研究综述[J]．土壤肥料科学，2007，23（9）：331-334.

[34]杜彩艳，祖艳群，李元．施用石灰对 Pb、Cd、Zn 在土壤中的形态及大白菜中累积的影响[J]．生态环境，2007，16（6）：1710-1713.

[35]王凯荣，张玉烛，胡荣桂．不同土壤改良剂对降低重金属污染土壤上水稻糙米铅镉含量的作用[J]．农业环境科学学报，2007，26（2）：476-48.

[36]刘恩玲，孙继，王亮．不同土壤改良剂对菜地系统铅镉累积的调控作用 [J]．安徽农业科学，2008，36 （ 27 ）：11992-11994.

[37]黄益宗，冯宗炜，张福珠．硝化抑制剂硝基吡啶在农业和环境保护中的应用[J]．土壤与环境，2001，10（4）：323-326.

[38]刘常珍，胡正义，赵言文．元素硫和双氰胺对菜地土壤铵态氮硝化抑制协同效应研究[J]．植物营养与肥料学报，2008，14（2）：334-338.

[39]黄东风，李卫华，邱孝煊．硝化抑制剂对小白菜产量、硝酸盐含量及营养累积的影响[J]．江苏农业学报，2009，25（4）：871-875.

[40]余光辉，张杨珠，万大娟．几种硝化抑制剂对土壤和小白菜硝酸盐含量及产量的影响[J]．应用生态学报，2006，17（2）：247-250.

[41]李博文，杨志新，谢建治，等．土壤酶活性评价镉锌铅复合污染的可行性研究[J]．中国生态农业学报，2006，14（3）：132-134.

[42]可欣，颜丽，朱宁，等．双氰胺对土壤酶活性的影响[J]．土壤通报，2003，34（4）.

[43]孟娜，廖文华，贾可，等．磷肥、有机肥对土壤有机磷及磷

酸酶活性的影响[J]. 河北农业大学学报，2006，29（4）：57-59.

[44]焦晓光，隋跃宇，张兴义. 土壤有机质含量与土壤脲酶活性关系的研究[J]. 农业系统科学与综合研究，2008，24（4）：494-496.

[45]李兆林，赵敏，王建国，等. 施用生石灰对土壤酶活性及大豆产量的影响[J]. 农业系统科学与综合研究，2008，24（4）：480-484.

第二节　不同改良剂对土壤—蔬菜系统氮镉交互作用调控模式研究

由第一章及第二章第一节可知，菜地土壤镉与硝酸盐复合污染已经非常显著，针对菜地土壤镉污染以及硝酸盐污染的改良调控的方法较多，目前农田土壤镉污染修复方法很多，农田镉高浓度污染的修复方法有生石灰、海泡石、钙镁磷肥、磷矿粉等稳定剂能提高土壤的 pH 值，降低土壤重金属的有效性，对土壤重金属具有较好的稳定效果。伴矿景天植物吸取技术对镉高污染农田土壤进行也有较好的修复效果。土壤化学淋洗修复也是较好的一种修复技术，但淋洗技术对土壤理化性质的破坏也极为明显。在去除重金属同时也使土壤中可溶性有机质和 N、P、K 等植物养分元素被洗出。淋洗还会造成土壤生物学性质的变化，使土壤总 DNA 含量减少、微生物活性降低、细菌和真菌的群落结构改变等，这些都不利于植物后续的生长。因此，土壤化学淋洗时，不仅要关注重金属的去除效果，同时也要关注淋洗对土壤性质的影响。当然还有很多非常成熟的关于重金属镉污染农田修复的方法。针对镉与硝酸盐复合污染的改良方法还不够成熟，本章采用盆栽和大田相对应的改良设计，以大众化蔬菜苋菜、小白菜、番茄、辣椒为研究对象，以双氰胺、石灰、有机肥以及植物轮作和套作为改良剂和改良方法，研究不同改良措施对蔬菜品质以及对应土壤酶活性影响，揭示镉与硝酸盐复合污染改良的效果，为城郊蔬菜产品安全、高效生产提供理论和技术支持具有重要的现实意义。

试验处理：

(1)4个处理(对照、石灰、双氰胺、有机肥)，每个小区面积4m×4m，每个样地3个重复，土壤按每亩15万kg计，同时做相应盆栽处理，每盆装土5kg，土壤风干，过筛后装盆。施入底肥为$P_2O_5$0.2g/kg、K_2O0.3g/kg，施N水平为0.2g/kg(以纯N计，尿素为氮源)，Cd水平为2.0mg/kg(以纯Cd计，以$3CdSO_4 \cdot 8H_2O$为镉源)，各试剂均为分析纯。处理时间2010-04-10，移栽时间04-17，06-28/07-15收获分析。(辣椒)

(2)4个处理(对照、石灰、双氰胺、有机肥)，每个小区面积4m×4m，每个样地3个重复，土壤按每平方米225kg计，处理见表2.1。施入底肥为$P_2O_5$0.2g/kg K_2O0.3g/kg，施N水平为0.2g/kg(以纯N计，尿素为氮源)，Cd水平为2.0mg/kg(以纯Cd计，以$3CdSO_4 \cdot 8H_2O$为镉源)，各试剂均为分析纯。处理时间2010年4月10日，移栽时间4月17日，6月28日—7月15日收获分析。(番茄)

(3)4个处理(对照、石灰、双氰胺、有机肥)，每个小区面积4m×4m，每个样地3个重复，土壤按每平方米225kg计，同时做相应盆栽处理，每盆装土5kg，土壤风干，过筛后装盆，见表2.1。施入底肥为$P_2O_5$0.2g/kgK_2O0.3g/kg，施N水平为0.2g/kg(以纯N计，尿素为氮源)，Cd水平为2.0mg/kg(以纯Cd计，以$3CdSO_4 \cdot 8H_2O$为镉源)，各试剂均为分析纯。(小白菜)

表2.1　盆栽和大田(每亩土壤按15万kg计)对应试验设计处理

CK	底肥($P_2O_5$0.2g/kgK_2O0.3g/kg)+0.2g/kgN+2.0mg/kgCd
石灰	CK+石灰(2.0g/5kg土)
双氰胺	CK+双氰胺(0.2144g/5kg土)
有机肥	CK+有机肥(20g/5kg土)

注：CK为对照，下同。

供试作物：

辣椒（*Capsicumfrutescens*L. var. *1ongum*Bailey），品种为"矮脚黄"，由武汉市阳逻经济开发区"三农"服务站提供；番茄（当地育苗，散买）；小白菜：矮脚黄（理想兔子腿）南京理想种苗有限公司；苋菜：红园叶苋菜（武汉市九头鸟种业）。

供试改良剂：

（1）有机肥：市场散购，有机质 639.7g/kg，全 N：9.5g/kg，全 P：6.6g/kg，全 K：8.2g/kg，镉，未检出。

（2）石灰：含 $Ca(OH)_2$95.0%，镉，未检出；制造商：天津市博迪化工有限公司。

（3）双氰胺：Assay≥98.0%，镉，未检出；制造商：上海楷洋生物技术有限公司。

施肥与管理：

播种前底肥为 KH_2PO_4、K_2SO_4，用量为 $P_2O_5$0.2g/kg 土、K_2O0.3g/kg 土，与氮处理一起施用，所有肥源播种前一次基施，所用肥料均为分析纯级别（AR）；镉按设计量溶于水稀释均匀播种前拌入土壤。浇水田间持水量的 60%，平衡一周后播种，整个生育期内以蒸馏水浇灌（每次定量，所有盆钵保持一致），以避免污染。及时间苗、松土、除草及防治害虫。

大田管理与当地菜农一致，灌溉用水来自地下。

不同改良剂的基本改良原理：

从 1~3 种改良剂的性质分析，石灰处理是利用其升高土壤的 pH 值来络 Cd 离子，当 pH 值提高到 8~9，可生成$[Cd(OH)]^+$络离子；pH 值在 10 以上时，可生成 $Cd(OH)_2$ 沉淀；当 pH 值达到 11 时，则生成$[Cd(OH)_3]^+$络离子。在镉污染土壤上施入石灰和钙镁磷肥时，可减少镉的溶解度；有机肥处理是直接利用有机物料来络合 Cd 离子，从而降低镉的有效态；而双氰胺的性质则不同，双氰胺是比较理想的氮抑制剂，在施氮过多的情况下可以抑制蔬菜硝酸盐的积累，通过改变土壤中氮镉比，来影响蔬菜对镉与硝酸盐的积累。

一、不同改良剂处理在镉与硝酸盐复合污染下对辣椒品质的影响

（一）不同改良剂对辣椒品质的影响

由表 2.2 和表 2.3 可知，无论是盆栽还是大田，对照处理维生素 C 含量值都最大，在盆栽中，对照虽然最大，但是与石灰和有机肥处理间差异间不显著，双氰胺处理显著低于其他 3 个处理，达最小值，低于对照 13.85%；在大田中，加有改良剂的 3 个处理均显著低于对照，双氰胺、石灰、有机肥 3 处理分别低于对照 95.16%、6.21%、34.46%。从 Vc 的值来看，盆栽中辣椒的 Vc 含量明显高于大田，但从改良剂的效果来看，无论大田还是盆栽，他们的变化趋势一致，这可能是因为盆栽中的养分不受自然条件影响没有损失，直接作用于辣椒，而大田中的养分受雨水等自然条件的影响受到损失，不是所有的养分都作用于辣椒。

从大田和盆栽来看，对照的可溶性糖含量显著高于其他改良处理，它们的变化趋势是对照>有机肥>双氰胺>石灰，但是在大田中对照与有机肥间差异不显著，有机肥与双氰胺处理间差异不显著，但整个变化趋势与盆栽一致。

表 2.2　　　　　　　　不同改良剂对辣椒品质的影响

改良剂 Modifier	盆　栽				大　田			
	Vc (mg/kg)	可溶性糖 (mg/kg)	蛋白质 (%)	干物质 (%)	Vc (mg/kg)	可溶性糖 (mg/kg)	蛋白质 (%)	干物质 (%)
CK	629.47a	451.07a	8.63a	10.33c	549.66a	356.41a	5.28a	8.51b
双氰胺	542.29b	339.35c	5.39b	10.70c	281.64d	327.38b	4.96b	6.74b
石灰	618.01a	181.11d	5.42b	13.00a	515.55b	179.81c	5.19ab	13.90a
有机肥	611.75a	376.66b	4.86c	11.61b	360.24c	339.75b	4.95b	13.60a

注：表中不同字母表示处理显著差异性（$P<0.05$），表中数值为 3 个重复的平均值。

表 2.3　　不同改良剂对辣椒体内硝酸盐和镉的积累以及叶绿素的影响

改良剂 Modifier	盆　栽			大　田		
	镉 (mg/kg)	硝酸盐 (mg/kg)	叶绿素 (mg/kg)	镉 (mg/kg)	硝酸盐 (mg/kg)	叶绿素 (mg/g)
对照	0.242a	1809.99a	0.577b	0.182a	713.17a	0.299b
双氰氨	0.155d	1415.69b	0.373d	0.025c	622.81b	0.249c
石灰	0.167c	1160.16c	0.454c	0.028c	465.87c	0.419a
有机肥	0.229b	1242.26c	0.711a	0.086b	531.27c	0.417a

注：表中不同字母表示处理显著差异性($P<0.05$)，表中数值为 3 个重复的平均值。

在盆栽和大田的对应处理下，空白对照的可溶性蛋白均显著高于改良处理，在盆栽中，石灰与双氰胺处理差异不显著，有机肥处理显著低于其他处理；在大田中，3 个改良处理相互间均差异不显著，但从趋势上来看，盆栽处理与大田处理变化趋势一致，对照>石灰>双氰胺>有机肥。

从大田试验和盆栽模拟研究来看，各处理之间干物质的大小顺序为石灰>有机肥>对照>双氰胺，双氰胺处理与对照之间差异不显著，在大田中石灰处理与有机肥处理间差异不显著。

从表 2.3 可知，在盆栽模拟试验中，各处理的叶绿素含量大小顺序为有机肥>对照>石灰>双氰胺；而在大田试验中有机肥、石灰>对照>双氰胺，从盆栽和大田的两个对应试验来看，石灰处理趋势不同，这可能是因为大田的自然环境不同所致。

在试验范围内，对于辣椒品质指标 Vc、可溶性糖、可溶性蛋白的含量来说，经过 3 种改良剂的改良后，对照处理均大于改良处理，这可能是因为经过改良剂改良后，土壤中镉的有效性降低，这与赵勇(2006)、李素霞(2009)等研究结果一致，在一定的镉浓度下，镉对蔬菜的生长有一定的刺激作用。

(二) 不同改良剂对辣椒累积硝酸盐和镉的影响

镉与硝酸盐在辣椒的累积量是本试验主要研究的问题，其积累量的多少直接影响到产品的安全以及对人体健康的威胁。从大田研究和盆栽模拟来看，3 种改良剂均能显著地降低镉在辣椒果实中镉的累积量，双氰胺处理镉的累积量最小，其次是石灰处理，有机肥处理第三，但是在大田试验中双氰胺处理与石灰处理间差异不显著。盆栽试验和大田试验的硝酸盐变化趋势一致，3 种改良剂均能降低辣椒中硝酸盐的累积量，其中石灰处理在辣椒中硝酸盐的累积量最低，其次是有机肥处理，双氰胺处理第三，但是石灰和有机肥处理差异间差异不显著。

从 3 种改良剂的性质分析，石灰处理是利用其升高土壤的 pH 值来络合 Cd 离子，有机肥处理是直接利用有机物料来络合 Cd 离子，从而降低镉的有效态；而双氰胺的性质则不同，双氰胺是比较理想的氮抑制剂，在施氮过多的情况下可以抑制蔬菜硝酸盐的积累，通过改变土壤中氮、镉比，来影响蔬菜对镉与硝酸盐的积累。

从 2.3 种改良剂的性质来看，降低辣椒中镉的累积量应该是石灰处理和有机肥处理比较理想，降低辣椒中硝酸盐的累积应该是双氰胺处理比较理想，但是从试验的结果来看，在辣椒中镉的累积上双氰胺的改良效果最好，在硝酸盐累积的改良上双氰胺的改良效果在 3 种改良剂中最差，这个与单因素改良的研究结果不同，这可能与氮、镉互存有一定的影响，还需要进一步研究探讨。

讨论与小结：

为了使盆栽结果能够应用于大田，此次试验盆栽和大田按同一个处理同一设计同时进行，盆栽试验在实验室进行，浇水用蒸馏水（而且是定量定时浇灌），而大田是在自然条件下进行，浇水采用与当地菜农一样用的是井水，在管理上大田与盆栽同步。

通过试验表明，盆栽试验和大田试验存在一定的差异，这可能是因为盆栽试验是在盆钵培育生长的，所加污染物与底肥以及改良剂不存在由于雨水、径流等自然条件而发生改变。这也充分说明模拟试验在大田推广上存在很大的差异。

镉与硝酸盐在辣椒中的积累来看，对照均大于改良处理。这表明在氮、镉交互作用下，试验范围内的改良剂能够缓解辣椒中镉与硝酸盐的积累。

在试验范围内，综合考虑品质指标以及镉与硝酸盐在辣椒中的积累，氮、镉互作下的菜地土壤，建议采用改良剂的先后顺序为：双氰胺、石灰、有机肥。

二、不同改良剂在镉与硝酸盐复合污染下对番茄品质的影响

番茄既可以作为水果也可以作为蔬菜，深受广大消费者喜爱，但是随着"三废"的排放，导致菜地土壤重金属超标，李素霞等对菜地镉与硝酸盐复合污染进行了大量研究，也有人在镉污染的菜地土壤上对番茄的品质和产量提出了改良措施；本试验以氮镉为主要因子，在互作情况下，采用3种改良剂（双氰胺、石灰和有机肥），以当地番茄为研究对象进行大田试验，以期能对农产品安全生产提供理论依据。

（一）不同改良剂对番茄果实品质的影响

从表2.4中可以看出，不同改良剂对番茄品质均有不同程度的影响。

表2.4　　　　　施用不同改良剂对番茄品质的影响

改良剂	干物质 /%	蛋白质 /%	Vc/ (mg/100g)	葡糖糖/ (mg/kg)	可溶性糖 /%	蔗糖/ (g/100g)	硝酸盐/ (mg/kg)	柠檬酸 /%	镉/(mg/kg) 底果	镉/(mg/kg) 中果
CK	6.16d	0.106c	25.63b	28830.48c	1.717a	0.115c	494.25a	0.402c	0.034a	0.071b
双氰胺	6.44c	0.136a	23.66c	37625.10a	0.970d	0.162b	168.31b	0.530a	0.021c	0.046d
石灰	7.24a	0.090d	28.10a	33083.69b	1.475b	0.117c	181.98b	0.439b	0.027b	0.052c
有机肥	6.66b	0.121b	28.64a	29232.89c	1.171c	0.259a	494.25a	0.341d	0.029b	0.143a

注：表中同列数据不同字母表示处理显著差异性（$P<0.05$），表中数值为3个重复的平均值；表中测定的样品为中果样品（只有镉做了底果样品）。

干物质：通过3种不同的改良剂进行改良，与对照相比，经过3种改良剂改良后，施用双氰胺、石灰、有机肥后分别高于对照4.55%、17.53%、8.12%，且均达显著差异。

蛋白质：除石灰处理蛋白质含量显著小于对照外，其他两个处

理均显著高于对照，其中双氰胺处理高于对照 28.30%，有机肥处理高于对照 14.15%。

维生素 C：除双氰胺处理显著低于对照外（-8.33%），石灰和有机肥处理均显著高于对照（但二者之间差异不显著），分别高于对照 9.64% 和 11.74%。

葡萄糖：3 种改良剂处理均高于对照，其中有机肥处理与对照差异不显著，双氰胺和石灰处理分别高于对照 30.50% 和 14.75%。

可溶性糖：3 种处理均显著低于对照，双氰胺、石灰、有机肥处理分别低于对照 43.51%、14.09%、31.80%。

蔗糖：3 种改良剂处理均高于对照，双氰胺、石灰、有机肥处理分别高于对照 40.87%、1.74%、125.22%，其中石灰处理与对照差异不显著。

柠檬酸：除有机肥处理显著低于对照（-15.17%）外，双氰胺和石灰处理均显著高于对照（分别高出对照 31.84% 和 9.20%）。

（二）不同改良剂对番茄果实累积硝酸盐和镉的影响

硝酸盐：由表 2.4 可知，根据 1982 年沈明珠等提出的中国蔬菜硝酸盐类卫生分类标准（见表 2.5），只有对照和有机肥处理的硝酸盐累积量超过了一级标准，达到中度污染，且超过了茄果类蔬菜和食品中污染物限量的国家标准（$NO_3^- \leq 440mg/kg$），从改良效果上看，双氰胺和石灰的改良效果显著优于有机肥，但二者差异不显著。

镉：由表 2.4 可知，重金属镉是本试验中最关键的一个污染因子，是否通过改良降低在番茄中的累积量是本试验的目的之一，2001 年国家质量技术监督检验检疫总局批准下发布了 8 项有关农产品质量系列国家标准，其中规定蔬菜中镉的含量 $\leq 0.05mg \cdot kg^{-1}$。从表 2.4 中可知，在 3 种改良措施下底果中镉的浓度均显著小于对照，且均不超标，中果镉的含量变化较底果大，双氰胺和石灰处理镉的含量均显著低于对照，分别低于对照 35.21% 和 26.76%，但是有机肥处理显著高于对照达 101.41%。

总之，从表 2.4 可知，针对影响番茄品质的两大污染因子硝酸盐和镉而言，施用 3 种不同的改良剂均有不同程度的影响，单从这两项数据上来看，施用双氰胺的效果优于石灰与有机肥，在试验范围内施用有机肥的效果最差。

表 2.5　　　　　　　蔬菜中硝酸盐含量的分级评价标准

级别	一级	二级	三级	四级
NO_3^- 含量/（mg/kg）	≤432	≤785	≤1440	≤3100
污染程度	轻度	中度	重度	严重

（三）讨论与结论

从 3 种改良剂的性质分析，石灰处理是利用其升高土壤 pH 值来络合 Cd 离子，有机肥处理是直接利用有机物料来络合 Cd 离子，从而降低镉的有效态；而双氰胺的性质则不同，双氰胺是比较理想的氮抑制剂，在施氮过多的情况下可以抑制蔬菜硝酸盐的积累，通过改变土壤中氮镉比，来影响蔬菜对镉与硝酸盐的积累。

对于番茄中的干物质、葡萄糖、蔗糖来说，3 种改良剂均能提高它们的含量，而可溶性糖则相反，这可能与其作用机理有关；施用双氰胺能使番茄蛋白质、葡糖糖和柠檬酸显著高于其他处理，而施用石灰则能使干物质、维生素 C 显著高于其他处理，施用有机肥则使维生素 C 和蔗糖较高。

对于镉污染与过多的氮施用的菜地土壤，蔬菜中的镉与硝酸盐的积累是评价农产品安全的重要指标，其含量高低直接影响消费者的身体健康，由表 2.4 可知，对于番茄果实中累积的硝酸盐和镉来说，施用有机肥则使番茄中硝酸盐和镉累积量最大，而且中果中的镉高于对照 101.41%；施用石灰和双氰胺均显著低于对照，且二者差异显著。

本试验是在添加外源镉、氮、底肥以及改良剂的情况下进行的大田研究，在管理上完全按当地菜农的管理方式，浇水用的是井水；由于在自然条件下，所以所得结果可能更能说明问题，但是由于是外源添加，在自然条件下可能会受雨水、浇灌、土壤质地、土壤肥力以及当地气候条件的影响，所以结果只能作为试验性参考，这方面的工作还需要大量、系统、全面的研究。

在试验条件和浓度范围内，综合考虑 3 种改良剂对番茄果实品质以及累积硝酸盐和镉的影响，在氮镉交互作用下，建议优先施用的改良剂为双氰胺、石灰和有机肥。

三、不同改良剂在镉与硝酸盐复合污染下对小白菜品质的影响

（一）氮镉互作下不同改良剂对小白菜生长量的影响

通过表 2.6 可知，三种改良措施对小白菜的物理指标产生的影响有显著性差异。三种改良剂均能促进小白菜的株高和根长显。从整体上看，除了施用石灰对小白菜的生长量未起到促进作用外，其他两种改良剂均能促进其生长量。尤其是施加双氰胺后，极其显著地促进了小白菜的株高、根长、鲜重、根重以及叶面积。因此在氮镉交互作用的土壤上，可将双氰胺作为提高小白菜生长量的理想改良剂。

表 2.6 盆栽施加不同改良剂小白菜的生长量

项目	株高 （cm）	根长 （cm）	鲜重 （g/盆）	根重 （g/盆）	叶面积 （cm²）
Ck	11.06a	5.16c	59.38c	3.77b	6.80ab
有机肥	11.24a	5.70b	65.50b	3.61ab	6.42c
双氰胺	11.33a	6.42a	71.10a	4.00a	7.09a
石灰	11.24a	5.95b	52.08d	3.35c	6.57b

注：不同小写字母的处理平均值表示在 $P<0.05$ 水平差异显著。

（二）氮镉交互作用下施加不同改良剂对小白菜各种品质的影响

1. 不同改良措施对叶绿素的影响

由表 2.7 可知，三种改良措施下，经有机肥、双氰胺、石灰处理过的盆栽土壤中小白菜体内的叶绿素含量分别为 1.21mg/g、1.10mg/g、1.21mg/g。由此可知施加有机肥和石灰均能促进小白菜中叶绿素的形成，但是效果不显著。其中施加双氰胺对小白菜合

成叶绿素并没有显著抑制作用。

表 2.7　　　　　　　盆栽施用不同改良剂小白菜的品质

项目	叶绿素 /（mg/g）	Vc /（mg/100g）	粗纤维 /（g/100g）	可溶性蛋白 /（mg/g）	可溶性糖 /%
CK	1.17a	31.88c	0.68b	0.25c	0.34b
有机肥	1.21a	37.54b	0.85a	0.39a	0.39a
双氰胺	1.10b	40.16a	0.59c	0.39a	0.33b
石灰	1.22a	36.57b	0.67b	0.36b	0.33b

注：不同小写字母的处理平均值表示在 $P<0.05$ 水平差异显著。

由表 2.8 可以看出，施加三种改良剂均能提高大田小白菜叶绿素的含量，其中双氰胺的作用最为显著，其次为施加石灰和有机肥。

通过两组数据可以得出，无论是大田还是盆栽施加石灰都能最为的明显提高小白菜叶绿素的含量，施加有机肥也能在一定程度上促进两种不同环境下小白菜体内叶绿素的合成。

表 2.8　　　　　　　大田施用不同改良剂小白菜的品质

项目	叶绿素 /（mg/g）	Vc /（mg/100g）	可溶性蛋白 /（mg/g）	可溶性糖 /%
CK	0.97c	20.42c	0.026a	0.31c
有机肥	1.06b	34.13a	0.024ab	0.37b
双氰胺	1.37a	29.84b	0.025ab	0.40a
石灰	1.22a	28.00b	0.024b	0.37b

注：不同小写字母的处理平均值表示在 $P<0.05$ 水平差异显著。

2. 不同改良措施对 Vc 的影响

由表 2.7 可知，三种改良措施下，经有机肥、双氰胺、石灰处理过的土壤中小白菜体内的 Vc 的含量分别为 37.54mg/100g、40.17mg/100g、36.57mg/100g。三种改良措施均能促进小白菜体内 Vc 的合成，其效果先后顺序为双氰胺>有机肥>石灰。其中双氰胺能极大作用的促进小白菜中维生素 C 的形成。

由表 2.7 可知，三种改良措施下小白菜中维生素 C 的含量均能得到显著提高，其效果先后顺序为有机肥>双氰胺>石灰，且施加有机肥对于大田中小白菜的 Vc 含量较施加双氰胺和石灰，其效果尤为显著。

通过大田和盆栽两组数据的对比综合可以得出，对于两种不同环境的小白菜，施加改良剂有机肥(周焱，罗安程，2004)和双氰胺能够较为显著的促进其 Vc 的合成。

3. 不同改良措施对粗纤维的影响

由表 2.8 可知，三种改良措施下，经有机肥、双氰胺、石灰处理过的盆栽土壤中小白菜体内的粗纤维的含量分别为 0.85mg/100g、0.58mg/100g、0.67mg/100g。即施加双氰胺和石灰能有效地降低小白菜内粗纤维的合成，而施加有机肥对降低其纤维素含量未能起到作用。

4. 不同改良措施对可溶性蛋白的影响

由表 2.7 可知，三种改良措施下，经有机肥、双氰胺、石灰处理过的盆栽土壤中小白菜体内的可溶性蛋白的含量分别为 0.39mg/g、0.39mg/g、0.36mg/g。与未施加改良剂的空白(0.34mg/g)相对比，施加三种改良剂均能极大促使小白菜体内的可溶性蛋白含量提高，其中施加有机肥和施加双氰胺的效果最为显著，且效果没有差异。

由表 2.8 可知，施加三种改良剂对于大田小白菜中可溶性蛋白的合成均无法起到促进作用。

通过表 2.7 与表 2.8 的对比发现，盆栽和大田的含量数据出入极为明显，对于盆栽而言三种改良措施都能在一定程度上提高小白菜内可溶性蛋白的含量，而对于大田而言，三种改良措施均不能提高其含量。考虑到由于大田菜地的环境因素而导致部分小白菜遭受虫害，这里笔者以盆栽的数据为主，因此在这三种改良措施中，施加有机肥对于提高小白菜可溶性蛋白的含量是最为理想的一种改良措施。

5. 不同改良措施对可溶性糖的影响

由表2.7可知，三种改良措施下，经有机肥、双氰胺、石灰处理过的盆栽土壤中小白菜体内的可溶性糖的含量分别为0.39%、0.33%、0.33%。由此可知，除施加了有机肥能够显著提高可溶性蛋白再小白菜体内的合成，其他两种改良措施的效果并无差异，均没有较大影响。

由表2.8可知，三种改良措施下大田小白菜内可溶性糖的含量较不经过处理的小白菜内可溶性蛋白的含量均有所上升。其中有机肥和石灰均为0.37%，施加双氰胺后的可溶性蛋白含量为0.40%，其效果最为显著。通过对比并综合盆栽和大田两种不同环境下小白菜内可溶性蛋白的含量可知，施加有机肥均能促进两种环境下小白菜内可溶性蛋白的合成。

(三)不同改良措施对小白菜内镉与硝酸盐累积的影响

由表2.9可看到，在氮镉复合污染的作用下，三种不同的改良措施对盆栽的小白菜体内硝酸盐含量的积累有显著性的差异。施加三种改良剂后，小白菜中硝酸盐含量均低于空白组的平均值(2349.586mg/kg)。此结果表明，施加有机肥、双氰胺、石灰均能显著的抑制小白菜内硝酸盐的合成，且施加双氰胺能使得小白菜体内的硝酸盐含量达到最低，其次为施加有机肥，施加石灰效果相对不明显。因此可知，施加双氰胺能够最为显著的抑制硝酸盐的形成。由表2.10可知，在氮镉复合污染作用下，大田中的小白菜在施加改良剂有机肥和双氰胺后其体内硝酸盐的含量显著低于未进行改良措施的空白组。其中施加双氰胺的小白菜体内硝酸盐含量最低，改良效果最为显著。而施加石灰不能起到抑制小白菜体内硝酸盐的累积。

表 2.9　　　　　不同改良措施下盆栽小白菜中硝酸盐的含量

项目	CK	有机肥	双氰胺	石灰
硝酸盐/mg/kg	2349.586a	1335.317b	1172.437c	2319.141a
镉/mg/kg	0.983a	0.626b	0.682b	0.943a

注：不同小写字母的处理平均值表示在 $P<0.05$ 水平差异显著。

表 2.10　　　　　不同改良措施下大田小白菜中镉的含量

项目	CK	有机肥	双氰胺	石灰
硝酸盐/mg/kg	252.4782ab	230.5782bc	208.2781c	280.1033a
镉/mg/kg	0.805b	0.920a	0.708c	0.622d

注：不同小写字母的处理平均值表示在 $P<0.05$ 水平差异显著。

同时，施加三种改良剂对镉在小白菜中的累积也同样具有显著性的差异。从镉在盆栽小白菜内的含量来看，三种改良措施均能抑制镉的积累。其抑制效果的顺序为有机肥>双氰胺>石灰。即施加有机肥能最显著的抑制小白菜对土壤中镉的吸收，其次为双氰胺和石灰。向大田施加三种改良剂后，除了有机肥促进了小白菜对土壤中金属镉的吸收外，其他两种改良剂均能起到显著地抑制效果，且施加石灰后，对小白菜吸收镉起到了尤为显著地抑制作用。

由表 2.9 和表 2.10 可知，无论是大田环境还是盆栽环境，向氮镉复合污染的土壤中施加有机肥较另外两种改良措施都能极其显著地抑制小白菜内硝酸盐的累积；对于小白菜对镉的吸收，经过不同环境中的小白菜研究数据对比及综合可以得出，在氮镉复合污染的土壤下，通过向土壤中施加双氰胺能较为显著地抑制金属镉在小白菜内的累积。

（四）讨论与小结

1. 讨论

（1）在对土壤分别施加三种改良剂后，数据显示不同环境即盆栽和大田的小白菜对土壤中镉的累积有较为显著的差异。即盆栽中施加有机肥能最为显著地抑制小白菜对金属镉的累积，而大田中施加有机肥不能起到抑制作用。但是在大田中施加改良剂双氰，小白菜表现出了对金属镉最为显著的抑制作用。盆栽中施加双氰胺虽然效果没有施加有机肥显著，但是这两种改良剂对小白菜吸收土壤中镉的抑制作用相差不大，综合考虑，施加双氰胺可以作为降低小白菜对土壤中金属镉吸收的理想改良剂。

虽然与空白组对比，施加双氰胺后小白菜内镉含量有显著的降低，但小白菜内的镉含量均超出了中国国家标准 GB 238—1984 规定的蔬菜中镉的最高允许限量标准(0.05mg/kg)。因此，笔者建议在对于镉污染的现状研究上不仅要致力于寻找出较为理想的改良剂，还要充分结合土壤的理化性。尽量选择镉污染不太严重的区域，通过向土壤施加改良剂后，能够将小白菜内金属镉的含量降至国家标准值以下。

(2)通过两组数据研究可知，三种改良措施对于盆栽中的小白菜对硝酸盐的累积都起到了抑制作用，尤其是双氰胺和有机肥，其中双氰胺的抑制作用极为显著，且小白菜内的硝酸盐含量均低于中国国家标准 GB 18406—2001 的标准规定的叶菜类镉含量的最高允许限量标准(3000mg/kg)。当对大田中的土壤施加三种不同的改良剂后，石灰未能起到抑制作用。但是施加有机肥和双氰胺所表现出的结果同盆栽一样。因此，在氮镉复合污染的土壤中，可以将双氰胺作为降低叶菜内硝酸盐污染的理想改良剂。

(3)通过本次实验数据可知，在对土壤分别施加三种改良剂后，对小白菜的物理性指标产生了显著性影响。从整体上，施加双氰胺能在很大程度上能提高小白菜的物理性指标，相对其他两种改良剂效果较为显著。因此建议将双氰胺作为提高小白菜生长量的改良剂。

2. 小结

经过综合分析以及对照，笔者建议，在氮镉交互污染的土壤下，首先施加双氰胺能够显著抑制小白菜对镉和硝酸盐的累积，并能提高小白菜的生长量；其次施加有机肥对硝酸盐和金属镉的积累也有一定的抑制作用；施加石灰效果不太明显。所以，在镉与硝酸盐复合污染的小白菜土壤上建议优先选用的改良剂为双氰胺，其次为有机肥和石灰。

四、不同改良剂在镉与硝酸盐复合污染下对苋菜品质的影响

由表 2.11 可知，在镉与硝酸盐复合污染下，两种不同改良剂对苋菜品质有不同程度的影响。与对照组相比，两种不同改良剂均降低了苋菜内的 Vc 含量，分别为 10.78%、26.81%。处理间差异显著（$P<0.05$），这说明施用在试验浓度范围内对苋菜 Vc 含量的提高没有积极作用，这可能与镉的浓度有关。与对照相比，施用有机肥能显著提高了苋菜的可溶性蛋白含量，提高为 18.42%，施用双氰胺却显著降低了可溶性蛋白的含量，降低 13.16%。这说明在试验浓度范围内，施用有机肥能提高可溶性蛋白的含量，而施用双氰胺相反。

表 2.11　　　盆栽施用不同改良剂对苋菜品质的影响

项目	Vc /(mg/100g)	可溶性蛋白 /(mg/g)	可溶性糖 /%	硝酸盐 /mg/kg	镉 /mg/kg
CK	74.40a	0.38b	0.25c	3378.92b	13.82a
有机肥	66.38b	0.45a	0.40a	3595.73a	12.41b
双氰胺	54.45c	0.33c	0.30b	2743.63c	7.75c

注：不同小写字母的处理平均值表示在 $P<0.05$ 水平差异显著。

对于苋菜中可溶性糖而言，与对照相比，两种不同种类的改良措施均显著提高了苋菜内的可溶性糖含量，分别为 60.00%、20.00%。这说明施用适当浓度的有机肥和双氰胺均可以有效地提高苋菜可溶性糖的含量。

对于两个重要的污染因子苋菜体内镉与硝酸盐积累而言，施用有机肥显著增加了苋菜体内硝酸盐的累积，提高了 6.42%，显著降低了苋菜体内镉含量的积累，降低了 10.20%；施用双氰胺能显著降低苋菜体内镉与硝酸盐的含量，分别降低了 18.80%、43.92%。

针对试验范围内的镉与硝酸盐积累而言，结合其他苋菜品质，施用双氰胺比施用有机肥能更好地改善苋菜的品质。

五、氮镉互作下石灰对不同蔬菜品质的影响

(一)氮镉交互作用施用石灰对小白菜品质的影响

由表 2.12 可知，在氮镉交互作用下施用石灰显著($P<0.5$)地增加了小白菜 Vc、可溶性蛋白、可溶性糖的含量，小白菜 Vc 含量的平均值分别是 CK20.41mg/g，石灰 34.13mg/g，增加 67.22%；可溶性蛋白的平均值为 0.25% 和 0.39%，增加 56.00%；可溶性糖的平均值分别为 0.43% 和 0.72%，增加 67.44%；对于叶绿素来讲，施用石灰后，与对照相比差异不显著，但是有增加趋势，均值由 1.17mg/kg 增加到 1.27mg/kg，增加 8.55%；但是施用石灰显著抑制了小白菜粗纤维的含量，降低了 13.24%。

在氮镉交互污染下施用石灰显著($P<0.5$)地抑制了小白菜硝酸盐和镉的积累，其硝酸盐含量平均值为 CK2349.59mg/kg，石灰 1172.44mg/kg，降低 50.10%；对于镉的积累量来说对照 0.303mg/kg，石灰处理 0.131mg/kg，降低 56.77%。

由此可见，对于氮镉复合污染来说，施用石灰能够显著增加小白菜的品质而降低镉与硝酸盐的积累，这说明石灰改良剂在氮镉复合污染的小白菜土壤上改良效果显著。

表 2.12　　　　施用石灰对小白菜品质的影响(盆栽)

改良剂 石灰	Vc mg/kg	叶绿素 mg/g	粗纤维 %	可溶性 蛋白 %	可溶 性糖 %	硝酸盐 mg/kg (鲜)	镉 mg/kg (鲜)
CK	20.41b	1.17a	0.68a	0.25b	0.43b	2349.59a	0.303a
石灰	34.13a	1.22a	0.59b	0.39a	0.72a	1172.44b	0.131b

注：表中不同字母表示处理显著差异性($P<0.05$)，表中数值为 3 个重复的平均值。

（二）镉氮交互作用施用石灰对辣椒品质的影响

由表 2.13 可知，在氮镉复合污染下施用石灰显著（$P<0.5$）地抑制了辣椒 Vc、叶绿素、粗纤维、可溶性蛋白、可溶性糖的含量，分别降低了 13.85%、47.89%、7.87%、37.27%、24.77%。由此可见，在氮镉复合污染的土壤—辣椒系统中，施用石灰抑制了辣椒各品质的合成，这可能与石灰的性质和辣椒的生长条件有关，因为石灰是碱性物质，影响土壤的酸碱度，使土壤碱度增加，而辣椒对酸碱度反应比较敏感，在中性或微酸性（pH6.2～7.2 之间）土壤上生长良好，所以在碱性土壤上各方面就被受到抑制。

在氮镉复合污染下施用石灰也显著（$P<0.5$）地抑制了辣椒硝酸盐和镉的累积，其硝酸盐含量平均值为 CK1808.99mg/kg，石灰1415.69mg/kg，降低 21.74%；其镉积累量 CK0.24mg/kg，石灰0.16mg/kg，降低 33.33%。

综上所述，在氮镉交互作用下施用石灰尽管降低了辣椒的品质，同时也降低了镉与硝酸盐在其体内的累积，况且辣椒各品质也在其品质范围内，所以，在氮镉复合污染的辣椒土壤上也有利用的价值。

表 2.13　　　施用石灰对辣椒品质的影响（盆栽）

改良剂 石灰	Vc mg/kg	叶绿素 mg/g	粗纤维 %	可溶性蛋白 %	可溶性糖 mg/kg	硝酸盐 mg/kg	镉 mg/kg
CK	62.95a	0.71a	2.67a	8.64a	451.07a	1808.99a	0.24a
石灰	54.23b	0.37b	2.46b	5.42b	339.35b	1415.69b	0.16b

注：表中不同字母表示处理显著差异性（$P<0.05$），表中数值为 3 个重复的平均值。

（三）镉氮交互作用施用石灰对西红柿品质的影响

由表 2.14 可知，在氮镉复合污染下施用石灰显著（$P<0.5$）地抑制了西红柿可溶性蛋白、可溶性糖的含量，分别降低了18.18%、13.95%。但是施用石灰显著（$P<0.5$）地增加了西红柿

Vc、柠檬酸、干物质的含量，分别增加了 9.64%、10%、17.52%。

在氮镉复合污染下施用石灰也显著($P<0.5$)地抑制了辣椒硝酸盐和镉的累积，其硝酸盐含量平均值为 CK494.25mg/kg，石灰181.98mg/kg，降低 63.18%；其镉积累量 CK0.071mg/kg，石灰0.052mg/kg，降低 26.76%，。

综上所述，在氮镉交互作用下施用石灰尽管降低了西红柿的部分品质，同时也降低了镉与硝酸盐在其体内的累积，况且西红柿的Vc 和柠檬酸指标有所提高，所以，在氮镉复合污染的西红柿土壤上也有利用的价值。

表 2.14　　　　施用石灰对西红柿品质的影响(大田)

改良剂	Vc mg/kg	柠檬酸 %	干物质 %	可溶性蛋白 %	可溶性糖 %	硝酸盐 mg/kg	镉 mg/kg
CK	25.63b	0.40b	6.16b	0.11a	1.72a	494.25a	0.071a
石灰	28.10a	0.44a	7.24a	0.09a	1.48b	181.98b	0.052b

注：表中不同字母表示处理显著差异性($P<0.05$)，表中数值为 3 个重复的平均值。

(四)讨论

在氮镉交互作用下施用石灰改良剂进行土壤改良，实验数据表明，小白菜的品质指标有显著的改良效果，这与李素霞(2009)等的研究结果保持一致，而作为茄果类的辣椒和西红柿，虽然在品质指标上的效果不是很明显，甚至降低了辣椒的营养指标，但是在改良硝酸盐和镉的积累有显著的效果，这与石灰作为重金属污染土壤改良剂的作为保持一致。

(五)结论

(1)镉氮交互作用施用石灰对叶菜类(小白菜)品质的影响

(2)在氮镉交互作用下施用石灰显著($P<0.5$)提高了小白菜Vc，可溶性蛋白，可溶性糖，叶绿素的含量，并显著($P<0.5$)抑制了硝酸盐，镉的积累，施用石灰对叶菜类(小白菜)有显著的改

良效果。

（3）镉氮交互作用施用石灰对茄果类（辣椒，西红柿）品质的影响

a. 在氮镉交互作用下施用石灰显著（$P<0.5$）抑制了茄果类（辣椒）的叶绿素，粗纤维，可溶性蛋白，可溶性糖，叶绿素的含量，同时抑制了硝酸盐，镉的积累，而对辣椒 Vc 含量的没有明显影响。

b. 在氮镉交互作用下施用石灰显著（$P<0.5$）提高了茄果类（西红柿）的柠檬酸、Vc、干物质，但在施用石灰下显著（$P<0.5$）抑制了茄果类（西红柿）可溶性蛋白、可溶性糖、叶绿素的含量，同时抑制了硝酸盐，镉的积累。

在相同背景值条件下，从实验分析数据不难看出，施用石灰同时抑制了小白菜，辣椒，西红柿的硝酸盐，镉的积累，但是在相同条件下，施用石灰抑制了辣椒和西红柿的营养指标，故施用石灰对小白菜的改良效果是最佳的。

六、氮镉互作下有机肥对不同蔬菜品质的影响

（一）氮镉复合污染下施加有机肥对小白菜品质的影响

由表 2.15 可知，$Cd-NO_3^-$ 复合污染下，施用有机肥显著地（$P<0.05$）提高了小白菜 Vc、粗纤维、可溶性蛋白、可溶性糖的含量，与对照相比，分别增加 46.20%、25.00%、57.09%、66.74%；施加有机肥后，小白菜叶绿素含量与对照相比差异不显著，但仍有增加趋势，与对照相比增加 3.42%；针对镉与硝酸盐这两个污染因子来说，施用有机肥后小白菜中镉与硝酸盐的累积量显著降低，与对照相比，施入有机肥后小白菜中硝酸盐的含量降低 43.17%，镉的含量降低 14.19%。

综上所述，在 $Cd-NO_3^-$ 复合污染下，施用有机肥能够显著降低小白菜体内镉与硝酸盐的累积含量；同时对小白菜的常规品质指标，除叶绿素外，均显著增加，由此可知，在镉与硝酸盐复合污染的小白菜田地上施用有机肥能够得到显著的改良。

表 2.15　　施用改良剂有机肥对小白菜品质的影响(盆栽)

改良剂	Vc mg/kg	叶绿素 mg/g	粗纤维 %	可溶性蛋白 (%)	可溶性糖 %	硝酸盐 mg/kg	镉 mg/kg
CK	20.41b	1.17a	0.68b	0.254b	0.430b	2349.59a	0.303a
有机肥	29.84a	1.21a	0.85a	0.399a	0.717a	1335.32b	0.260b

注：表中不同字母表示处理显著差异性($P<0.05$)，表中数值为 3 个重复的平均值。

(二)氮镉复合污染下施加有机肥对辣椒品质的影响

由表 2.16 可知，$Cd-NO_3^-$ 复合污染下，与小白菜不同，施用有机肥极显著地($P<0.05$)降低了辣椒各项指标含量。其中，与对照组(CK)相比，辣椒中叶绿素、粗纤维、可溶性蛋白、可溶性糖分别降低 9.00%、23.60%、43.75%、16.50%；而辣椒中的 Vc 含量与对照相比差异性不显著，但仍有降低的趋势，与对照相比降低 2.81%；

表 2.16　　施用改良剂有机肥对辣椒品质的影响(盆栽)

改良剂	Vc mg/kg	叶绿素 mg/g	粗纤维 %	可溶性蛋白 %	可溶性糖 mg/kg	硝酸盐 mg/kg	镉 mg/kg
CK	62.95a	1.711a	2.67a	8.64a	451.07a	1808.99a	0.242a
有机肥	61.18a	1.557b	2.04b	4.86b	376.66b	1242.26b	0.229b

注：表中不同字母表示处理显著差异性($P<0.05$)，表中数值为 3 个重复的平均值。

针对污染因子镉与硝酸盐来说，辣椒中的镉与硝酸盐累积量显著降低，与对照相比，辣椒中镉与硝酸盐的含量与对照相比，分别降低 31.33% 和 5.37%。

从上面的分析来看，施用有机肥后尽管辣椒中的常规品质指标有显著降低，但仍在辣椒品质指标范围内，但是辣椒中的污染物镉与硝酸盐的含量也显著性降低，这是我们研究的核心因子，尽管经过改良后辣椒中的硝酸盐和镉的含量仍然超标(0.05mg/kg),但是已经显著降低了,起到了改良的效果。

(三)氮镉复合污染下施加有机肥对番茄各项品质的影响

如表 2.17,氮镉污染下,施用有机肥极显著地($P<0.05$)影响了番茄各项指标含量。其中,空白对照组(CK),即没有施用有机肥的番茄中维生素 C(Vc)的含量为 25.63mg/kg,而施加了改良剂有机肥后,番茄的维生素 C(Vc)含量为 28.64mg/kg,含量增加 11.74%,这说明施加有机肥能显著促进番茄中维生素 C 的合成。而番茄中柠檬酸的含量在施加有机肥后由空白对照组的 0.402%下降为 0.341%,降低了 15.174%,可溶性蛋白百分比含量由 0.106%增加至 0.121%,增加了 14.15%。施加有机肥会影响番茄的甜度,可溶性糖的百分比有显著地($P<0.05$)下降,影响番茄的甜度。以上数据说明,施加有机肥虽然会促进番茄的生长,使其果肉变多,但是会抑制番茄中可溶性糖、柠檬酸的合成,影响番茄的口感。

表 2.17 施用改良剂有机肥对番茄品质的影响(大田)

改良剂	Vc mg/kg	柠檬酸 %	干物质 %	可溶性蛋白 %	可溶性糖 %	硝酸盐 mg/kg	镉 mg/kg
CK	25.63b	0.402a	6.16b	0.106b	1.717a	494.25a	0.071b
有机肥	28.64a	0.341b	6.66a	0.121a	1.171b	494.25a	0.143a

注:表中不同字母表示处理显著差异性($P<0.05$),表中数值为 3 个重复的平均值。

番茄中硝酸盐含量与对照相比差异不显著,而镉的含量显著增加,与对照相比,番茄镉的含量增加97.18%。

从上述分析来看,尽管施用有机肥能增加番茄中 Vc、干物质、可溶性蛋白等的含量,但是,也增加了污染因子镉与硝酸盐的含量,在试验范围内,在镉与硝酸盐复合污染的番茄地里,暂时不推荐施用有机肥,这还需要更进一步的研究。

（四）讨论

在试验水平范围内，经过小白菜、辣椒、番茄收获后对各项品质指标分析研究发现，在氮镉污染下施加有机肥对蔬菜品质的影响较为复杂。对于叶菜，施加有机肥会提高叶菜品质指标的含量，并且会抑制叶菜对硝酸盐和镉的累积，使硝酸盐及镉的含量都有所降低。而对于茄果，施加有机肥会降低茄果的部分品质含量，并且对硝酸盐和镉在茄果中的累积并无抑制作用，反而有所促进。

（1）苏帆（2004）、张夫道（1998）等实验表明，在无公害蔬菜生产过程中，化学氮肥对蔬菜中硝酸盐的累积影响很大；磷肥中由于含有相当数量的重金属，大量施用会对蔬菜中重金属的含量造成一定的影响。使用有机肥处理有效养分较高，生菜产量高，扣除成本后仍有很高的产值（周建英等，2004；华珞等，2002）。因此，本实验中选择有机肥为改良剂，探究其对叶菜及茄果中硝酸盐和镉的含量影响。

（2）氮镉污染下，小白菜中营养物质的含量受到影响，施加改良剂有机肥对小白菜、番茄中维生素 C 和叶绿素的合成影响显著，维生素 C 含量和叶绿素含量都有明显的上升，表明施用有机肥能促进蔬菜叶绿素和维生素 C 的合成。

（3）氮镉污染下，番茄中营养物质的含量受到影响，施加有机肥对番茄的部分营养指标有积极的影响，Vc、干物质和可溶性蛋白的含量有显著的增加，但是导致番茄的柠檬酸和可溶性糖含量降低，影响了番茄的酸度和甜度，同时施加有机肥并没有抑制番茄对硝酸盐及镉的吸收，反而有所促进。这可能与蔬菜本身的特性以及有机肥的使用量或栽培管理有关。

（4）土壤中硝酸盐及镉会影响辣椒中营养物质的含量，施加有机肥后辣椒的营养指标与对照组相比并不都是积极的，虽然辣椒中硝酸盐与镉的含量有所下降，但辣椒中各项营养指标含量都有所下降。

（5）在试验水平内对氮镉污染作用下的土壤施加有机肥显著地影响了小白菜、番茄和辣椒中硝酸盐和镉含量。其中小白菜中硝酸盐和镉含量都有显著下降，辣椒中硝酸盐及镉含量有所下降，而番茄中硝酸盐含量无明显变化，镉含量反而有所上升。实验表明，施加有机肥会降低叶菜对硝酸盐和镉的吸收，减小了蔬菜受污染的程度。而这种抑制作用在茄果类蔬菜中效果并不明显。

（五）结论

（1）氮镉复合污染下施用有机肥对叶菜类(小白菜)品质的影响

在氮镉污染下施加有机肥，可以促进小白菜中维生素 C、叶绿素的合成。小白菜中可溶性蛋白和可溶性糖含量也有显著提高，并且促使了粗纤维含量增加，这说明施加有机肥对小白菜的营养品质有积极的影响；在氮镉污染下施加有机肥，可以抑制小白菜对硝酸盐及镉的吸收，减少小白菜的污染。

（2）氮镉复合污染下施用有机肥对茄果类(辣椒，西红柿)品质的影响

1) 在氮镉复合污染下施加有机肥，可以促进番茄中维生素 C、叶绿素、可溶性蛋白的合成，但会导致可溶性糖和柠檬酸含量的减少，降低了番茄的酸度和甜度。在氮镉污染下施加有机肥，并没有抑制番茄对硝酸盐和镉的吸收，反而有轻微的促进作用。

2) 在氮镉复合污染下施加有机肥，可以抑制辣椒对硝酸盐及镉的吸收，减少辣椒的污染，但是辣椒中维生素 C、叶绿素、可溶性蛋白含量都有所下降，导致辣椒的营养品质降低。

在试验范围内，分析结果不难看出，在氮镉复合污染下对土壤施加有机肥后，叶菜(小白菜)中各项营养指标上升的程度大于茄果(辣椒、番茄)，由此说明，施加有机肥对叶菜的改良效果比茄果好。因此在大田培育叶菜的过程中，可以通过施加有机肥来抑制硝酸盐及镉在叶菜中的积累，从而提高叶菜品质。而在培育例如番茄或辣椒等茄果类蔬菜时不适合使用有机肥作为改良剂，尤其在镉与硝酸盐复合污染的番茄田地里暂时不推荐施用有机肥作为改良剂。可以尝试使用其他改良剂。

七、氮镉互作下双氰胺对不同蔬菜品质的影响

（一）氮镉交互作用对辣椒，西红柿品质的影响

由表 2.18 和表 2.19 可知，氮镉交互作用下施用双氰胺均影响了辣椒和番茄的品质。

表 2.18　　　　　　　　施用双氰胺对辣椒品质的影响

改良剂	盆　栽				大　田			
	Vc mg/100g	可溶性糖 mg/kg	蛋白质 %	干物质 %	Vc mg/100g	可溶性糖 mg/kg	蛋白质 %	干物质 %
CK	62.95a	451.07a	8.63a	10.33a	54.97a	356.41a	5.28a	8.51a
双氰胺	54.23b	339.35b	5.39b	10.70a	28.16d	327.38b	4.96b	6.74a

表 2.19　　　　　　施用双氰胺对番茄品质的影响(大田)

改良剂	Vc mg/100g	可溶性糖 %	蛋白质 %	干物质 %
CK	25.63a	1.717a	0.106b	6.16b
双氰胺	23.66b	0.970b	0.136a	6.44a

注：不同小写字母的处理平均值表示在 $P<0.05$ 水平差异显著，表中数值为 3 个重复的平均值。

在镉污染条件下，施加双氰胺，大田辣椒、西红柿和盆栽辣椒 Vc 含量均小于对照，这与胡承孝等研究结果相似，说明在镉污染浓度 2.0mg/kg 土条件下，施氮抑制了 Vc 的合成。

对可溶性糖而言，施加双氰胺，大田辣椒、西红柿和盆栽辣椒的可溶性糖含量都低于对照，这可能是氮肥增施后对可溶性糖的稀释效应，或氮素过量抑制了可溶性糖的合成，这与赵明的研究结果(施用无机肥处理的可溶性糖含量较高，无机肥处理比 CK、有机肥处理和有机无机肥配施处理的平均分别提高了 7.3%、8.1% 和 10.4%)相似。

施加双氰胺处理对辣椒和西红柿可溶性蛋白的影响不同，大田辣椒空白对照为 5.28% 和施加双氰胺的为 4.96%，盆栽的分别为 8.63%、5.39%；而西红柿的分别为 0.106%、0.136%。比较发现，在镉污染条件下，施加双氰胺促进了西红柿蛋白质的合成而对辣椒蛋白质的合成起了抑制作用。

与对照相比，在镉污染条件下，氮素营养水平极显著($P<$

0.05)地增加了西红柿干物质的含量；但对于辣椒而言，从大田试验和盆栽模拟研究来看，双氰胺处理与对照之间差异不显著。

在试验范围内，对于辣椒品质指标 Vc、可溶性糖、可溶性蛋白和西红柿品质指标 Vc、可溶性糖的含量来说，经过双氰胺改良剂的改良后，对照处理均大于改良处理，这可能是因为经过改良剂改良后，土壤中镉的有效性降低，这与赵勇、李素霞等研究结果一致，在一定的镉浓度下，镉对蔬菜的生长有一定的刺激作用。

(二)氮镉交互作用对辣椒，西红柿吸收镉与硝酸盐的影响

如表 2.20 和表 2.21，在镉污染的条件下(2.0mg/kg 土)，施加双氰胺显著地($P<0.05$)影响了辣椒、西红柿对硝酸盐和镉的积累。对于两种蔬菜中的镉，大田辣椒空白对照与施加双氰胺的量分别为 0.182mg/kg、0.025mg/kg，降低了 89.00%，盆栽辣椒分别为 0.242mg/kg、0.155mg/kg，降低了 35.95%，西红柿中分别为 0.071mg/kg、0.046mg/kg，降低了 35.2%，可以明显看出施加双氰胺抑制了两种蔬菜对镉的吸收，降低了果实中镉的含量；而对于两种蔬菜中的硝酸盐，大田辣椒空白对照与施加双氰胺的量分别为 713.17mg/kg、622.81mg/kg，降低了 12.67%，盆栽辣椒分别为 1809.99mg/kg、1415.69mg/kg，降低了 21.78%，西红柿中分别为 494.25mg/kg、168.31mg/kg，降低了 65.95%，可以看出施加双氰胺抑制了两种蔬菜对硝酸盐的吸收，降低了果实中硝酸盐的含量与肖振林的研究结果相同；另外，从空白对照中可以看出辣椒的镉与硝酸盐含量均高于西红柿，说明辣椒较西红柿更容易富集镉与硝酸盐。

表 2.20　　施用双氰胺对辣椒镉与硝酸盐累积的影响

改良剂	盆栽		大田	
	Cd mg/kg 鲜重	硝酸盐 mg/kg 鲜重	Cd mg/kg 鲜重	硝酸盐 mg/kg 鲜重
CK	0.242a	1809.99a	0.182a	713.17a
双氰胺	0.155d	1415.69b	0.025b	622.81b

表 2.21　　　施用双氰胺对西红柿镉与硝酸盐累积的影响

改良剂	Cd mg/kg	硝酸盐 mg/kg
CK	0.071a	494.25a
双氰胺	0.046b	168.31b

注：不同小写字母的处理平均值表示在 $P<0.05$ 水平差异显著，表中数值为 3 个重复的平均值。

由此看来，施用双氰胺能够缓解镉和硝酸盐在辣椒和西红柿体内的积累，降低镉与硝酸盐对辣椒和西红柿的污染。

从表 2.18、表 2.19、表 2.20、表 2.21、表 2.22、表 2.23 可以看出，空白对照中辣椒、西红柿中镉的含量高于《食品中污染物限量》(GB 2762—2005)和《农产品安全质量无公害蔬菜安全要求》(GB 18406—2001)中镉的限量标准(Cd ≤ 0.05mg/kg)，不符合食用标准；但施加改良剂双氰胺后的两种蔬菜中镉的含量明显低于限量标准，复合食用标准。而两种蔬菜中硝酸盐的含量在改良前后均达到安全标准，但施加改良剂后辣椒达到二级标准，西红柿达到了一级标准，使两种蔬菜的品质得到了提高。

表 2.22　　　　　　　蔬菜中硝酸盐的评价标准

级别	一级	二级	三级	四级
NO$_3^-$ 含量(mg/kg)	≤432	≤785	≤1440	≤3100
污染程度	轻度	中度	重度	严重
参考卫生标准	允许 食用	生食不宜，盐渍 允许，熟食允许	生食不宜，盐渍 不宜，熟食允许	不能 食用

表 2.23　　　　　　　蔬菜中镉与硝酸盐的评价标准

项目	标准极限(mg/kg，鲜重)	标准来源
Cd	≤0.05	《农产品安全质量无公害蔬菜安全要求》 (GB 18406—2001)

项目	标准极限(mg/kg，鲜重)	标准来源
硝酸盐	≤1200(瓜果类)	《农产品安全质量无公害蔬菜安全要求》(GB 18406—2001)
Cd	≤0.05(瓜果类)	《食品中污染物限量》(GB 2762—2005)

(三)讨论与结论

(1)讨论

双氰胺是比较理想的氮抑制剂，在施氮过多的情况下可以抑制蔬菜硝酸盐的积累，通过改变土壤中氮镉比，来影响蔬菜对镉与硝酸盐的积累。

在镉污染水平下(2.0mg/kg 土)，施用双氰胺能够极显著($P<0.05$)地降低辣椒中 Vc、可溶性糖、蛋白质的含量以及西红柿中 Vc、可溶性糖的含量，增加了蛋白质、干物质的合成。对于品质指标来说无论是辣椒还是番茄都没有得到提高，但是在镉与硝酸盐复合污染下施加双氰胺能够极显著($P<0.05$)地降低辣椒和西红柿中镉与硝酸盐的含量，这是本次改良的核心因子，使两种蔬菜中镉与硝酸盐的含量低于《食品中污染物限量》(GB 2762—2005)和《农产品安全质量无公害蔬菜安全要求》(GB 18406—2001)中镉的限量标准($Cd≤0.05mg/kg$)，能够提高安全，所以其他品质指标在常规范围内的情况下，能够降低镉与硝酸盐在辣椒和番茄中的累积，也基本起到改良的作用。

(2)结论

在试验浓度范围内，综合考虑品质指标以及镉与硝酸盐在辣椒和西红柿中的积累，镉与硝酸盐复合污染下的菜地土壤，双氰胺可以作为有效的改良剂应用于实际农业生产中。

八、不同改良剂对镉与硝酸盐复合污染下土壤酶活性的影响

随着工业"三废"排放，城市生活垃圾、污泥以及含重金属的农药、化肥的施入，常导致菜地土壤重金属超标，另外，大量施用氮肥常导致菜地土壤硝酸盐的大量积累。李素霞等已经做了关于氮镉交互作用对蔬菜品质及土壤酶活性影响的研究，但是关于氮镉复合污染土壤的改良至今鲜有报道。为此，采用大田研究，以石灰、双氰胺、有机肥为改良剂，研究了它们对氮镉交互作用土壤上种植辣椒和番茄后土壤酶活性的影响，为修复镉与硝酸盐复合污染土壤提供理论依据。

（一）施用不同改良剂对辣椒、番茄土壤酶活性的影响

（1）不同改良剂对蔗糖酶活性的影响

由表2.24可知，施用3种不同的改良剂，无论是种植辣椒还是番茄，其土壤蔗糖酶活性与对照相比多数有显著差异，施用石灰的效果最好，其次是有机肥；但是种植辣椒的土壤施用双氰胺后其蔗糖酶活性与对照差异不显著（低于对照1.80%），而种植番茄的土壤施用双氰胺后蔗糖酶活性显著低于对照，且低于对照12.19%。这可能因为双氰胺是氮抑制剂，在土壤中对氮有直接影响，由于氮镉互作，对镉的酶抑制性产生间接影响；所以，在氮镉互作下，对土壤蔗糖酶活性来讲，从整个趋势上来看，施用改良剂的优先顺序为：石灰、有机肥、双氰胺。这可能与土壤中有效镉的浓度以及其他肥力因素有关，许炼烽研究表明：蔗糖酶在镉低浓度处理时受到一定程度的抑制，这在李素霞等的研究结果里也得到证实。

表2.24　　施用改良剂对辣椒、番茄土壤酶活性的影响

改良剂	蔗糖酶活性		脲酶活性		蛋白酶活性		酸性磷酸酶活性	
	辣椒	番茄	辣椒	番茄	辣椒	番茄	辣椒	番茄
CK	227.71c	204.81c	0.133c	0.165b	75.26c	49.88c	1.543a	1.645b
石灰	620.63a	420.57a	0.097d	0.157b	81.40b	88.25b	1.545a	1.437c
双氰胺	223.62c	179.85d	0.150b	0.162b	72.88c	53.94c	1.567a	1.892a
有机肥	344.59b	318.34b	0.175a	0.396a	96.29a	94.35a	1.483b	1.489c

注：表中同列数字后不同字母表示处理显著差异性（$P<0.05$）；辣椒和番茄表示收获辣椒和番茄后的土壤酶活性；蔗糖酶活性的单位是葡萄糖 $mg/(kg \cdot h)$，脲酶活性单位是 $NH_3-Nmg/(g \cdot h)$，蛋白酶活性单位是甘氨酸 $mg/(kg \cdot h)$，酸性磷酸酶活性单位是酚 $mg/(g \cdot h)$。（下同）

（2）不同改良剂对脲酶活性的影响

根据酶作用的专一性，脲酶活性可以反映有机氮及其转化情况。由表2.24可知，对于辣椒土壤来讲，3种改良剂与对照均达显著差异，石灰处理显著低于对照27.07%，双氰胺与有机肥处理分别显著高于对照12.78%和31.58%；从番茄土壤脲酶活性的分析结果来看，

石灰和双氰胺处理均与对照差异不显著，有机肥处理显著高于对照140.00%。这可能是因为种植作物不同，根际土壤微生物种类、作物需肥状况、作物营养尤其有机氮转化不同所致。从脲酶活性分析结果来看，在试验范围内施用有机肥和双氰胺修复效果比较好。

（3）改良剂对蛋白酶活性的影响

土壤蛋白酶活性的高低直接关系到植物所利用的有效氮源的多少。由表2.24可知，施用有机肥和石灰作为改良剂，土壤蛋白酶活性显著高于对照，施用双氰胺作为改良剂与对照差异不显著。这说明氮镉交互作用下，镉影响土壤供应氮肥的情况不同。

（4）不同改良剂对酸性磷酸酶活性的影响

由表2.24可知，从辣椒土壤酸性磷酸酶活性的分析结果来看，施用石灰和双氰胺与对照差异不显著，而有机肥处理的酸性磷酸酶活性显著低于对照；而种植番茄土壤的酸性磷酸酶活性，施用双氰胺显著高于对照，而施用石灰和有机肥显著低于对照，但石灰和有机肥处理间差异不显著；这说明同一种处理，种植不同的作物，土壤酸性磷酸酶活性有所区别，这可能是因为其根际分泌物、根际微环境不同所致。

（二）施用不同改良剂对小白菜土壤酶活性的影响

（1）不同改良剂对土壤蔗糖酶活性的影响

由表2.25所示供试土壤施用的3种不同改良剂，土壤蔗糖酶活性与对照组差异性显著（$P<0.5$）经过3种改良剂的处理的蔗糖酶活性均极显著高于对照组，其平均值分别为415.6038413.4023437.3374（葡萄糖）mg/kg土。与比对照组相比增长分别为14.03%，13.42%，

19.99%，有机肥组的改良效果较石灰和双氰氨明显。蔗糖酶活性反映了土壤有机碳累积与分解转化的规律，左右着土壤的碳循环，一般情况下土壤肥力越高，蔗糖酶活性越强，与土壤许多因子如土壤肥力、微生物数量及土壤呼吸强度有关，可用来表征土壤生物学活性强度和土壤肥力，实验结果表明加入改良剂后对土壤中的蔗糖酶活性得到一定程度的改良。

表 2.25　　盆栽条件下不同改良剂对小白菜土壤酶活性的影响

处理	蔗糖酶	脲酶	蛋白酶	酸性磷酸酶
CK	364.48cB	0.29bB	96.02bA	1.80bB
石灰	415.60bA	0.34aA	108.18aA	1.97aA
双氰胺	413.40bA	0.29bB	68.92cB	1.91abAB
有机肥	437.34aA	0.17aA	94.89bA	1.89abAB

注：1. 单位：以 1kg 土壤中葡萄糖的毫克数表示蔗糖酶活性，1g 土壤（干基）中含 NH_3-N 的毫克数表示脲酶活性，1g 土壤（干基）中产生酚的毫克数表示酸性磷酸酶活性，1g 土壤中含氨基酸的毫克数表示蛋白酶活性。）

2. 不同小写字母表示差异达显著水平（$P<0.05$），不同大写字母表示差异性显著水平（$P<0.01$）。

（2）不同改良剂对土壤脲酶活性的影响

由表 2.25 所示，供试土壤施用的 3 种不同改良剂，土壤脲酶活性与对照组相比差异性显著（$P<0.5$），施用改良剂对于土壤脲酶活性有一定的促进作用；经 3 种改良剂处理后与对照组差别很大，其平均值分别为 0.34、0.29、0.35mg（NH_3-N）/g 干土。其处理结果中的石灰组结果比对照组增长 14.55%，而双氰胺组和有机肥组的实验结果比对照组增长-1.12%和-40.88%。可能是双氰胺和有机肥对小白菜的脲酶活性有一定的抑制作用说明。

双氰胺和有机肥对氮镉交互作用下土壤脲酶活性改良效果不明

显。脲酶是尿素胺基水解酶类的通称，是一种将酰胺态有机氮化物水解转化为植物可以直接吸收利用的无机态氮化物的酶。它的活性在某些方面可以反映土壤的供氮水平与能力，与土壤中氮循环体系有着密切联系。

(3)不同改良剂对土壤蛋白酶活性的影响

如表 2.25 所示，供试土壤施用的 3 种不同改良剂，土壤蛋白酶活性与对照组相比，石灰和有机肥差异性不显著($P<0.5$)其平均值分别为 108.18 和 94.89mg/kg·h 分别与对照组相比增长 12.66%，−1.22%。而施用双氰胺的组分可能受到镉污染的影响较大时结果偏低为−29.44%。蛋白酶是催化有机态氮分解为无机态氮的酶类，其活性高，说明土壤可利用态氮丰富。这可能由于镉的存在导致氮的转化所致。

(4)改良剂对土壤酸性磷酸酶活性的影响

由表 2.25 所示，供试土壤施用的 3 种不同改良剂，土壤酸性磷酸酶活性与对照相比差异性显著($P<0.5$)其平均值分别为 1.98、1.91、1.89 酚 g/土(干)比对照组 1.80 酚 g/土(干)相比增长 9.49%，5.83%，4.95%。磷酸酶是土壤中最活跃的酶类之一，是表征土壤生物活性的重要酶，在土壤磷素循环中起重要作用，土壤磷酸酶酶促作用能加速土壤有机磷的脱磷速度，可以表征土壤磷素有效化强度。

(5)施用不同改良剂对苋菜土壤酶活性的影响

由表 2.26 可知，不同改良剂对苋菜土壤酶活性有不同程度的影响，施用双氰胺及有机肥对苋菜土壤蛋白酶活性和酸性磷酸酶活性均有显著性($P<0.05$)提高，分别提高 138.46%、176.92% 和 12.00%、12.00%；施用双氰胺能够显著提高苋菜蔗糖酶活性和脲酶活性，分别提高 5.76%、5.56%；施用有机肥对苋菜土壤蔗糖酶活性而言，有下降的趋势，但是差异不显著，下降 0.14%，对苋菜土壤脲酶活性而言，有显著的抑制作用，与对照相比，下降 11.11%。

表2.26　盆栽条件下不同改良剂对小白菜土壤酶活性的影响

处理	蔗糖酶	脲酶	蛋白酶	酸性磷酸酶
CK	2140.16b	0.18b	0.13c	0.25b
双氰胺	2263.41a	0.19a	0.31b	0.28a
有机肥	2137.19b	0.16c	0.36a	0.28a

注：1. 单位：以 1kg 土壤中葡萄糖的毫克数表示蔗糖酶活性，1g 土壤（干基）中含 NH_3-N 的毫克数表示脲酶活性，1g 土壤（干基）中产生酚的毫克数表示酸性磷酸酶活性，1g 土壤中含氨基酸的毫克数表示蛋白酶活性。2. 不同小写字母表示差异达显著水平（$P < 0.05$）。

(三)讨论与结论

从 3 种改良剂的性质分析，石灰处理是利用其升高土壤的 pH 值来络合 Cd 离子，有机肥处理是直接利用有机物料来络合 Cd 离子，从而降低镉的有效态；而双氰胺的性质则不同，双氰胺是比较理想的氮抑制剂，在施氮过多的情况下可以抑制蔬菜硝酸盐的积累，通过改变土壤中氮镉比，来影响蔬菜对镉与硝酸盐的积累，以及对土壤酶活性的影响。

从不同改良剂对 4 种酶活性的影响来看，不同的酶活性表现出来的趋势不尽相同，这可能是因为经过改良和植被作物不同，土壤中镉的形态和有效性不同所致，另外，有研究表明：重金属对酶的作用机理有 3 种类型，即为激活、抑制或没有关系，但是很多文献表明：重金属镉在低浓度下对有些酶活性是激活的，在高浓度下是抑制的，综合考虑，结合多次试验的研究结果，在氮镉交互作用下，施用改良剂的优先顺序依次为：双氰胺、石灰、有机肥。

总结：

结合所给出的 3 种不同的改良剂对辣椒、番茄、小白菜、苋菜等品质的影响以及对所对应的土壤酶活性的影响，在试验浓度范围内，在镉与硝酸盐复合污染的情况下，施用改良剂的先后顺序为：双氰胺、石灰、有机肥。

参考文献:

[1]赵勇,李红娟,孙志强.土壤、蔬菜Cd污染相关性分析与土壤污染阈值研究[J].农业工程学报,2006,7(22):149-153.

[2]李素霞.土壤—蔬菜系统镉与硝酸盐复合污染效应研究[D].[硕士学位论文].武汉:华中农业大学资源与环境学院,2009.

[3]苏帆,付利波,陈华等.有机肥和化肥对无公害蔬菜生产的影响[J].钾磷研究所(美国)高效施肥,2004,2(13):46-48.

[4]张夫道.氮素营养研究中几个热点问题[J].植物营养与肥料学报,1998,4(4)3-5.

[5]周建英,张惠兰.有机肥和有机复混肥中有机物质含量测定适宜方法的选择[J].辽宁农业,2004(1):42.

[6]华珞,白铃玉,韦东普.有机肥—镉—锌交互作用对土壤镉锌形态和小麦生长的影响[J].中国环境科学,2002,22(4):34-35.

第三节 不同处理改良剂对土壤—蔬菜系统氮镉交互作用调控模式研究

试验处理:

供试作物:小白菜:上海青(江西省玉丰种业有限公司)

苋菜:红园叶苋菜(武汉市九头鸟种业)

供试大田:同第一章

研究方法:同第一章

供试改良剂:石灰(同第一章)

双氰胺(同第一章)

有机肥:鸡粪(新鲜鸡粪,风干、过筛,备用)

牛粪(新鲜牛粪,风干、过筛,备用)

设计处理:

表 2.27　盆栽和大田(每亩土壤按 15 万 kg 计)对应试验设计处理

CK	底肥($P_2O_5$0.2g/kgK_2O0.3g/kg)+0.2g/kgN+2.0mg/kgCd
石灰	CK+石灰(5.0g/5kg 土、10g/5kg 土、20g/5kg 土)+每个处理 3 个重复
双氰胺	CK+双氰胺(0.1g/5kg 土、0.2g/5kg 土、0.05g/5kg 土)+每个处理 3 个重复
有机肥	CK+有机肥 CK+鸡粪(20g/5kg、50g/5kg、100g/5kg) CK+牛粪(20g/5kg、50g/5kg、100g/5kg)每个处理 3 个重复

注：CK 为对照，下同。

数据处理：同第一章

田间管理：同第一章

一、不同处理双氰胺对镉与硝酸盐复合污染下苋菜—土壤系统的影响

由表 2.28 可知：在镉与硝酸盐复合污染下，施入不同浓度(0.1g/5kg 土、0.2g/5kg 土、0.05g/5kg 土)的双氰胺对小白菜的品质有不同程度的影响，对 Vc 而言，加入双氰胺没有促进小白菜 Vc 的积累；加入不同浓度的双氰胺对可溶性糖和蛋白有促进作用，0.1g/5kg 土的双氰胺同时对汤和蛋白都有促进作用。

表 2.28　不同浓度双氰胺对镉与硝酸盐复合污染下小白菜品质的影响

	Vc mg/100g	可溶性糖 %	可溶性蛋白 %	硝酸盐 mg/kg	镉 mg/kg
CK	47.97a	0.22c	0.64b	3352.89a	1.04b
处理 1	15.63d	0.23b	0.72a	2371.34b	0.86c
处理 2	33.09b	0.20d	0.62b	2044.34c	1.16a
处理 3	27.70c	0.37a	0.56c	1352.33d	1.02b

镉与硝酸盐在小白菜中的累积是本研究的核心，通过不同浓度在小白菜中的表现，可以看出，3个浓度的双氰胺对小白菜中硝酸盐的积累都有明显的抑制作用，差异显著；双氰胺浓度为0.1g/5kg土时，对小白菜中镉的积累有明显的抑制作用，差异显著。

由表2.29可知，在镉与硝酸盐复合污染下，不同浓度的双氰胺对于苋菜品质有不同程度的影响，但是从3个浓度来看，无论是品质指标还是与硝酸盐在苋菜中的积累，改良效果都不是特别的理想，这与第一章的研究有些出入，还需进一步的研究。

表2.29　不同浓度双氰胺对镉与硝酸盐复合污染下苋菜品质的影响

	Vc mg/100g	可溶性糖 %	可溶性蛋白 %	硝酸盐 mg/kg	镉 mg/kg
CK	71.40a	0.26c	0.39c	3378.93b	13.82a
处理1	54.89b	0.34a	0.44b	3327.32b	6.86d
处理2	54.45b	0.31b	0.34d	2743.63	7.75a
处理3	54.17b	0.32ab	0.64a	5006.82a	9.01b

由2.30可知，对于蔗糖酶来讲，施用双氰胺对土壤蔗糖酶的活性有促进作用，处理1和处理2都有显著的差异性；对于脲酶活性来说，处理2和处理3有显著的促进作用；而处理2和处理3对土壤蛋白酶的活性也有显著的促进作用；对于磷酸酶来讲，3种不同浓度的处理都有显著的促进作用。

表2.30　施用双氰胺对镉与硝酸盐复合污染下土壤酶活性的影响

改良剂	蔗糖酶活性		脲酶活性		蛋白酶活性		酸性磷酸酶活性	
	小白菜	苋菜	小白菜	苋菜	小白菜	苋菜	小白菜	苋菜
CK	533.47b	2140.17b	0.19b	0.18c	1.30c	0.13d	0.12b	0.26b
处理1	533.52b	2235.98a	0.23a	0.17d	0.88d	0.34b	0.13a	0.30a
处理2	554.01a	2263.42a	0.12d	0.19b	1.67b	0.31c	0.12b	0.29a
处理3	518.19c	1969.97c	0.16c	0.33a	1.70a	0.37a	0.13a	0.29a

由此可见：3 种不同浓度的双氰胺（0.1g/5kg 土、0.2g/5kg 土、0.05g/5kg 土）都有一定的促进作用，且差异显著，综合考虑：在试验范围内，施入双氰胺 0.2g/5kg 土时，效果较好。

二、不同处理双氰胺对镉与硝酸盐复合污染下小白菜—土壤系统的影响

（一）不同浓度的双氰胺对小白菜品质的影响

（1）不同浓度双氰胺对镉与硝酸盐复合污染下小白菜可溶性蛋白的影响

由表 2.31 可知，不同梯度的双氰胺对小白菜可溶性蛋白有不同程度的影响，第一季小白菜中，处理 2 显著提高了小白菜中可溶性蛋白的含量，与对照相比，提高了 38.2%，处理 1 和处理 3 差异不显著，但也没有抑制小白菜可溶性蛋白的合成；第二季小白菜中，处理 1 显著提高了小白菜可溶性蛋白的含量，与对照相比，提高了 12.5%，处理 2 与对照相比差异不显著，处理 3 则抑制了小白菜可溶性蛋白的合成，可溶性蛋白含量下降了 12.5%。

表 2.31　　在镉与硝酸盐复合污染下不同浓度的双氰胺
对小白菜品质的影响

处理	第一季			处理	第二季		
	可溶性蛋白%	可溶性糖%	Vc mg/100g		可溶性蛋白%	可溶性糖%	Vc mg/100g
对照	2.38b	3.19a	33.25c	对照	0.64b	0.22c	47.97a
处理 1	2.27b	3.23a	35.73b	处理 1	0.72a	0.23b	15.63d
处理 2	3.29a	2.51b	39.68a	处理 2	0.62b	0.20d	33.09b
处理 3	2.37b	3.24a	33.75c	处理 3	0.56c	0.37a	27.70c

综上所述，对于小白菜可溶性蛋白而言，0.1g/5kg 和 0.2g/5kg 土的双氰胺均能提高小白菜可溶性蛋白的含量，改良效果较好。

(2)不同浓度双氰胺对镉与硝酸盐复合污染下小白菜可溶性糖的影响

由表 2.31 可知，不同梯度的双氰胺对小白菜可溶性糖有不同程度的影响，第一季小白菜中，处理 1 和处理 3 使小白菜可溶性糖含量显著提高，与对照相比，分别提高了 1.25% 和 1.56%，而处理 2 则起抑制作用，与对照相比，减少了小白菜可溶性糖含量 21.3%；第二季小白菜中，处理 1 和处理 3 均能显著提高小白菜可溶性糖的含量，与对照相比，分别提高小白菜可溶性糖含量 4.5% 和 68.1%，而处理 2 则起到了抑制作用，降低小白菜可溶性糖含量达 9.1%。两季小白菜分析结果基本一致，0.2g/5kg 和 0.05g/5kg 土的双氰胺均能有效促进小白菜可溶性糖的合成，改良效果较好。

(3)不同浓度双氰胺对镉与硝酸盐复合污染下小白菜 Vc 的影响

由表 2.31 可知，不同梯度的双氰胺对小白菜 Vc 也有不同程度的影响，第一季小白菜中，3 种处理方式都可以提高小白菜 Vc 的含量，处理 1 与处理 2 相比差异显著，处理 3 与对照相比差异不显著，但有提高的趋势，与对照相比，分别提高了 7.46%、19.34% 和 1.5%；第二季小白菜中，3 种处理方式都抑制了小白菜 Vc 的合成，与对照相比，分别降低了小白菜 Vc 含量 67.4%、31.02% 和 42.26%；第二季小白菜中，加入的改良剂双氰胺起抑制作用，可能是由于在镉与硝酸盐复合污染中，由于第一季小白菜的吸收，使得土壤中氮肥含量降低较快的缘故。

总而言之，对于小白菜的品质指标而言，施用双氰胺还是能够对镉与硝酸盐复合污染的土壤有较好的改良效果。

(二)不同浓度的双氰胺对小白菜硝酸盐的影响

由表 2.32 知，不同梯度双氰胺处理过的小白菜的硝酸盐含量呈现不同程度的变化，第一季小白菜中，3 种处理方式都对小白菜叶中硝酸盐的累积起到抑制作用，与对照相比，硝酸盐含量分别下降 29.27%、39.2% 和 59.67%；第二季小白菜中，处理 1 和处理 3 差异性显著，与对照相比，小白菜叶中硝酸盐含量分别上升了 10.68% 和 34.8%，处理 2 差异性不显著，但也没有起到抑制硝酸盐累积的作用。综上所述，双氰胺对硝酸盐的累积有一定抑制作用，0.2g/5kg 土的双氰胺的改良效果较为理想。

表2.32　　在镉与硝酸盐复合污染下不同浓度的双氰胺
对小白菜硝酸盐的影响　　　　（mg/kg 鲜重）

硝酸盐	CK	处理1	处理2	处理3
第一季	3352.89a	2371.34b	2044.34c	1352.33d
第二季	2411.93c	1629.17b	2416.46c	3250.75a

（三）不同浓度的双氰胺对小白菜镉的影响

由表2.33知，不同梯度双氰胺处理过的小白菜地上部分和根中镉含量呈现不同程度的影响，对于第一季小白菜镉含量的累积来说，与对照相比，处理1和处理3对小白菜地上部分中的镉含量均差异不显著。处理2则显著提高了小白菜体内的含量，提高了12.5%；对于小白菜根部，处理1和处理2差异性显著，能有效降低小白菜根部镉的富集，与对照相比，根中镉含量分别下降了7.5%和13.9%，处理3则促进了根部镉的累积，与对照相比，使根中镉含量增加了8.6%。

表2.33　在镉与硝酸盐复合污染下不同浓度的双氰胺对小白菜镉的影响

处理	第一季		处理	第二季	
	小白菜地上部分 mg/kg	小白菜根部 mg/g		小白菜地上部分 mg/kg	小白菜根部 mg/g
对照	2.919b	0.173b	对照	1.043b	2.538b
处理1	3.092ab	0.160c	处理1	0.858c	2.276b
处理2	3.283a	0.149d	处理2	1.164a	3.326a
处理3	2.900b	0.188a	处理3	1.019b	2.342b

第二季小白菜中，对于地上部分，处理1差异性显著，与对照相比，使镉含量下降了17.7%，处理3则差异性不显著，也没起到

抑制作用，处理 2 则起促进作用，与对照相比，镉含量增加了 11.6%；对于小白菜根部，处理 1 和处理 3 差异性不显著，但也能起到抑制作用，与对照相比，根中镉含量分别下降了 10.3% 和 7.72%，处理 2 则起促进作用，与对照相比，根中镉含量增加了 31.1%。

综上所述，处理 3 能有效抑制重金属镉在地上部的累积，促进在地下部的累积。

(四)不同浓度的双氰胺对小白菜收获后土壤酶活性的影响

(1)不同浓度的双氰胺对小白菜收获后土壤脲酶活性的影响

脲酶是尿素胺基水解酶类的通称，是一种将酰胺态有机氮化物水解转化为植物可以直接吸收利用的无机态氮化物的酶。它的活性在某些方面可以反映土壤的供氮水平与能力，与土壤中氮循环体系有着密切联系(邱莉萍等，2006)。

由表 2.34 可知，不同梯度的双氰胺对土壤脲酶活性有不同程度的显著影响，处理 1 显著提高了土壤脲酶活性，与对照相比，提高 15.79%，但是处理 2 和处理 3 均显著抑制了土壤的脲酶活性，这说明在镉与硝酸盐复合污染下 0.1g/5kg 土的双氰胺能有效促进土壤脲酶活性。

(2)不同浓度的双氰胺对小白菜收获后土壤蛋白酶活性的影响

蛋白酶是催化有机态氮分解为无机态氮的酶类，其活性高，说明土壤可利用态氮丰富(杨志新等，2000)。

由表 2.34 可知，不同梯度的双氰胺对土壤蛋白酶活性有不同程度的显著影响，处理 2 和处理 3 显著提高了土壤蛋白酶活性，与对照相比，分别提高了 28.5% 和 30.8%，但处理 1 显著抑制了土壤蛋白酶的活性，这说明镉与硝酸盐复合污染下 0.2g/5kg 和 0.05g/5kg 土的双氰胺能有效促进土壤蛋白酶活性。

(3)不同浓度的双氰胺对小白菜收获后土壤磷酸酶活性的影响

磷酸酶是土壤中最活跃的酶类之一，是表征土壤生物活性的重要酶，在土壤磷素循环中起重要作用，土壤磷酸酶酶促作用能加速土壤有机磷的脱磷速度，可以表征土壤磷素有效化强度(左智天，2009)。

由表 2.34 可知，三种处理的差异不显著，但均显著高于对照，与对照相比，都提高 8.3%。这说明，施用双氰胺均能提高土壤磷酸酶活性。

(4)不同浓度的双氰胺对小白菜收获后土壤蔗糖酶活性的影响

蔗糖酶活性反映了土壤有机碳累积与分解转化的规律，左右着土壤的碳循环，一般情况下土壤肥力越高，蔗糖酶活性越强，与土壤许多因子如土壤肥力、微生物数量及土壤呼吸强度有关，可用来表征土壤生物学活性强度和土壤肥力。

由表 2.34 可知，不同梯度的双氰胺对土壤蔗糖酶活性有不同程度的影响，与对照相比，处理 2 显著提高了土壤蔗糖酶的活性，提高了 3.8%；处理 1 尽管与对照相比差异不显著但是有提高的趋势；处理 3 显著抑制了土壤蔗糖酶活性，与对照相比降低了 2.86%。由此说明在镉与硝酸盐复合污染下 0.2g/5kg 土的双氰胺能有效促进土壤蔗糖酶活性。

表 2.34　在镉与硝酸盐复合污染下不同浓度的双氰胺
对小白菜收获后土壤酶活性的影响

	脲酶活性	蛋白酶	磷酸酶	蔗糖酶
对照	0.19b	1.30b	0.12b	533.47b
处理 1	0.22a	0.88c	0.13a	533.52b
处理 2	0.12d	1.67a	0.13a	554.01a
处理 3	0.16c	1.70a	0.13a	518.19c

1. 不同小写字母的处理平均值表示在 $P<0.05$ 水平差异显著；

2. 以 1kg 土壤中葡萄糖的毫克数表示蔗糖酶活性，1g 土壤(干基)中含 NH_3-N 的毫克数表示脲酶活性，1g 土壤(干基)中产生酚的毫克数表示酸性磷酸酶活性，1g 土壤中含氨基酸的毫克数表示蛋白酶活性。

综上所述在镉与硝酸盐复合污染下，施用双氰胺能有效改良小白菜土壤环境，尤其处理 2，0.2g 双氰胺/5kg 土改良效果最好，其次是 0.1g 双氰胺/5kg 土，最后是 0.05g 双氰胺/5kg 土。

（五）双氰胺对镉污染下尿素转化及小白菜的影响

试验设计

试验共设 4 个处理，分别是：(1)对照：底肥 $P_2O_5$0.2g·kg^{-1}，K_2O0.3g·kg^{-1}+0.2g·kg^{-1}N(不包括 DCD 带入的氮)+2.0mg·kg^{-1} Cd)，简称"CK"，(2)处理 1：CK+DCD，用量为尿素的 5%，简称"DCD5"；处理 2：CK+DCD，用量为尿素的 10%，简称"DCD10"；(3)处理 3：CK+DCD，用量为尿素的 20%，简称"DCD20"；每处理 3 次重复。

1. 镉污染条件下不同处理双氰胺对土壤铵态氮与硝态氮转化的影响

在供试镉污染菜地条件下，施用不同量双氰胺对尿素的水解与转化影响显著($P<0.05$)(图 2.1)。双氰胺用量为试验外加尿素的 5%、10%和 20%，NH_4^+-N 在土壤中的累积量逐步增加，与对照相比均呈显著性差异，分别比对照增加 10.8%、21.2%和 46.0%。同时发现，DCD 用量与土壤硝化作用呈极显著正相关，相关方程为 y=22.238x+96.66(其中 x 为 DCD 用量，y 为土壤 NH_4^+ 浓度，R2=

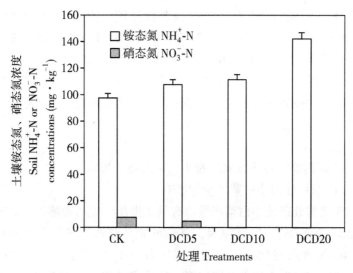

图 2.1 双氰胺对土壤 NH_4^+-N 和 NO_3^--N 的影响

0.998，n=4），证明随抑制剂用量的增加其硝化抑制效果更加显著。随着双氰胺用量由尿素的 5% 增至 10%、20%，土壤中 NO_3^--N 浓度与 DCD 施用量极显著负相关（y=−0.686x+7.132，其中 x 为 DCD 用量，y 为土壤 NO_3^- 浓度，R2=0.993，n=3），当 DCD 加入量为尿素的 20% 时，土壤中 NO_3^--NN 未检出，可见 DCD 降低了土壤中 NO_3^--NN 的淋溶，同时降低了小白菜对硝酸盐的吸收，降低了小白菜体内硝酸盐的积累及食物链风险。

2. 镉污染条件下双氰胺对土壤脲酶活性与有效镉浓度的影响

脲酶是一种含镍的寡聚酶，为土壤中的主要酶类之一，能专一催化尿素水解。由于尿素只有在土壤脲酶的作用下水解成 NH_4^+-N 后才可被植物大量吸收，因此脲酶活性对尿素在土壤中的转化和肥效的发挥起着关键作用。由图 2.2 可知，在镉污染条件下，不同量 DCD 对尿素的水解影响显著（$P < 0.05$），但不具有较强的规律性，这与王雅楣的研究结果不一致，也可能与镉污染有一定的关系。不同量 DCD 对镉在土壤的转化也有不同程度的影响，DCD5 处理显著增土壤镉的有效性（图 2.3），有效镉较对照高 9.24%，DCD10 和 DCD20 处理土壤有效镉与对照相比差异不显著。在试验范围内，低量 DCD 对镉的有效性有一定的刺激作用，而随 DCD 用量的增加，这种作用趋于平稳。土壤有效镉与土壤脲酶活性极显著负相关，相关方程为：$y = 4.06x^2 - 12.8x + 10.1$（$R^2 = 0.999$，$n = 4$），土壤有效镉对土壤脲酶活性起着极显著的抑制作用，土壤脲酶活性随着土壤有效镉的起伏而变化。镉污染条件下双氰胺在抑制尿素水解的同时，也会影响土壤中镉有效性，这些复杂的关系需进一步深入研究。

3. 镉污染条件下双氰胺对小白菜品质的影响

（1）双氰胺对小白菜产量的影响

双氰胺处理使小白菜产量均有显著提高，较对照增产 24.3%～47.2%（表 2.35），究其原因，首先可能是双氰胺显著影响尿素朝着 NH_4^+-N 方向转化，小白菜主要吸收 NH_4^+-N 使生物量增加；其次，双氰胺影响土壤有效镉浓度，低量双氰胺对有效镉浓度具有显著的促进作用，同时对小白菜产量也有显著的增产作用。

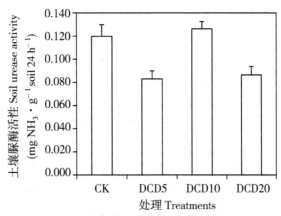

图 2.2 双氰胺对土壤脲酶活性的影响

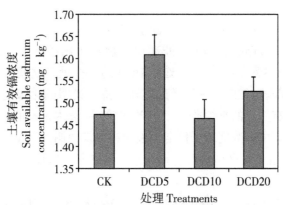

图 2.3 双氰胺对土壤有效镉浓度的影响

表 2.35 镉污染条件下双氰胺对小白菜产量及品质指标的影响

处理	小白菜生物量（g/盆）	小白菜 Vc（mg/100g）	硝酸盐浓度（mg·kg⁻¹）	Cd 浓度（mg·kg⁻¹）
CK	35.0±0.8 c	53.9±1.8 c	4187±207 a	1.07±0.5 a
DCD5	49.6±1.3 a	53.3±2.3 b	3515±433 b	1.04±0.05 a
DCD10	43.4±0.3 b	50.7±1.7 b	3438±296 c	0.93±0.03 b
DCD20	51.4±0.3 a	62.8±1.6 a	3372±152 c	0.92±0.02 b

注：同一列内不同小写字母的处理平均水平值表示在 $P<0.05$ 水平差异显著。

（2）双氰胺对小白菜 Vc 含量的影响

Vc 是评价蔬菜品质的重要营养指标。与对照相比，DCD5 和 DCD10 两个处理小白菜 Vc 含量与对照无差异，DCD20 处理显著增加了小白菜中的 Vc 含量，提高 16.58%。

4. 镉污染条件下双氰胺对小白菜硝酸盐和镉累积的影响

（1）镉污染条件下不同处理双氰胺对小白菜累积硝酸盐含量的影响

由表 2.35 可知，施用 DCD 使小白菜植株体内硝酸盐浓度较对照下降 12.5%～19.5%，差异均达显著水平（$P<0.05$）；DCD 的 3 个不同用量之间，小白菜植株硝酸盐浓度随 DCD 用量的增加呈一定的下降趋势，说明硝化抑制剂对小白菜硝酸盐累积具有明显的抑制作用。

（2）双氰胺对小白菜镉浓度的影响

由表 2.35 可知，DCD 处理使小白菜体内镉浓度较对照下降 2.80%～13.3%（$P<0.05$），施用 DCD 的 3 个处理之间，小白菜植株镉浓度随着 DCD 用量的增加逐渐下降，说明硝化抑制剂对小白菜镉积累有一定的抑制作用。但当 DCD 用量达尿素的 10%～20% 时，小白菜中镉浓度趋于稳定，说明在一定的镉污染及尿素作用下使用 DCD 在一定范围内具有抑制小白菜镉累积的效果。

5. 讨论

镉污染条件下，硝化抑制剂 DCD 与尿素配施能够有效降低 NO_3^--N 的累积和维持土壤中较高的 NH_4^+-N 浓度，且随着 DCD 用量的增加，土壤 NH_4^+-N 浓度显著递增，NO_3^--N 浓度显著递减，这与熊国华等的研究结果一致，不同的是熊国华等研究的是基于健康土壤，这说明镉污染没有显著影响 DCD 对尿素在土壤中的转化。

镉污染条件下，不同双氰胺浓度对脲酶活性有不同程度的影响，双氰胺浓度为尿素 10% 时，脲酶活性达最大值 0.125mg/g24h，其中双氰胺浓度为尿素 5% 和 20% 时均低于对照，这个结果可能与土壤有效镉浓度有关，土壤有效镉与土壤脲酶活性有极显著的相关性，这与镉污染对土壤酶活性的影响中，对土壤的脲酶活性有很显著的抑制作用，且随着土壤有效镉浓度的增加而降低，这与文献结果一致。双氰胺对土壤镉的转化有一定影响，可能是因为 NH_4^+-N 与 NO_3^--N 受 DCD 的影响，随着 DCD 浓度的增加，NH_4^+-N 浓度逐渐增加而 NO_3^--N 浓度逐渐降低直至检测不出，这说明 NH_4^+-N 与 NO_3^--N 浓度及比例对土壤镉有效性和植物吸收性有显著影响，具体原因有待进一步研究。

镉污染条件下，添加双氰胺可显著提高小白菜的产量，这与串丽敏等的研究结果一致。同时，不同量 DCD 均能降低小白菜对硝酸盐的累积，随着 DCD 浓度的增加小白菜硝酸盐浓度逐渐降低。这与傅柳松等研究结果一致，这种关系没有受到镉污染的影响。小白菜体内镉的积累随双氰胺的增加逐渐降低，当小白菜体内镉积累量达 $0.93mg \cdot kg^{-1}$ 时趋于平衡，可能与双氰胺用量及 NH_4^+-N 与 NO_3^--N 比例有关，具体原因尚待探明。

6. 小结

（1）在镉污染条件下，施用 DCD 显著提高小白菜产量，与对照相比分别增产 24.3%~47.2%。

（2）在镉污染条件下，施用 DCD 能够显著降低小白菜体内镉与硝酸盐浓度，镉浓度较对照下降 2.80%~13.3%，硝酸盐浓度降低 12.5%~19.5%。

（3）在镉污染条件下，施用 DCD 能增大土壤 NH_4^+-N 浓度、降低 NO_3^--N 浓度，且二者与 DCD 用量极显著性相关。

7. 讨论

第一季与第二季小白菜的盆栽，气候条件、小白菜成熟程度及其他客观条件的影响下，个别数据出现误差，但是根据以往的经验和其他科研人员对于镉和硝酸盐复合污染的研究数据比较之后，得到一个较准确的实验结果。

双氰胺是一种氨基氰化盐类化合物，对土壤微生物呼吸有抑制作用，有效抑制 NH_4^+ 向 NO_3^- 转化，使土壤在更长的时间内保持 NH_4^+ 含量，延迟硝态氮出现高峰的时间，显著降低 NO_3^- 在土壤中累积从而减少氮素的淋失，从而减少氮素的淋溶损失（孙爱文，2004），这不仅提高了肥效，而且减少了 NO_2^--N、NO_3^--N 淋溶和反硝化造成的氮肥损失，降低环境污染(黄益宗等，2001，2002)。从而提高土壤的 pH 值，降低土壤中 Cd 的活化，即降低土壤有效态 Cd 的质量分数。硝化抑制剂在提高肥效和减少环境污染的同时改善作物的品质。

双氰胺作为改良剂，对于镉和硝酸盐复合污染的小白菜土壤环境是能起到一定得改良作用的。对于处理 3，0.05g/5kg 土的双氰胺含量，对于小白菜脲酶活性和蔗糖酶活性来说呈负效应，所以不能作为最佳投加量。对于处理 1，0.1g/5kg 土的双氰胺含量对于小白菜酶活性来说效果比较好，对于硝酸盐的抑制作用一般，对于土壤中有效镉的抑制作用显著。

对于处理 2，0.2g/5kg 土的双氰胺含量对于土壤中有效镉的抑制作用一般，但是对于硝酸盐有比较好的抑制作用。

8. 结论

(1)在盆栽试验条件下，在试验范围内，不同浓度的双氰胺对 4 种土壤酶的活性有不同的影响，经过综合分析，0.2g/5kg 土的双氰胺改良效果最好，其次是 0.1g/5kg 土的双氰胺，0.05g/5kg 土的双氰胺改良效果相对较差。

(2)在试验浓度条件下，不同浓度的双氰胺对小白菜的品质影响不同，对于可溶性蛋白和可溶性糖而言，改良结果与酶活性类似。

(3)在试验浓度条件下，不同浓度的双氰胺对小白菜的 Vc 有一定的抑制作用。

(4)在试验浓度条件下，不同浓度的双氰胺对小白菜累积镉与硝酸盐有一定的抑制作用，0.05g/5kg 土的双氰胺相对较好，其次是 0.2g/5kg 土的双氰胺。

综上所述，在盆栽试验条件下，在试验范围内，在不影响小白菜品质的条件下，0.05g/5kg 土的双氰胺对小白菜累积镉与硝酸盐有一定的缓解作用。

(六)氮镉互作下双氰胺对小白菜地尿素转化及土壤酶活性的影响

试验设计：

试验共设 4 个处理，分别是对照(底肥 P_2O_5 0.2g/kgK$_2$O 0.3g/kg+0.2g/kgN+2.0mg/kgCd)，简称"CK"；处理 1(对照+DCD(尿素

的 5%），简称"处理 1"；处理 2（对照+DCD（尿素的 10%）），简称"处理 2"；处理 3（对照+DCD（尿素的 20%）），简称"处理 3"。每个处理重复 3 次。

1. 镉污染条件下不同处理双氰胺对土壤铵态氮与硝态氮转化的影响

由图 2.4 可知，在小白菜地镉污染的条件下，施用不同处理的双氰胺对氮的水解与转化有显著性（$P<0.05$）影响，对土壤 NH_4^+-N 的变化而言，随着双氰胺浓度（分别为尿素的 0、5%、10%、20%）的增加，土壤中 NH_4^+-N 在土壤中的累积量逐步增加，与对照相比均呈显著性差异，分别增加 10.78%、21.22%、45.97%。同时还发现，不同处理的 DCD 用量对土壤硝化作用也有一定的影响，由图 2.5 可知，呈极显著正相关，正相关关系为：$y=22.238x+96.66$（$R^2=0.998$，$n=4$），同样也证明了随着硝化抑制剂用量的增加抑制效果更加显著。对 NO_3^--N 的变化而言，随着双氰胺浓度（分别为纯氮的 0、5%、10%、20%）的增加，土壤中 NO_3^--N 在土壤中的累积量逐步减少，与 NH_4^+-N 不同随着 DCD 用量的增加，土壤中 NO_3^--N 累积量减少，DCD 施用量与土壤 NO_3^--N 累积量呈极显著负相关

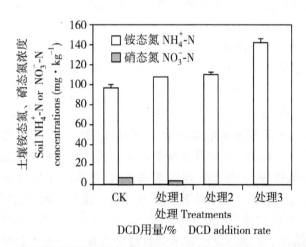

图 2.4　镉污染条件下不同处理双氰胺对土壤 NH_4^+-N 和 NO_3^--N 的影响

关系，负相关关系为：$y = -0.686x + 7.132$（$R^2 = 0.993$，$n = 3$）（当 DCD 的加入量为尿素的 20% 时，土壤中 NO_3^--N 未检出），降低了土壤中 NO_3^--N 的淋溶，而且降低了小白菜吸收硝酸盐的几率及小白菜体内硝酸盐的积累，从而也降低了对人体威胁的风险。

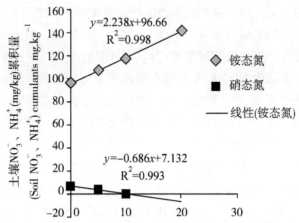

图 2.5 土壤中 NH_4^+-N 与 NO_3^--N 累积量与 DCD 用量相关性

2. 镉污染条件下不同处理双氰胺对土壤脲酶活性与有效镉转化的影响

脲酶是一种含镍的寡聚酶，为土壤中的主要酶类之一，能够专一催化尿素水解。由于尿素只有在土壤脲酶的作用下，水解成 NH_4^+-N 后才可被大量吸收，因此脲酶活性对尿素在土壤中的转化和肥效的发挥起着关键作用。由图 2.6 可知，在镉污染条件下，不同处理的 DCD 对尿素的水解有不同程度的影响，均达显著（$P < 0.05$）差异。处理 1 与处理 3 显著低于对照，与对照相比分别降低了 29.66% 和 26.27%，处理 2 显著高于对照，与对照相比提高 5.93%。总体来看，不具有较强的规律性，这与王雅楣的研究结果不一致，可能与镉污染有一定的关系。由图 2.7 可知，不同处理的 DCD 对镉在土壤的转化也有不同程度的影响，处理 1 显著增加镉在土壤中的转化，与对照相比，有效镉提高 9.24%，处理 2 与处理 3 与对照相比差异不显著，但是，处理 2 与对照相比有降低的趋

势，降低 0.48%，处理 3 有升高的趋势，提高 3.60%。实验结果表明，在试验范围内低浓度的 DCD 对镉转化为有效镉有一定的刺激作用，而随着 DCD 的浓度的增加，这种作用趋于平稳，处理 2、处理 3 与对照相比，数值略有改变，但是处理间差异均不显著。

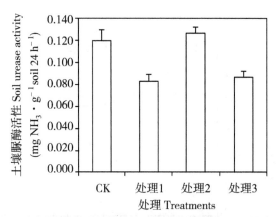

图 2.6 镉污染条件下不同处理双氰胺对土壤脲酶活性的影响

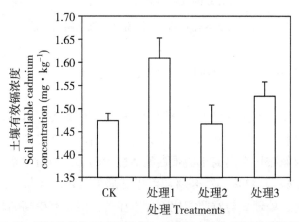

图 2.7 镉污染条件下不同处理双氰胺对土壤有效镉转化的影响

由图 2.8 可知，土壤有效镉与土壤脲酶活性存极显著相关性，相关关系为：$y = 4.057x^2 - 12.75x + 10.10$（$R^2 = 0.999$，$n = 4$），土壤有效镉对土壤脲酶活性起着极显著的抑制作用，土壤脲酶活性随着土壤有效镉的起伏变化而变化。为此，在镉污染条件下，施用双氰胺抑制尿素的水解的同时，也会影响到土壤中有效镉的变化，有效镉的变化直接影响到脲酶活性的变化，这些复杂的关系需进一步深入研究。

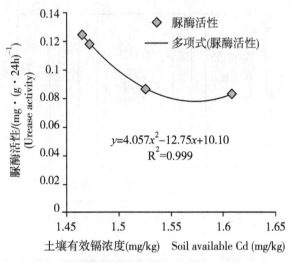

图 2.8　土壤有效镉与土壤脲酶活性之间的关系

3. 镉污染条件下不同处理双氰胺对小白菜地土壤蛋白酶活性的影响

蛋白酶是催化有机态氮分解为无机态氮的酶类，其活性高，说明土壤可利用态氮丰富。在盆栽条件下，由图 2.9 可知，施用不同处理的双氰胺均有提高土壤蛋白酶活性的趋势，与对照相比分别提高 45.14%、4.57%、42.86%，其中处理 1 与处理 3 与对照相比差异极显著，处理 2 与对照相比差异不显著，但是有提高的趋势，说明在镉污染条件下，施用双氰胺能够提高土壤蛋白酶活性。

4. 镉污染条件下不同处理双氰胺对小白菜地土壤蔗糖酶活性的影响

蔗糖酶活性反映了土壤有机碳累积与分解转化的规律，影响着土壤的碳循环，一般情况下土壤肥力越高，蔗糖酶活性越强，与土壤许多因子如土壤肥力、微生物数量及土壤呼吸强度有关，可用来表征土壤生物学活性强度和土壤肥力。由图 2.10 可知，供试土壤施用的 3 种不同处理的双氰胺对土壤蔗糖酶活性有不同程度的影响，与对照相比处理 1 与处理 3 差异性极显著($P<0.01$)，且处理 1 与处理 3 间差异性显著($P<0.05$)，但是，处理 2 与对照相比差异不显著。

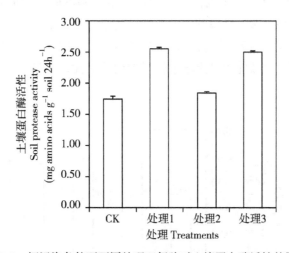

图 2.9　镉污染条件下不同处理双氰胺对土壤蛋白酶活性的影响

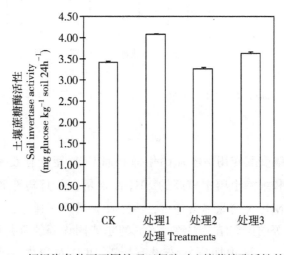

图 2.10　镉污染条件下不同处理双氰胺对土壤蔗糖酶活性的影响

5. 镉污染条件下不同处理双氰胺对小白菜地土壤酸性磷酸酶活性的影响

磷酸酶是土壤中最活跃的酶类之一，是表征土壤生物活性的重要酶，在土壤磷素循环中起重要作用，土壤磷酸酶酶促作用能加速土壤有机磷的脱磷速度，可以表征土壤磷素有效化强度。由图2.11可知，在试验范围内小白菜地施用3种不同处理的双氰胺均能显著提高土壤酸性磷酸酶的活性，与对照相比施入3种处理的双氰胺均提高酸性磷酸酶活性为26.67%，这说明在氮镉交互作用下，施用双氰胺能提高土壤酸性磷酸酶的活性，但是，不同处理间差异不显著。

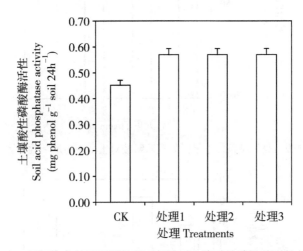

图 2.11　镉污染条件下不同处理双氰胺对土壤酸性磷酸酶活性的影响

6. 讨论

在氮镉交互作用下添加硝化抑制剂 DCD 能够有效降低 NO_3^--N 的累积和维持土壤中较高的 NH_4^+-N 含量，并且随着 DCD 用量的增加，NH_4^+-N 含量显著递增，NO_3^--N 含量显著递减，这个结果与熊国华等的研究结果一致，不同的是熊国华等的研究是基于健康土壤之上，这说明镉污染没有影响 DCD 对尿素在土壤中的转化。

　　镉污染条件下，不同双氰胺浓度对土壤酶活性有不同程度的影响，双氰胺浓度为纯氮 10% 时，脲酶活性达最大值 0.125mg/g·24h，其中双氰胺浓度为纯氮 5% 和 20% 时均低于对照，这个结果可能与土壤有效镉的含量有关，由图 2.8 可知，土壤有效镉与土壤脲酶活性有极显著的相关性，镉污染对土壤酶活性的影响中，对土壤的脲酶活性有很显著的抑制作用，且随着土壤有效镉浓度的增加而减少，这与很多专家学者结论一致，但是，双氰胺对土壤镉的转化有一定的影响，可能是因为 NH_4^+-N 与 NO_3^--N 受 DCD 的影响，随着 DCD 浓度的增加，NH_4^+-N 浓度逐渐增加而 NO_3^--N 浓度逐渐减少直至检测不出，这说明 NH_4^+-N 与 NO_3^--N 浓及比例对土壤镉的转化有显著影响，另外，土壤蛋白酶活性、蔗糖酶活性以及酸性磷酸酶活性的变化规律与土壤脲酶活性有别，可能受尿素及镉的影响，具体原因还将进一步研究。

　　7. 结论

　　(1)在氮镉交互作用下，施用 DCD，能够增加 NH_4^+-N 积累量降低 NO_3^--N 积累量，且二者与施用 DCD 的量成极显著的正相关和负相关。土壤有效镉与土壤脲酶活性存极显著相关，相关系数达 0.999。

　　(2)在氮镉交互作用下，施用 DCD，能够不同程度显著影响土壤酶活性，其中氮镉交互作用下添加 DCD(尿素的 5%)显著增加土壤脲酶活性，添加 DCD(尿素的 5%)和添加 DCD(尿素的 20%)显著增加土壤蛋白酶活性和土壤蔗糖酶活性，添加 DCD(尿素的 5%)、添加 DCD(尿素的 10%)和添加 DCD(尿素的 20%)均显著增加土壤酸性磷酸酶活性。

参考文献：

[1]刘瑜，串丽敏，安志装，等. 硝化抑制剂双氰胺对褐土中尿素转化的影响[J]. 农业环境科学学报，2011，30(12)：2496-2502.

[2]Irigoyen I, Lamsfus C, Aparicio-Tejo P, et al. The influence of 3, 4-dimethylpyrazole phosphate and dicyandiamide on reducing nitrate accumulation in spinach under mediterranean conditions[J].

The Journal of Agricultural Science, 2006, 144: 555-562.

［3］余光辉，张杨珠，万大娟，等. 几种硝化抑制剂对土壤和小白菜硝酸盐含量及产量的影响［J］. 应用生态学报，2006，17（2）：247-250.

［4］Montemurro F, Capotorti G, Lacertosa G, et al. Effects of urease and nitrification inhibitors application on ureafate in soil and nitrate accumulation inlettuce［J］. Journal of Plant Nutrition, 1998, 21: 245-252.

［5］Vilsmeier K. Turnover of 15 Nammonium sulfate with dicyandiamide under aerobic and anaerobic soil conditions［J］. Fertilizer Research, 1991, 29: 191-196.

［6］Weiske A, Benckiser G, Ottow JCG. Effect of the new nitrification inhibitor DMPP in comparison to DCD on nitrous oxide（N_2O）emissions and methane（CH_4）oxidation during 3 years of repeated applications in field experiments［J］. Nutrient Cycling in Agro-Ecosystems, 2001, 60: 57-64.

［7］鲍士旦. 土壤农明化分析［M］. 第3版. 北京：中国农业出版社，2000.

［8］李阜棣，喻子牛，何绍江. 农业微生物学实验技术［M］. 北京：中国农业出版社，1996：134-139.

［9］中华人民共和国国家质量监督检验检疫总局、中国国家标准化管理委员会. 土壤质量有效态铅和镉的测定—原子吸收法（GB/T23739—2009）［S］. 2009.

［10］王雅楣. 几种硝化抑制剂对土壤氮素转化和小麦生长的影响［D］. 泰山：山东农业大学，2014.

［11］熊国华，林咸永，罗建庭，等. 钾肥、尿素与有机物料或双氰胺配施对菜园土壤中氮素分解转化特征的研究［J］. 土壤通报，2008，234(03)：104-109.

［12］陆文龙. 重金属镉对土壤微生物活性影响的研究［D］. 吉林：东北师范大学，2008.

［13］王家，赵阳阳，代潭，等. Cu、Cd污染对土壤脲酶活性的影

响研究[J]. 环境科学与管理，2014，39(11)：45-48.

[14]陆文龙，李春月. 重金属镉对土壤酶活性影响的研究[J]. 吉林化工学院学报，2010，27(3)：24-26.

[15]杨正亮，冯贵颖. 重金属对土壤脲酶活性的影响[J]. 干旱地区农业研究，2002，20(3)：41-43.

三、不同处理的石灰对镉与硝酸盐复合污染下小白菜—土壤系统的改良效果

试验处理：盆栽土壤取自武汉城郊黄陂熟地蔬菜基地，经风干后，过 5mm 筛，每盆装土 5kg。4 个处理，$Ca(OH)_2$ 的加入量分别为：$0g \cdot kg^{-1}$ 土，$1g \cdot kg^{-1}$ 土，$2g \cdot kg^{-1}$ 土，$4g \cdot kg^{-1}$ 土，分别以 CK、处理 1、处理 2、处理 3 表示，各处理 3 个重复。施入底肥为 P_2O_5 0.2g/kg，K_2O 0.3g/kg，施 N 水平为 0.2g/kg(以纯 N 计，尿素为氮源)，Cd 水平为 2.0mg/kg(以纯 Cd 计，以 $3CdSO_4 \cdot 8H_2O$ 为镉源)，所有试剂均在播种前一次施入、混匀、浇水为田间持水量的 60%~70%、平衡培养一周，平衡后 pH 值分别为 7.33、7.76、7.83、8.38。每盆播种 15 粒，幼苗稳定后定植 8 株。生长期间浇灌用水为蒸馏水，定时定量浇灌。

（一）镉与硝酸盐复合污染下施用不同浓度石灰对小白菜物理性质的影响

镉与硝酸盐复合污染下施用石灰对小白菜的株高、单株重、根重、根长、叶面积均有不同程度的影响，如表 2.36 所示，就株高、单株重、根长而言，处理 1 均显著($P<0.05$)高于对照，与对照相比，分别提高 5.72%、16.95%、19.26%。其中，对于株高和根长的处理 2 和处理 3 与对照相比，差异不显著；对单株重而言，处理 2 与处理 3 显著($P<0.05$)低于对照，与对照相比，分别低于 16.17%、30.33%。就根重而言，与对照相比处理 1 与处理 2 差异不显著($P<0.05$)，处理 3 显著($P<0.05$)低于对照。施用石灰对小白菜叶面积有一定程度影响，与对照相比，处理 1 与对照相比差异不显著($P<0.05$)，处理 2、处理 3 与对照相比差异也不显著($P<0.05$)，处理 2 与处理 3 间差异不显著($P<0.05$)。

表2.36 　　　　　在氮镉复合污染下不同浓度的石灰
对小白菜物理性质的影响(成熟)

处理	株高 (cm)	单株重 (g)	根重 (g)	根长 (cm)	叶面积 (cm²)
CK	14.33±0.07b	6.43±0.01b	0.95±0.05a	6.23±0.05b	46.54±0.03ab
处理1	15.15±0.03a	7.52±0.00a	0.92±0.02a	7.43±0.01a	47.38±0.01a
处理2	14.15±0.05b	5.39±0.08c	0.95±0.05a	6.89±0.01b	46.29±0.02b
处理3	14.67±0.08b	4.48±0.03d	0.66±0.03b	6.85±0.02b	45.73±0.02b

注：不同小写字母的处理平均水平值表示在 $P<0.05$ 水平差异性显著，表中数据为3个重复的平均值。

(二)施用不同浓度石灰对小白菜品质的影响

由表2.37可知，在镉与硝酸盐复合污染情况下，施用不同浓度的石灰对小白菜叶绿素和维生素 C(Vc)均有不同程度的显著性($P<0.05$)提高，与对照相比分别提高48.37%、63.73%、7.19%；40.26%、19.91%、37.96%。

表2.37　在氮镉复合污染下不同处理的石灰对小白菜品质的影响(成熟)

处理	叶绿素 mg/g	Vc (mg/100g)	硝酸盐 (mg/kg)	Cd (mg/kg)
CK	3.06±0.09d	53.90±0.07c	4187.03±0.26a	1.07±0.03a
处理1	4.54±0.05b	75.60±0.02a	3479.88±0.15b	0.84±0.01b
处理2	5.01±0.03a	64.63±0.05b	3090.99±0.19c	1.07±0.01a
处理3	3.28±0.02c	74.36±0.03a	4153.01±0.20a	1.06±0.01a

注：1. 不同大写字母的处理平均水平值表示在 $P<0.05$ 水平差异极显著，表中数据为3个重复的平均值。

2. 叶绿素列中的数值是通过测量叶片在两种波长下(650nm 和 940nm)光学浓度差来确定叶片当前叶绿素的相对含量。

与对照相比，不同浓度的石灰对小白菜体内硝酸盐与镉的积累均有不同程度影响，对小白菜体内硝酸盐积累而言。与对照相比，处理1与处理2显著（$P<0.05$）降低16.89%和26.18%，处理3与对照相比有降低趋势，降低0.81%，但是，差异不显著。就小白菜体内镉积累而言，与对照相比，处理1显著降低（$P<0.05$）小白菜体内镉的累积量，降低21.50%，处理2与处理3与对照相比差异不显著。

（三）施用不同浓度石灰对小白菜地镉与硝酸盐含量的影响

由图2.12可知，不同处理的石灰对土壤有效镉的转化均有不同程度的影响，与对照相比，处理1差异不显著，但是有降低的趋势，土壤有效镉降低1.36%。处理2和处理3均显著高于对照。由图2.13可知，施用石灰对土壤硝酸盐的转化有显著的影响，与对照相比，处理1与处理3显著低于对照，分别降低37.86%和66.37%，处理2显著高于对照，提高38.62%。

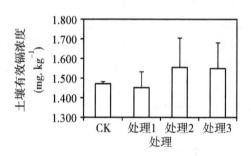

图2.12　石灰对土壤有效镉的影响

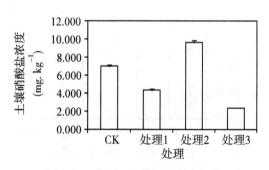

图2.13　石灰对土壤硝酸盐的影响

由图 2.12 和表 2.37 可知，在镉与硝酸盐复合污染下土壤中的有效镉与小白菜中镉累积成正相关，同时，土壤中硝酸盐与小白菜硝酸盐积累不具有显著的相关关系。同时，随着石灰浓度的增加pH 呈逐渐递增现象，分别为 7.33、7.76、7.83、8.38，处理 3pH增加至 8.38，但是，土壤中的有效镉并没有随着 pH 的增加而降低，这可能与硝酸盐有关，也可能是浓度梯度不够明显所致，需要进一步研究。

（四）施用不同浓度石灰对小白菜地土壤酶活性的影响

在土壤中酶是最活跃的有机成分之一，土壤酶驱动着土壤的代谢过程，对土壤圈中养分循环和污染物质的净化具有重要的作用，土壤酶活性的大小综合反映了土壤理化性质和重金属浓度的高低。

（1）施用石灰对土壤酸性磷酸酶活性的影响

磷酸酶是表征土壤生物活性的重要酶，在土壤磷素循环中起重要作用，可以表征土壤磷素有效化强度。由图 2.14 可知，3 种不同处理的石灰均能不同程度地显著提高土壤酸性磷酸酶的活性，与对照相比分别提高 24.33%、14.16%、19.25%，但是处理间差异不显著，这说明在试验范围内，施用不同处理的石灰均能不同程度地提高土壤酸性磷酸酶的活性。

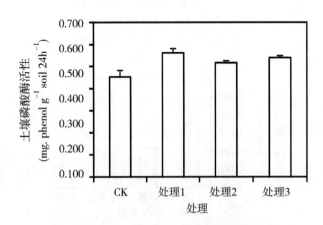

图 2.14　石灰对土壤酸性磷酸酶活性的影响

（2）施用石灰对土壤蔗糖酶活性的影响

蔗糖酶活性反映了土壤有机碳累积与分解转化的规律，一般情况下土壤肥力越高，蔗糖酶活性越强，可用来表征土壤生物学活性强度和土壤肥力。由图 2.15 可知，供试土壤施用的 3 种不同处理的石灰对土壤蔗糖酶活性有不同程度的影响，与对照相比处理 1 和处理 3 差异性不显著（$P<0.01$），且处理 1 与处理 2 间差异性也不显著（$P<0.05$），但是，处理 3 与对照相比显著降低了土壤蔗糖酶的活性，降低 17.89%。

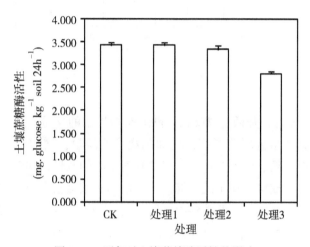

图 2.15　石灰对土壤蔗糖酶活性的影响

（3）施用石灰对土壤蛋白酶活性的影响

蛋白酶是催化有机态氮分解为无机态氮的酶类，其活性高，说明土壤可利用态氮丰富。由图 2.16 可知，施用不同处理的石灰均能显著地提高土壤蛋白酶活性，与对照相比分别提高 25.29%、32.02%、16.15%，说明在氮镉交互作用下，施用石灰能够提高土壤蛋白酶活性。

（五）结论与讨论

（1）讨论

石灰对土壤重金属修复的基本原理在于土壤中增施石灰后，土

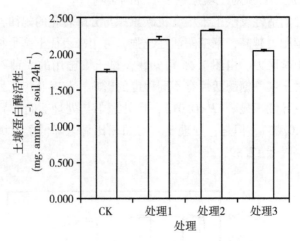

图 2.16　石灰对土壤蛋白酶活性的影响

壤 pH 值上升，降低土壤交换性酸和交换性铝的含量，从而有效缓解铝和其他重金属的毒害，增加阳离子交换量，增加阳离子交换量，并补充钙、镁等营养元素以实现对土壤的改良，同时使镉与氢氧根离子形成络合离子或沉淀。也可能与碳酸氢根离子生成碳酸氢根沉淀。当 pH 值提高到 8~9，可生成 $[Cd(OH)]^+$ 络离子；pH 值在 10 以上时，可生成 $Cd(OH)_2$ 沉淀；当 pH 值达到 11 时，则生成 $[Cd(OH)_3]^+$ 络离子。在镉污染土壤上施入石灰和钙镁磷肥时，可减少镉的溶解度。$Cd-CaO-P_2O_5$ 体系比 $Cd-CaO$ 体内更能减少镉的溶解度，Ca^{2+}，Mg^{2+} 与镉产生共沉淀作用。

　　在本研究中虽然有氮素的复合，但使用不同浓度的石灰仍有显著的修复效果，且对小白菜体内硝酸盐的累积也有一定的缓解效果，针对机理将进一步研究。本次研究是基于盆栽模拟研究完成，对于大田推广可能会有一定的出入。

　　(2)结论

　　①施用不同处理(1g/kg 土、2g/kg 土、4g/kg 土)的石灰，对镉与硝酸盐复合污染的菜地小白菜的物理指标有一定的显著影响，通过比较，处理1(1g/kg 土)对株高、单株重、根重、根长、叶面

积均有显著的积极表现。处理2(2g/kg土)、处理3(4g/kg土)次之。

②施用不同处理(1g/kg土、2g/kg土、4g/kg土)的石灰,对镉与硝酸盐复合污染的菜地小白菜的品质指标影响效果显著,3个不同的处理均显著高于对照。但对小白菜体内累积镉与硝酸盐而言,通过综合考虑,处理1(1g/kg土)表现最佳。

③施用不同处理(1g/kg土、2g/kg土、4g/kg土)的石灰,对镉与硝酸盐复合污染的菜地土壤酶活性而言,3种不同的处理均显著提高土壤酸性磷酸酶活性和土壤蛋白酶活性,对蔗糖酶来讲,与对照相比,处理1和处理2差异不显著,处理3显著抑制了土壤蔗糖酶活性。

参考文献:

[1]李素霞,熊亭. 不同粪肥对小白菜地氮镉交互作用的影响[J]. 北方园艺,2015,39(3):155-159.

[2]李素霞,刘云霞,韦司棋. 苋菜—小白菜混作对小白菜镉与硝酸盐复合污染的影响[J]. 湖北农业科学,2015,54(20):5073-5076.

[3]李素霞,吴龙华. 双氰胺对镉污染下尿素转化及小白菜的影响[J]. 钦州学院学报,2016,31(1):29-33,38.

[4]陈远其,张煜,陈国梁. 石灰对土壤重金属污染修复研究进展[J]. 生态环境学报,2016,25(8):1419-1424.

[5]WOLDETSADIK D, DRECHSEL P, KERAITA B, et al. Effects of biochar and alkaline amendments on cadmium immobilization, selected nutrient and cadmium concentrations of lettuce (Lactuca sativa) in two contrasting soils [J]. Springer Plus, 2016, 5(1):397.

[6]TAN W, LI Z, QIU J, et al. 2011. Lime and phosphate could reduce cadmium uptake by five vegetables commonly grown in South China [J]. Pedosphere, 21(2):223-229.

［7］高译丹，梁成华，裴中健，等．施用生物炭和石灰对土壤镉形态转化的影响［J］．水土保持学报，2014，28（2）：258-261．

［8］刘昭兵，纪雄辉，田发祥，等．石灰氮对镉污染土壤中镉生物有效性的影响［J］．生态环境学报，2011，20（10）：1513-1517．

［9］曹心德，魏晓欣，代革联，等．土壤重金属复合污染及其化学钝化修复技术研究进展［J］．环境工程学报，2011，5（7）：1441-1453．

［10］鲍士旦．土壤农明化分析［M］．北京：中国农业出版社，2000．

［11］王学奎．植物生理生化实验原理与技术［M］．北京：高等教育出版社，2006．

［12］李阜棣，喻子牛，何绍江．农业微生物学实验技术［M］．北京：中国农业出版社，1996．

［13］中华人民共和国卫生部，中国国家标准化管理委员会．中华人民共和国国家标准 GB /T5009. 332－2008，食品中亚硝酸盐与硝酸盐的测定［S］．

［14］中华人民共和国卫生部，中国国家标准化管理委员会．中华人民共和国国家标准 GB /T5009. 15－2003，食品中镉的测定［S］．

［15］储海燕，朱建国，谢祖彬，等．镧对红壤转化酶、过氧化氢酶和脱氢酶活性的影响［J］，中国环境科学，2001，21（1）：77-80．

［16］HONG C O, GUTIERREZ J, YUN S W, et al. Heavy metal contamination of arable soil and corn plant in the vicinity of a zinc smelting factory and stabilization by liming ［J］. Archives of Environmental Contamination and Toxicology, 2009, 56 （2）: 190-200.

［17］崔红标，范玉超，周静，等．改良剂对土壤铜镉有效性和微生物群落结构的影响［J］．中国环境科学，2016，36（1）：197-205．

四、不同处理的石灰对镉与硝酸盐复合污染下苋菜—土壤系统的影响

1. 不同浓度的石灰改良剂对苋菜品质的影响

（1）改良剂对苋菜的可溶性糖的影响

由表 2.38 可知，经过 3 种不同浓度的石灰改良剂处理后，苋菜可溶性糖的含量与对照相比，分别高于对照 33.5%，100.9%，64.3%。且处理间差异显著，3 种不同浓度的处理均能有效提高苋菜可溶性糖的含量，这说明在试验范围内的 3 种浓度的石灰改良剂均是有效的改良措施之一，且 10g 石灰/5kg 土改良效果最好，其次是 20g 石灰/5kg 土，最后是 5g 石灰/5kg 土。

表 2.38　　不同浓度石灰对镉与硝酸盐复合污染下苋菜品质影响

	可溶性糖 （%）	可溶性蛋白 （%）	Vc （mg/100g）	叶绿素
CK	0.258dD	0.386dD	71.40aA	13.03aA
处理 1	0.345cC	0.715bB	54.67dC	12.62aA
处理 2	0.519aA	0.666cC	65.55bB	12.10bA
处理 3	0.424bB	0.770aA	55.92cC	12.22bA

（2）改良剂对苋菜的可溶性蛋白的影响

由表 2.38 可知，经过 3 种不同浓度的石灰改良剂处理后，苋菜可溶性蛋白的含量与对照相比，分别高于对照 85.04%，72.26%，99.27%。且处理间差异显著，3 种不同浓度的处理均能有效提高苋菜可溶性蛋白的含量，这说明在试验范围内的 3 种浓度的石灰改良剂均是有效的改良措施之一，且 20g 石灰/5kg 土改良效果最好，其次是 5g 石灰/5kg 土，最后是 10g 石灰/5kg 土。

（3）改良剂对苋菜的 Vc 的影响

由表 2.38 可知，经过 3 种不同浓度的石灰改良剂处理后，苋菜 Vc 的含量与对照相比，分别低于对照 23.4%，8.2%，21.7%。

3 种不同浓度的处理均降低了苋菜体内 Vc 的含量，这说明在试验范围内的 3 种浓度的石灰改良剂对苋菜 Vc 的改良效果不显著。

（4）改良剂对苋菜的叶绿素的影响

由表 2.38 可知，经过 3 种不同浓度的石灰改良剂处理后，苋菜叶绿素的含量与对照相比，分别低于对照 3.1%，7.1%，6.2%。与对照相比，处理 1 差异不显著，而处理 2 和处理 3 差异显著，且 3 处理间差异显著，3 种不同浓度的处理均降低了苋菜体内叶绿素的含量，这说明在试验范围内，3 种不同浓度的石灰对苋菜叶绿素有抑制作用。

2. 不同浓度的石灰改良剂对苋菜中镉与硝酸盐积累的影响

由表 2.39 可知，在镉与硝酸盐复合污染下，施用不同浓度的石灰对苋菜累积镉与硝酸盐有不同程度的影响，对苋菜中累积镉的含量而言，与对照相比，处理 1 和处理 2 均能极显著地降低苋菜中镉的含量，且处理间差异显著，分别降低 20.62% 和 26.34%，处理 3 中苋菜镉的含量极显著超标，超标率达 20.12%；对苋菜中硝酸盐累积而言，与对照相比，处理 1 极显著降低了硝酸盐的含量，降低 37.84%，处理 2 和处理 3 均能使苋菜硝酸盐含量升高，与对照相比，处理 3 尽管差异不显著，但是也有升高趋势，处理 2 和处理 3 分别高于对照 8.20% 和 1.30%。

表 2.39　　　　不同浓度石灰对镉与硝酸盐复合污染下
苋菜累积镉与硝酸盐的影响

	镉（mg/kg 鲜重）	硝酸盐（mg/kg 鲜重）
CK	13.82bB	3378.93bB
处理 1	10.97cC	2100.21cC
处理 2	10.18dC	3655.95aB
处理 3	16.60aA	3422.84bB

综上所述，在试验范围内，针对苋菜中镉与硝酸盐而言，处理 1 的改良效果最好。

3. 不同浓度的改良剂对苋菜收获后土壤酶活性的影响

(1) 改良剂对土壤蔗糖酶活性的影响

蔗糖酶活性反映了土壤有机碳累积与分解转化的规律，左右着土壤的碳循环，一般情况下土壤肥力越高，蔗糖酶活性越强，与土壤许多因子如土壤肥力、微生物数量及土壤呼吸强度有关，可用来表征土壤生物学活性强度和土壤肥力（周礼恺，1987）。在盆栽条件下，由表 2.40 可知，供试土壤施用的 3 种不同浓度的石灰改良剂对土壤蔗糖酶活性有不同程度的影响，与对照相比差异性极显著（$P<0.01$），但 3 种不同浓度的改良剂石灰处理的蔗糖酶活性两组低于对照组，其平均值分别为 1936.677、2378.719、2084.436mg（葡萄糖）/kg 土，分别是低于对照 9.5%，高于对照 11.1%，低于对照 2.6%。这说明在镉与硝酸盐复合污染下 10g 石灰/5kg 土的改良剂能得到有效的改良。

表 2.40　不同浓度的石灰改良剂对苋菜收获后土壤酶活性的影响

	蔗糖酶活性 （mg/kg·h）	脲酶活性 （NH₃-Nmg/g·）	蛋白酶活性 （mg/kg·h）	酸性磷酸酶活性 （mg/g·h）
CK	2140.168bB	0.184cB	0.133dD	0.258cB
处理 1	11936.667cC	10.157dC	10.245cC	10.233dC
处理 2	22378.719aA	20.192bB	20.284bB	20.265bB
处理 3	32084.436bB	30.346aA	30.372aA	30.276aA

注：不同小写字母表示差异性显著水平（$P<0.05$），不同大写字母表示差异性显著水平（$P<0.01$）。（下同）

(2) 改良剂对土壤脲酶活性的影响

脲酶是尿素胺基水解酶类的通称，是一种将酰胺态有机氮化物水解转化为植物可以直接吸收利用的无机态氮化物的酶。它的活性在某些方面可以反映土壤的供氮水平与能力，与土壤中氮循环体系有着密切联系（邱莉萍等，2006）。在盆栽条件下，由表 2.40 可知，在镉与硝酸盐复合污染下供试土壤施用的 3 种不同浓度的石灰改良剂对土壤脲酶活性有不同程度的影响，与对照相比差异性显著（$P<0.05$），其平均值分别为 0.157、0.192、0.346mg（NH_3-N）/g 干土，与对照相比分别低于对照 14.3%，高于对照 4.7%，高于对照 88.5%，3 种处理相互间差异性显著（$P<0.05$），依据分析得知，在试验范围内，处理 2 和处理 3 均能得到有效的改良，且 20g 石灰/5kg 土的改良效果优于 10g 石灰/5kg 土。

（3）改良剂对土壤蛋白酶活性的影响

蛋白酶是催化有机态氮分解为无机态氮的酶类，其活性高，说明土壤可利用态氮丰富（杨志新等，2000）。在盆栽条件下，由表 2.40 可知，经过 3 种不同浓度的改良剂处理后的土壤蛋白酶活性平均值分别为 0.245、0.284、0.372mg（氨基酸）/g 干土，与对照相比差异性极显著（$P<0.01$），根据方差分析可知，各处理间差异性也极显著；与对照相比分别提高 84.21%、113.53%、179.70%；这说明不同浓度的改良剂均能对试验范围内的土壤进行有效改良，且随着石灰浓度的增加改良效果也随着增加。

（4）改良剂对土壤酸性磷酸酶活性的影响

磷酸酶是土壤中最活跃的酶类之一，是表征土壤生物活性的重要酶，在土壤磷素循环中起重要作用，土壤磷酸酶酶促作用能加速土壤有机磷的脱磷速度，可以表征土壤磷素有效化强度（左智天等，2009）。在盆栽条件下，由表 2.40 可知，经过 3 种不同浓度的石灰改良剂处理后的土壤酸性磷酸酶活性有显著影响，收获后的苋菜土壤酸性磷酸酶活性分别为 0.233、0.265、0.276 酚（mg）/g 干土，分别低于对照 9.96%，高于对照 2.53%，高于对照 6.75%，与对照相比差异性显著（$P<0.05$）。各处理间差异性显著，说明在试验范围内，处理 2 和处理 3 均能得到有效的改良，且 20g 石灰/5kg 土的改良效果优于 10g 石灰/5kg 土。

4. 讨论

在试验水平条件下，氮镉交互作用下经过对改良剂改良后的苋菜土壤酶活性分析发现，4 种土壤酶活性变化比较复杂。

在盆栽试验条件下，向氮镉互作下的苋菜土壤施用石灰不同浓度的三种改良剂，能有效抑制苋菜对重金属 Cd 的吸收，且苋菜土壤酶活性均与对照有显著性差异，但是不同酶活性表现出来的变化趋势不尽相同。三种不同浓度的改良剂对酶的改良并不按照浓度趋势的变化而变化。

从 3 种改良剂的性质分析，石灰对土壤的改良效果是通过提高重金属污染土壤的 pH 值，显著提高土壤对镉的吸附量并降低吸附态镉的解吸量，并可促进土壤镉向迟效或无效态转化（李素霞等，2010）。石灰物质的改良效应主要取决于其对土壤 pH 的影响程度，改良效果与其对提高土壤 pH 值的能力呈显著正相关性。一般来说，随着 pH 的升高，土壤对重金属阳离子的"固定"增强，研究表明，土壤中重金属 Cd^{2+}、Co^{2+}、Ni^{2+}、Cu^{2+}、Pb^{2+} 的溶解度与土壤溶液 pH 值的高低有很大关系，土壤 pH 值越低，其溶解度越大，活性越高。土壤溶液中 OH^- 增加，使镉形成氢氧化物沉淀，并且由于 H^+ 浓度降低，其竞争作用减弱，作为土壤吸附重金属的主要载体，如有机质、锰氧化物等与重金属结合更牢固，从而使重金属有效性降低，加上钙与镉之间的结抗作用，加强了土壤中重金属的沉淀和吸附作用，从而降低土壤中镉的生物活性。

5. 结论

（1）在试验浓度范围内，镉与硝酸盐复合污染下，不同浓度的石灰（5g/5kg 土、10g/5kg 土、20g/5kg 土）对收获苋菜后的土壤酶活性（脲酶、蛋白酶、蔗糖酶、磷酸酶）有不同程度的影响，综合 4 种酶活性的分析，结论如下：20g/5kg 土优于 10g/5kg 土，5g/5kg 土的改良剂稍差。

（2）在试验浓度范围内，镉与硝酸盐复合污染下，不同浓度的石灰（5g/5kg 土、10g/5kg 土、20g/5kg 土）对成熟苋菜的品质指标（可溶性蛋白、可溶性糖、Vc、叶绿素）有不同程度的影响，其中，苋菜品质 Vc 和叶绿素在石灰改良剂的作用下没有得到显著的改良；针对可溶性蛋白和可溶性糖含量而言，三种浓度的石灰（5g/5kg 土、10g/5kg 土、20g/5kg 土）改良剂表现不一，但都能显著提高苋菜中可溶性蛋白和可溶性糖含量。

（3）在试验浓度范围内，镉与硝酸盐复合污染下，不同浓度的石灰（5g/5kg 土、10g/5kg 土、20g/5kg 土）对成熟苋菜中镉与硝酸盐的积累也有不同的表现，针对镉含量而言，处理 1 和处理 2 均能得到显著的改良效果，对于苋菜中硝酸盐的累积量而言处理 1 得到显著改良，为此，处理 1 的改良效果优于处理 2，处理 3 不能作为本试验范围内的改良剂。

综上所述，在试验浓度范围内，镉与硝酸盐复合污染下，不同浓度的石灰(5g/5kg 土、10g/5kg 土、20g/5kg 土)改良剂对苋菜—土壤生态系统的改良效果最好的是 5g/5kg 土，其次是 10g/5kg 土。

参考文献：

[1]周礼恺．土壤酶学[M]．北京：科学出版社，1987．

[2]邱莉萍，张兴昌．CuZnCd 和 EDTA 对土壤酶活性影响的研究[J]．农业环境报，2006，25(1)：30—33．

[3]杨志新，刘树庆．Cd、Zn、Pb 单因素及复合污染对土壤酶活性的影响[J]．土壤与环境，2000，9(1)：15—18．

[4]左智天，田昆，向仕敏，等．澜沧江上游不同土地利用类型土壤氮含量与土壤酶活性研究[J]．水土保持研究，2009，16(4)：280—285．

[5]李素霞，谢朝阳，胡承孝，等．氮镉交互作用对苋菜土壤酶活性的影响[J]．湖北农业科学，2010，49(4)：845—847．

[6]张晓熹，罗泉达，郑瑞生，等．石灰对重金属污染土壤上镉形态及芥菜镉吸收的影响[J]．福建农业学报，2003，18(3)：151—154．

[7]李瑞美，王果，方玲．钙镁磷肥与有机物料配施对作物镉铅吸收的控制效果[J]．土壤与环境，2002，11(4)：348—351．

[8]刘恩玲，孙继，王亮．不同土壤改良剂对菜地系统铅镉累积的调控作用[J]．安徽农业科学，2008，36(27)：11992—11994．

五、不同浓度的有机肥对镉与硝酸盐复合污染下小白菜—土壤系统的改良效果

(一)有机肥对氮镉复合污染下菜地改良的研究现状

近年来由于重金属污染严重，同时氮肥的大量使用导致土壤硝酸盐污染，土壤镉与硝酸盐复合污染日趋普遍。因此，蔬菜安全种植也受到威胁。镉是污染土壤的重金属元素之一，对作物生长发育和人类健康具有重要影响。很多研究证实，由于蔬菜是极易富集镉的农产品，重金属镉通过食物链进入人体的风险很大，给人类的健康造成潜在的威胁。同时镉被植物大量吸收后能产生各种生理毒害反应，导致根系活力下降，组织失绿、生长受阻、干物质产量降低等。因此，土壤镉污染不仅会造成菜地蔬菜减产，而且对蔬菜食品安全构成了严重威胁。氮素在土壤中转化较快，普通尿素或铵态氮肥通常在 1~2 周内完成硝化。有试验结果表明，土壤中的硝态氮含量随施肥量的增加而增加，其中有一部分硝态氮以过多的有毒的数量被作物大量吸收，成为作物产品的污染源。因此，大量施用氮肥会造成菜地蔬菜硝酸盐含量超标。而食品中高浓度的硝酸盐在人体内代谢过程中容易形成亚硝胺等致癌、致畸、致基因突变的物质。与此同时，目前畜禽养殖对土壤环境的污染已构成新的农业污染源。全国生猪存栏达 42256 万头，出栏 20125 万头，年产粪便量 17.3 亿吨，是全国工业固体垃圾的 2.7 倍，而且畜禽养殖污水排放已成大问题。而大量的研究表明：动物的粪便等有机肥可使土壤微生物区系中那些能促进肥料本身以及植物残体迅速矿化的微生物种群增多，同时有机物质也可以作为阴阳离子的有效吸附剂，提高土壤的缓冲能力，降低土壤中盐分的浓度。因此，在农业生产中施用有机肥不仅可以减少化肥的施用量，进而减少因为氮肥的大量施用而导致菜地硝酸盐的污染，而且也可以解决畜禽养殖业所带来的污染严重的问题，是当前有机农业发展的主导方向。目前有机肥对氮镉复合处理下菜地改良效果的研究较多，为进一步揭示对于氮镉复合处理的情况下施用有机肥改良剂对菜地改良效果的影响，研究采用盆栽试验，以小白菜为供试作物，以潮土为供试土壤，以鸡粪和牛粪为改良剂，研究在氮镉互作下施用有机肥对蔬菜改良效果的影响。

1. 蔬菜中镉与硝酸盐的主要来源、污染现状

（1）蔬菜中镉的主要来源及污染现状

镉是自然界中广泛分布的一种重金属微量元素。我国有关农田

土壤镉污染的调查工作开始于 20 世纪 70 年代中后期，至今未见镉污染总体状况的资料报道，据 1980 年中国农业环境报告，我国农田土壤中镉污染面积为 9333hm^2。土壤中镉的来源主要归于自然和人为活动两种来源，前者来源于岩石和土壤的背景值，而后者则来源于工业"三废"和含镉肥料的施用。由于长期大量使用磷肥、城市垃圾、污泥及污灌等，我国农田 Cd 污染问题日趋严重。2003 年有报道认为我国镉污染耕地面积为 1.33 万公顷，并有 11 处污灌区土壤镉含量达到了生产"镉米"的程度，每年生产"镉米"5 万吨。近年来在长三角地区也已经发现"镉米"（Cd>0.2mg/kg），大米中的重金属 Cd 超标非常严重，其中最严重的大米 Cd 含量竟然超标达 15 倍。土壤受镉污染后会严重阻碍植物的生长，给植株带来一系列生理效应，同时土壤中的镉很活跃，容易被作物吸收，从而进入食物链，最终在人体中积累并产生毒。因此，土壤重金属(Cd)污染是近年来影响农产品品质和人类健康的重大环境问题。中国蔬菜播种面积从 1980 年的 316 万 hm^2 增加到 2008 年的近 1788 万 hm^2，增加了 4.66 倍，约占农作物播种面积的 12%，蔬菜种植已成为中国重要的耕种利用方式。然而，近几年来为了获得高产，大多数菜农在高经济利益的驱使下，长期且过量地施用化肥和农药，从而导致土壤环境和健康质量的退化、氮磷流失加剧以及土壤重金属和残留农药大量累积等严重环境问题。据估计，西方国家因化学磷肥施入得 Cd 占土壤 Cd 来源的 54%~58%。国产磷肥 Cd 含量一般较低，普通农田施用不会造成土壤 Cd 污染。而进口磷肥 Cd 含量相对较高，随着我国磷肥进口的不断增加，长期频施含 Cd 磷肥会导致土壤大量 Cd 累积，并通过食物链增加其风险。也有研究指出农用薄膜在制作过程中为提高其热塑性通常添加含重金属的硬脂酸镉，而菜地农膜使用频繁，这也可能是 Cd 累积的一个重要原因。曾希柏等收集了 1989 年以来有关中国菜地土壤重金属污染的数据，认为中国菜地土壤 Cd 含量超标问题严重，全国约有 24.1% 的菜地 Cd 含量超标，菜地土壤重金属含量超标率排序为：Cd>Hg>As>Zn>Cu>Cr>Pb。李素霞等(2001)对武汉市 6 个大的蔬菜基地进行调查、采样、分析发现：蔬菜及土壤中重金属含量超标，普遍存在污染的是镉，总超标率为50%，最高超标倍数为2.86倍。因此，重金属污染特别是镉污染需被更多的关注。

(2)蔬菜中硝酸盐的主要来源、污染现状

氮是植物需要量最大的元素之一，是生物体构建的重要基础条件，对植物生长发育和物质转化起着关键作用。近年来，随着蔬菜产业的迅速发展，为提高蔬菜产量，菜地超量施肥已成为普遍现象。氮素作为植物生长所必需的营养元素，投入量最多，通常远远高于蔬菜生长需求量。有研究表明，我国农田施用的氮肥中，大约有35%的氮以气体形式损失到大气中，通过农田径流和淋洗进入水体的氮量分别占施氮量的8.5%~28.7%。而氮肥的过量施用又会导致水体硝酸盐污染，在我国北方集约化粮区，有关地下水硝酸盐污染问题已引起了广泛关注，并且成为了当地主要的生态环境问题。在我国华北高层次粮区的研究均表明化肥使用量与浅层地下水硝酸盐浓度的升高显著相关。大多数研究都表明将目前的施肥量减少约1/3，不仅产量下降，而且可以大大减少硝酸盐的淋失。又有研究表明，大量使用氮肥在提高农作物产量的同时会导致蔬菜及土壤硝酸盐含量严重超标。柏延芳等研究表明，施入土壤的氮肥一部分被蔬菜吸收，另一部分被大量淋溶致土壤深层，造成土壤氮素污染。蔬菜是需氮较多的作物，其产量高低与氮素水平呈正相关，但随着其用量增加，蔬菜从土壤中吸入体内的硝态氮也随之增加，而硝酸盐的还原速度赶不上吸收的速度，故造成硝态氮的大量累积。刘宏斌等研究表明0~400cm土壤剖面硝态氮累积总量以保护地菜田最高，平均达1230kg/hm。姚春霞等通过对上海菜地的监测结果进行分析，得出菜地土壤表层的硝态氮平均含量状况为：大棚蔬菜地384.29mg/kg，露天蔬菜地111.52mg/kg，大棚蔬菜地土壤表层硝态氮为水田的70倍左右。因此，目前蔬菜地和蔬菜硝酸盐污染问题已经越来越突出了。

2. 不同污染因子交互作用的研究

随着工业的发展，进入生态系统中的污染物的种类随时间呈指数增长，环境污染不再是单一污染的理想状态，而是由各种污染物构成的复合污染为主体。20世纪70年代以来，土壤环境中多种污染物共存并发生相互作用而形成的复合污染现象已逐渐得到国内外学者的广泛重视，成为了环境科学发展的重要方向之一。近些年来国内外已相继开展了重金属—重金属，以及有机物—有机物复合污染方面的研究工作，并取得了富有成效的理论和实践成果。所谓复合污染是指多元素或多种化学品，即多种污染物对同一介质(土壤、水、大气、生物)的同时污染。在自然界中，所发生的污染可能是以某一种元素或某一种化学品为主，但在多数情况下，亦伴随有其他污染物的存在。复合污染中元素或化合物之间对生物效应的综合影响是一个十分复杂的问题，例如，人们普遍认为 Ca 可以减轻 Al 的毒害，但在研究 Ca 和 Al 之间的作用对花生结瘤固氮的影响时表明，这种作用的存在是有条件的，如果当 Ca 的添加影响到 Mg 的营养时，则 Ca 对 Al 毒的减缓作用将不复存在。连续试验表明，莴苣、菠菜、春小麦、苜蓿菜、玉米等对 Cd 的吸收明显受 Zn 的影响，土壤中 Zn 的添加减少了植物对 Cd 的吸收。镉是动物和植物的非必需元素，也是毒性最大的重金属之一。环境镉污染对植物、动物和人体均产生毒害作用。镉与许多生命必需营养元素存在着交互影响关系，相互影响着对方的功能发挥。镉污染胁迫可影响动植物和人体对营养元素的吸收，相反补充营养元素可减轻镉的毒害。但是，由于每个元素的性质和功能不一样，因此不同元素与镉的交互作用存在着差异性。镉与营养元素的交互作用研究可为生物镉污染防治提供科学依据。研究表明，Pb 对水稻吸收 Cd 有明显的影响，在一定浓度范围内，当 Cd 的浓度固定时，随着 Pb/Cd 比的增加，植物对 Cd 的吸收有增加的趋势；土壤对仅含 Cd 污水的净化效率远高于 Pb—Cd 共存时对 Cd 的净化效率；当在复合污染的模式中考虑交互作用时，可将模式的预测性由 85% 提高到 99.5%。有研究表明，单一及复合污染条件下，重金属元素对土壤酶活性产生明显的抑制作用，其中脲酶、酸性磷酸酶和脱氢酶活性对重金属污染的反应比较敏感。杨志新等研究表明，与单因素相比，复合污染因素处理后的 Cd 对土壤过氧化氢酶活性的抑制作用增强。许炼峰等在蔬菜盆栽土壤上模拟 Cd(0~1.0mg/kg)、Pb(0~10mg/kg)污水灌溉，发现蔗糖酶比脲酶对重金属更敏感。Rogers 等发现 Pb、

Cu、Ni、Cd 和 Zn 复合污染均会降低脱氢酶的活性。杨志新等研究表明，Cd、Zn、Pb 复合污染对 4 种土壤酶活性的影响效应亦不同，其复合污染对脲酶表现出协同抑制负效应的特征，对过氧化氢表现出一定的屏蔽作用或拮抗作用，转化酶和碱性磷酸酶主要因 Cd 浓度的变化而变化。罗虹等研究表明，6 种土壤酶活性与 Cd，Cu，Ni 复合污染之间均呈显著或极显著的相关关系，但 Cd，Cu，Ni 复合污染对各种土壤酶活性的影响存在着明显差异。沈国清等的研究发现，重金属(Cd、Zn、Pb)和多环芳烃(菲、荧蒽、苯并 a 芘)复合污染能使土壤酶活性受到不同程度的抑制。刘芳等研究表明：磷的添加可减轻镉对烟草的危害。研究还发现，同一磷浓度下，随着镉浓度的增加植株中磷含量呈逐渐下降趋势，此外，植株中镉含量、磷与土壤环境中磷、镉含量浓度呈显著正相关。土壤中重金属与阳离子养分间的交互作用拮抗，而与阴离子间则有时协同有时拮抗因土壤而异；植物体中重金属与养分间的交互作用较为复杂，表现为时而协同时间而又拮抗。土壤与植物两者并非一致。因此，土壤-植物系统中重金属与养分元素交互作用是很复杂的。重金属与植物 N 素营养在土壤—植物系统间的交互作用及其广泛效应。一方面，重金属元素对植物 N 素营养的吸收、运输和代谢等产生一系列复杂的反应；另一方面，植物通过 N 代谢的调节而对重金属的吸收、运输和毒性产生适应和抗性。当土壤中镉含量超标是，植物根系被动吸收污染物质使生长受到抑制，单株生物量减少，硝酸盐在组织中的相对含量就越高；大量镉的存在刺激了土壤中硝酸还原酶的活性，使得土壤硝态氮含量升高，蔬菜从土壤中吸收的硝态氮增多，其硝酸铵等氮肥在土壤硝化细菌的作用下转化成硝酸盐，加上施用的硝态氮肥，土壤中硝酸盐的浓度大为增加，这样就加大了蔬菜吸收硝酸盐的量。而镉在施加氮肥后的低 pH 土壤胶体中解析出来，溶于土壤溶液中，蔬菜在此条件下更易富集重金属镉。而土壤中镉含量的增加又可以促进蔬菜对硝酸盐的吸收，这说明该系统中镉与硝酸盐产生了复合污染效应。

3. 有机肥对镉与硝酸盐复合污染的影响研究

近年来由于农药和化肥的大量使用，蔬菜安全种植越来越受到人们的关注。镉与硝酸盐复合污染对作物生长发育和人类健康构成极大威胁。此外，由于菜地利用强度大，投入和产出高，受人类活动影响剧烈。随着工业化和城镇化的发展，有关菜地土壤环境和健康质量的研究备受关注。高强度的蔬菜种植使土壤累积大量氮磷和重金属，降低了土壤微生物活性，使土壤环境健康质量持续下降，直接导致了菜地生产力和蔬菜品质的降低。随着社会的发展，人们的生活水平越来越高，对蔬菜的品质要求也相应提高，蔬菜中有毒重金属含量超标将面临着销售和出口困难等问题。目前关于控制土壤镉与硝酸盐复合污染方面的研究报导较多，其中生物工程法中的植物修复法是当前的热点研究，它还处于理论研究阶段，受修复周期较长、生物量少和植物种类少等问题的限制，一时难以推广应用。试验研究表明，利用改良剂稳定土壤中的重金属，减少重金属在作物中的积累，也是一种可行的土壤污染治理方法。采用有机肥为改良剂可以减少重金属在土壤中的积累，对于蔬菜的各项营养指标有不同程度的影响。同时已有大量研究表明，有机无机肥配施能形成良好的土壤生态环境，保护土壤可持续利用。孟娜等研究表明，施用有机肥显著增加土壤有机磷含量和土壤磷酸酶活性。也有研究表明，土壤有机质含量与土壤脲酶活性呈正相关。有研究报道秸秆和猪粪等有机肥料对镉污染土壤有良好的改良效果，表现为施有机肥后，土壤中活性较高的游离态和交换态 Cd 能转化为活性较低的有机结合态 Cd，同时增加活性氧化物含量，提高酸性土壤 pH 值，降低 Eh 值，从而显著降低植物对镉的吸收。张亚丽等研究表明，有机肥的施用可以明显地降低土壤中有效镉的含量，其中猪粪的效果优于秸秆类。生物有机肥供肥平稳，肥效持久，能够改善土壤微生物群体结构、活化土壤养分，在改善植物根际营养，提高产量和品质方面具有一定的效果，具有化学肥料不可替代的优势。

4. 总结与展望

随着工业化的发展，菜地尤其是城市附近的菜地正面临着越来越严峻的环境问题，人们对镉与硝酸盐复合污染对蔬菜的影响的认识进一步加深，有机肥在农业生产中得到了更广泛的应用。结合当今污染的现状，探寻更加有效的有机肥改良剂改良土壤污染状态有助于农业生产的发展和保障农产品质量，促进经济可持续发展。

参考文献：

[1]楼根林，张中俊．镉在不同土壤和蔬菜中残留规律研究[J]．环境科学学报，1990，10(2)：153-159.

[2]彭玉魁，赵锁劳．陕西省大中城市郊区蔬菜矿质元素及重金属元素含量研究[J]．西北农业学报，2002，11(1)：97-100.

[3]薛艳，沈振国，周东美．蔬菜对土壤重金属吸收的差异与机理[J]．土壤，2005，37(1)：32-36.

[4]李艳梅．土壤镉污染下小白菜对氮肥的生物学反应[D]．杨凌：西北农林科技大学，2008.

[5]范洪黎．苋菜超积累镉的生理机制研究[D]．北京：中国农业科学院，2007.

[6]Cao Y，Li J-D，Zhao T-H，et al. Effects of Cd stress on physiological and biochemical traits of maise[J]. Journal of Agro-Environment Science，2007，26(9)：8-11.

[7]Ju X-T，Liu X-J，Zhang FS，et al. Nitrogen fertilization，soil nitrate accumulation，and policy recommendations in several agricultural regions of China. Ambio，2004，33：300-305.

[8]张兵，潘大丰，黄昭瑜，等．蔬菜中硝酸盐积累的影响因子研究[J]．农业环境科学学报，2007，26(增刊)：686-690.

[9]周启星，宋玉芳．污染土壤修复原理与方法[M]．北京：北京科学出版社，2004：1-20.

[10]夏立江，王宏康．土壤污染及其防治[M]．上海：华东理工大学出版社，2001：89-93.

[11]Moreno-Caselles J，Moral R，Perez-Espinos A，et al. Cadmium accumulation and distribution in cucumber plant[J]. Plant Nutrition，2000，23(2)：243-250.

[12]陈怀满．土壤—植物系统中的重金属污染[M]．北京：科学出版社，1996：34-76.

[13]龚伟群，李恋卿，潘根兴．杂交水稻对 Cd 的吸收与籽粒积累

镉影响[J]. 环境科学, 2006, 27(8): 1647-1653.

[14] 崔力拓, 耿世刚, 李志伟. 我国农田土壤镉污染现状及防治对策[J]. 现代农业科技, 2006, (11): 184-185.

[15] Guo Y-P, Hu Y-L. Heavy metal pollution and the phytoremediation technology in the soi-plant system[J]. Journal of Central South Forestry University, 2005(2): 25-28.

[16] Shan S-H, San Z-X, Lv X, et al. Effects of cadmium treatment on seed quality and yield of different peanut (Arachishypogaea L.) genotypes[J]. Journal of Agricultural Science and Technology, 2009, 11(3): 102-208.

[17] State Statistics Bureau. Statistical Yearbook 2009[M]. Beijing: China Statistics Press, 2009: 36-54.

[18] Li J, Xie Z-M, Xu J-M, et al. Evaluation on environmental quality of heavy metals in vegetable plantation soils in the suburb of Hangzhou. Ecology and Environment, 2003, 12(3): 277-280.

[19] Zeng X-B, Li L-F, Bai L-Y, et al. Arsenic accumulation in different agricultural soils in Shouguang of Shandong Province[J]. Chinese Journal of Applied Ecology, 2007, 18(2): 210-216.

[20] Alloway BJ, ed. Heavy Metals in Soil[J]. London: Blackie Academic and Professional, 1995: 122-151.

[21] Lu R-K, Shi Z-Y, Xiong L-M. Cadmium contents of rock phosphates and phosphate fertilizer of China and their effects on ecological environment. Acta Peologica Simica[J]. 1992, 29(2): 150-157.

[22] Hakanson L. An ecological risk index for aquatic pollution control: A sedimentological approach[J]. Water Resource, 1980, 14: 975-1001.

[23] Zheng Y-M, Luo J-F, Chen T-B, et al. Cadmium accumulation in soils for different land uses in Beijing. Geographical Reseach, 2005, 24(4): 542-548.

[24] Zeng X-B Li L-F, Mei X-R. Heavy metal content in soil of vegeta-

ble-growing lands in China and source analysis[J]. Scientia Agricultura Sinica, 2007, 40(11): 2507-2517.

[25] 李素霞, 胡承孝. 武汉市蔬菜重金属污染现状的调查与评价 [J]. 武汉生物工程学院学报, 2007, 3(4): 211-215.

[26] 项琳琳, 赵牧秋, 王俊, 等. 双氰胺对设施菜地土壤硝酸盐 淋溶和苦苣硝酸盐累积的影响. 农业环境科学学报, 2009, 28(9): 1965-1966.

[27] Zhu ZL, Chen DL. Nitrogen fertilizer use in China-Contributions to food production, impacts on the environment and best management strategies[J]. Nutrient Cycling in Agroeco systems, 2002, 63: 117-127.

[28] 陈淑峰, 李帏, 胡克林, 等. 基于 GIS 的华北高产粮区地下 水硝态氮含量时空变异特征[J]. 环境科学, 2009, 30(12): 3541-3547.

[29] 刘宏斌, 李志宏, 张云贵, 等. 北京平原农区地下水硝态氮 污染状况及其影响因素研究[J]. 土壤学报, 2006, 43(3): 406-413.

[30] 杜连凤, 赵同科, 张成军, 等. 高校地区 3 种典型农田系统 硝酸盐污染现状调查[J]. 中国农业科学, 2009, 42(8): 2837-2843.

[31] 李晓鹏, 张佳宝, 末安宁, 等. 基于 WNMM 模型的潮土地区 农田水氮优化管理[J]. 生态与农村环境学报, 2009, 25(1): 62-68.

[32] Mack UD, Feger KH, Gong YS, et al. Soil water balance and nitrate leaching in winter wheat-summer maize double-cropping systems with different irrigation and N fertilization in the North China Plain [J]. Journal of plant Nutrition and Soil Science, 2005, 168(4): 454-460. .

[33] Hu KL, Li Y, Chen WP, et al. Modeling nitrate leaching and optimizing water and nitragen management under irrigated maize in desert oasis in North western China[J]. Journal of Environmental

Quality，2010，39(2)：667-677.

[34]Zhang YM，Hu CS，Zhang JB，et al. Nitrate leaching in an irrigated wheat-maize rotation field in the North China Plain[J]. Pedosphere，2005，15(2)：196-203.

[35]柏延芳，张海，张立新，等．氮肥对黄土高原大棚蔬菜及土壤硝酸盐累积的影响[J]．中国生态农业学报，2008，16(3)：555-559.

[36]刘宏斌，李志宏，张云贵，等．北京市农田土壤硝态氮的分布与累积特征[J]．中国农业科学，2004，37(5)：692-698.

[37]吴琼，杜连凤，赵同科，等．菜地硝酸盐累积现状、影响及其解决出路[J]．中国农学通报，2009，25(2)：118-122.

[38]郭天财，宋晓，马冬云，等．施氮量对冬小麦根际土壤酶活性的影响[J]．应用生态学报，2008，19(1)：110-114.

[39]高大翔，郝建朝，金建华，等．重金属汞、镉单一胁迫及复合胁迫对土壤酶活性的影响[J]．农业环境科学学报，2008，27(3)：903-908.

[40]周东美，王慎强，陈怀满．土壤中有机污染物—重金属复合污染的交互作用[J]．土壤与环境，2000，9(2)：143-145.

[41]腾应，骆永明，李振高．土壤重金属复合污染对脲酶、磷酸酶及脱氢酶的影响[J]．中国环境科学，2008，28(2)：147-152.

[42]杨志新，冯圣东，刘树庆．镉、锌、铅单元素及其复合污染与土壤过氧化氢酶活性关系的研究[J]．中国生态农业学报，2005，13(4)：138-141.

[43]许炼峰，郝兴仁，刘腾辉，等．重金属 Cd 和 Pb 对土壤生物活性影响的初步研究[J]．热带亚热带土壤科学，1995，4(4)：216-220.

[44]和文祥，朱铭莪，张一平．土壤酶与重金属关系的研究现状[J]．土壤与环境，2000，9(2)：139-142.

[45]杨志新，刘树庆．Cd、Zn、Pb 单因素及复合污染对土壤酶活性的影响[J]．土壤与环境，2000，9(1)：15-18.

[46]罗虹，刘鹏，宋小敏．重金属镉、铜、镍复合污染对土壤酶

活性的影响[J]. 水土保持学报, 2006, 20(2): 94-96.

[47]沈国清, 陆贻通, 洪静波. 重金属和多环芳烃复合污染对土壤酶活性的影响及定量表征[J]. 应用与环境生物学报, 2005, 11(4): 479-482.

[48]刘芳, 介晓磊. 磷、镉交互作用对烟草生长及吸收积累磷、镉的影响[J]. 土壤通报, 2007, 38(1): 82-93.

[49]涂从, 郑春荣, 陈怀满. 土壤—植物系统中重金属与养分元素交互作用[J]. 中国环境科学, 1997, 6(1): 526-529.

[50]祖艳群, 李元. 重金属与植物 N 素营养之间的交互作用及其生态学效应[J]. 中国农业环境科学学报, 2008, 1(5): 173-178.

[51]Hao X-Z, Zhou D-M, Huang D-Q, et al. Heavy metal transfer from soil to vegetable in southern Jiangsu Province, China[J]. Pedosphere, 2009, 19: 305-311.

[52]Chen, Liu XM, Zhu M-Z, et al. Identification of trace element sources and associated risk assessment in vegetable soils of the urban-rural transitional area of Hangzhou[J]. China. Environmental Pollution, 2008, 151: 67-78.

[53]Wang Z-H, Zong Z-Q, Li S-X. Difference of several major nutrients accumulation invegetable and cereal crop soils. Chinese Journal of Applied Ecology, 2002, 13(9): 1091-1094.

[54]Ju X-T, Liu X-J, Zhang F-S, et al. Nitrogen fertilization, soil nitrate accumulation, and policy recommendations in several agricultural regions of China[J]. Ambio, 2004, 33: 300-305.

[55]Bolland MDA, Yeates J-S, Clarke MF. Effect of fertilizer type, sampling depth, and years on Colwell soil test phosphorus leaching soils[J]. Fertilizer Research, 1996, 44: 177-188.

[56]Bai L-Y, Zeng X-B, Li L-F, et al. Effects of land use on heavy metal accumulation in soils and source analysis[J]. Scientia Agricultura Sinica, 2010, 43(1): 96-104.

[57]Moeskops B, Sukristiyonubowo, Buchan D, et al. Soil microbial

communities and activities under intensive organic and conventional vegetable farming in West Java, Indonesia[J]. Applied Soil Ecology, 2010, 4(5): 112-120.

[58] Wells AT, Chanb KY, Cornish PS. Comparison of conventional and alternative vegetable farming systems on the properties of a yellow earth in New South Wales[J]. Agriculture, Ecosystems and Environment, 2000, 80: 47-60.

[59] Huang B, Shi X-Z, Yu D-S, et al. Environmental assessment of small-scale vegetable farming systems in periurbanareas of the Yangtze River Delta Region, China[J]. Agriculture, Ecosystems and Environment, 2006, 112: 381-402.

[60] Sharma RK, Agrawal M, Marshall F. Heavy metal contamination of soil and vegetables in suburban areas of Varanasi, India[J]. Ecotoxicology and Environmental Safety, 2007, 66: 258-266.

[61] 何燧源, 金云云. 环境化学[M]. 上海: 华东理工大学出版社, 2005, 124-144.

[62] 陈世保, 朱永官. 不同含磷化合物对中国芥菜铅吸收特性的影响[J]. 环境科学学报, 2004, 24(4): 707-712.

[63] 李瑞美, 王果, 方玲. 石灰与有机物料配施对作物镉铅吸收的控制效果的研究[J]. 农业环境科学学报, 2003, 22(3): 293-296.

[64] CHENM, LENAM-Q, SINGHSP. Field demonstration of insituim mobilization of soil Pbusing P[J]. Advancesin Environmental Research, 2003, 12(8): 93-102.

[65] MELAMEDR, CAOXD, CHENM. Field assessment of lead immobilization in a contaminated soil after phosphate application[J]. The Science of the Total Environment, 2003, 3(5): 117-127.

[66] ZWONITZER JC, PIERZYNSKI GM, GANGAM. Effects of phosphorus additions on lead, cadmium, and zinc bioavailabilies in a metal-contaminated soil[J]. Water, air, and Soil Pollution, 2003, 14(3): 193-209.

[67] 于树, 汪景树, 李双异. 应用 PLFA 方法分析长期不同施肥处理对玉米地土壤微生物群落结构的影响 [J]. 生态学报, 2008, 28(9): 4221-4227.

[68] 张逸飞, 钟文辉, 李忠佩, 等. 长期不同施肥处理对红壤水稻土酶活性及微生物群落功能多样性的影响 [J]. 生态与农村环境学报, 2006, 22(4): 39-44.

[69] 佘冬立, 王凯荣, 谢小立, 等. 施 N 模式与稻草还田对土壤供 N 量和水稻产量的影响 [J]. 生态与农村环境学报, 2006, 22(2): 16-44.

[70] 孟娜, 廖文华, 贾可, 等. 磷肥、有机肥对土壤有机磷及磷酸酶活性的影响. 河北农业大学学报, 2006, 29(4): 57-59.

[71] 焦晓光, 隋跃宇, 张兴义. 土壤有机质含量与土壤脲酶活性关系的研究 [J]. 农业系统科学与综合研究, 2008, 24(4): 494-496.

[72] Benyahya L, Garnier J. Effect of salicylic acid upon trace-metal-sorption (Cd, Zn, Co, and Mn) onto alumina, silica, and kaolinite as a function of pH [J]. Environmental Science and Technology, 1999, 33: 1398-1407.

[73] 张亚丽, 沈其荣, 姜洋. 有机肥料对镉污染土壤的改良效应 [J]. 土壤学报, 2001, 38(2): 212-218.

[74] 高山, 陈建斌, 王果. 淹水条件下有机物料对潮土外源镉形态及化学性质的影响 [J]. 植物营养与肥料学报, 2003, 9(1): 102-105.

[75] 张建国, 聂俊华, 杜振宇. 复合生物有机肥对烤烟生长、产量及品质的影响 [J]. 山东农业科学, 2004, (2): 44-46.

[76] 胡勤海, 叶兆杰. 蔬菜主要污染问题 [J]. 农村生态环境, 1995, 11(3): 52-56.

(二) 镉与硝酸盐复合污染下不同有机肥对小白菜产量和品质的影响

试验处理:

试验设 7 个处理, 每个处理 3 个重复, 每盆装 5kg 土, 施入底肥为 0.2gP$_2$O$_5$/kg 土（KH$_2$PO$_4$ 为磷源），0.3gK$_2$O/kg 土（K$_2$SO$_4$ 为钾源），施 N 水平为 0.2g/kg 土（以纯 N 计，尿素为氮源），Cd 水平为 2.0mg/kg 土（以纯 Cd 计，以 3CdSO$_4$·8H$_2$O 为镉源），各试剂均为分析纯。具体设计处理为 CK（0.2gP$_2$O$_5$/kg 土 + 0.3gK$_2$O/kg 土 + 0.2gN/kg 土 + 2.0mgCd/kg 土）；JOM1（CK + 20g 鸡粪/5kg 土）；JOM2（CK + 50g 鸡粪/5kg 土）；JOM3（CK + 100g 鸡粪/5kg 土）；NOM1（CK + 20g 牛粪/5kg 土）；NOM2（CK + 50g 牛粪/5kg 土）；NOM3（CK + 100g 牛粪/5kg 土）。

如表 2.41 所示，在镉与硝酸盐复合污染下两种有机肥能够极显著（$P < 0.01$）的增加小白菜的产量，不施有机肥的对照，产量较低，长势矮小，茎秆瘦弱，而是在两种有机肥作用下的小白菜相对长势高大，茎秆粗壮。且在两种有机肥不同的处理下，随着有机肥的增加，小白菜均呈先增加后降低的趋势，施用鸡粪的处理平均比施用牛粪的处理增加 9.69%，与对照相比，两种有机肥的 3 个不同的处理分别是对照的 2.63 倍、2.76 倍、2.63 倍；2.16 倍、2.80 倍、2.294 倍。其中，两种有机肥处理均在 50g 粪肥/5kg 土的时候达到最大。这与叶静等，吴清清等的部分结果一致。叶静等及吴清清等研究结果表明施用鸡粪能增加菜豆、苋菜的产量，但是施用牛粪与对照相比产量差异不显著。这与本试验研究结果不太一致，这可能与作物的种类以及土壤环境有一定的关系，同时本试验是在镉与硝酸盐复合污染下进行，这可能也是原因之一。

表 2.41　　　　　镉与硝酸盐复合污染下不同粪肥
对小白菜产量和品质的影响

处理 Treatment	鲜重 Freshweight （g）	Vc Vitamin C （mg/100g）	镉 Cadmium （mg/kgFW）	硝酸盐 Nitrate （mg/kgFW）
CK	33.192±1.583dC	33.247±0.529dD	1.043±0.040aA	3352.890±42.052cC
JOM1	87.413±0.727bA	32.540±0.348dD	0.933±0.029cAB	2981.657±68.554dD
JOM2	91.577±5.207abA	34.903±0.849cC	0.963±0.006bcA	3406.203±114.457cBC

处理 Treatment	鲜重 Freshweight （g）	Vc Vitamin C （mg/100g）	镉 Cadmium （mg/kgFW）	硝酸盐 Nitrate （mg/kgFW）
JOM3	87.350±3.149bA	31.163±0.252eE	0.670±0.017eC	2740.687±22.022eE
NOM1	71.600±0.980cB	29.633±0.441fF	1.033±0.067abA	2377.373±42.410fF
NOM2	92.773±1.922aA	36.500±0.350bB	0.993±0.064abcA	3765.303±76.595aA
NOM3	76.146±2.756cB	38.273±0.204aA	0.847±0.032dB	3578.287±91.939bB
F	175.894 **	124.018 **	29.100 **	141.111 **

注：不同大小字母表示处理间差异达1%和5%显著水平，下同。

由表2.41可知，在镉与硝酸盐复合污染下，施用两种有机肥对小白菜Vc的含量有不同程度的影响，鸡粪有机肥的处理2与牛粪有机肥的处理2和处理3与对照相比，小白菜维生素C的含量极显著（$P < 0.01$）增加。两种有机肥处理表现出不同的趋势，在鸡粪有机肥随着鸡粪的增加，小白菜Vc的含量呈先增加后降低的趋势；而牛粪有机肥处理随着牛粪有机肥的增加，小白菜Vc呈递增趋势，且各处理间差异达极显著（$P < 0.01$）水平。

在镉与硝酸盐复合污染下，两种有机肥对小白菜中镉与硝酸盐累积量的影响是本试验较核心的指标，已有研究结果表明，施用有机肥对土壤中重金属的生物有效性有两个截然相反的影响。一方面，有机肥中的腐殖质通过络合、螯合反应，固定重金属，进而降低重金属对作物的有效性，华珞研究表明，有机肥中的胡敏酸、胡敏素与金属离子形成的络合物是不易溶的，能显著降低植物吸收土壤中的重金属元素。ChangC指出牛粪能降低土壤重金属有效性，因为重金属与有机物质形成不可溶性盐，如磷酸盐或其他等，另一方面增施有机肥具有提高土壤重金属有效性的作用，吴清清等指出施用鸡粪能增加潮土和红壤中有效态Zn、Cu、Cd及Pb含量，陈同斌研究表明水溶性有机质对土壤中镉吸附行为的影响，发现水溶性有机质对土壤中Cd的吸附行为具有明显的抑制作用。本次试验的两种有机肥的不同处理均不同程度地降低了小白菜中镉的含量，其中鸡粪有机肥的 3 个不同的处理均显著降 $(P < 0.05)$ 低了小白菜镉的含量，且 JOM3 与 CK 相比达到了极显著 $(P < 0.01)$ 的差异水平。在牛粪有机肥的 3 个不同的处理中，NOM3 与 CK 相比达到了极显著 $(P < 0.01)$ 的差异水平，与对照相比，小白菜中镉的含量降低了 18.79%，NOM1、NOM2 与对照相比尽管差异不显著，但是仍然呈下降的趋势，与对照相比小白菜中镉的含量分别降低 0.96% 和 4.79%。从分析看出，在试验浓度范围内本次试验的研究结果与第一种分析吻合。

由表 2.41 可知，在镉与硝酸盐复合污染下不同有机肥对小白菜硝酸盐的含量有不同程度的影响，其中，鸡粪有机肥的 3 个处理中，处理 1 与处理 3 均极显著 $(P < 0.01)$ 低于对照，处理 2 虽然与对照相比，有增高的趋势，但是差异不显著；在牛粪有机肥的 3 个处理中，与对照相比均达到极显著差异 $(P < 0.01)$ 水平，牛粪有机肥的处理 1 和处理 3 极显著 $(P < 0.01)$ 地降低了小白菜硝酸盐的含量，但是处理 2 极显著 $(P < 0.01)$ 增加了小白菜硝酸盐含量。以上两种结果在已有的研究中均有出现，这可能与有机肥的 C/N 比有关系，或者与土壤氮源种类以及氮的含量有关。李仁发等研究表明，施用牛粪和生物发酵鸡粪种植生菜硝酸盐含量较低，肖本木研究表明单施有机肥对蔬菜的生长和硝酸盐含量的影响因有机肥 C/N 比值不同而异，施用 C/N 比值低的豆粕，叶片 $NO_3^- $-N、$NO_2^- $-N 含量较不施肥的对照（CK）分别提高 19.75 ~ 66.25 倍和 13.68% ~ 130.47%，且 $NO_3^- $-N、$NO_2^- $-N 含量随有机肥用量的增加而提高。

本次试验表明，在镉与硝酸盐复合污染下利用不同有机肥改良，提高小白菜的产量品质，降低小白菜硝酸盐和镉的累积量，可以达到预期的目的，但是需要考虑有机肥的 C/N 比、种类、有机肥的用量以及土壤环境等相关因子。

(三)镉与硝酸盐复合污染下不同有机肥对小白菜地土壤酶活性的影响

土壤酶是土壤生物化学反应的催化剂，直接参与土壤系统中许多重要代谢过程，有研究结果表明土壤酶活性的大小与重金属污染程度存在一定的负相关性，作者前期研究结果表明在镉与硝酸盐复合污染下也存在类似的结果，同时对不同改良剂的改良也收到一定的效果，但是研究结果依然不是非常理想，本次试验施用不同的有机肥，再次对镉与硝酸盐复合污染下土壤酶活性影响的探究，以期对菜地镉与硝酸盐复合污染的改良提高可行性的数据。

由表 2.42 可知，在镉与硝酸盐复合污染下两种有机肥对小白菜土壤脲酶活性均表现出极显著差异($F = 146.555^{**}$，$P < 0.01$)水平，与对照相比，鸡粪有机肥的处理 2 极显著($P < 0.01$)地提高了土壤脲酶的活性，提高了 10.36%，处理 1 和处理 3 与对照相比差异不显著；牛粪的 3 个处理均极显著地($P < 0.01$)降低了土壤的脲酶活性，与对照相比分别降低 49.74%、8.29%、13.47%。试验结果表明两种有机肥对镉与硝酸盐复合污染的小白菜土壤脲酶活性的影响表现不一，根据前期的试验结果以及本次试验的表现，说明在一定试验浓度范围内鸡粪有机肥钝化或络合土壤 Cd 的能力优于牛粪有机肥。何文祥等研究表明 Hg、Cd 对土壤脲酶活性有明显的抑制作用，与 Hg、Cd+Hg 的浓度呈显著或极显著的负相关。本次试验结果与其一致，但是，杨良静等研究表明一定浓度内的 Cd 对水稻根际脲酶活性有一定的促进作用，针对不同的研究结果，说法不一，有待进一步研究。

表 2.42　镉与硝酸盐复合污染下不同粪肥对小白菜土壤酶活性的影响

处理 Treatment	脲酶活性 Ureaseactivity (NH3-Nmg/g)	蛋白酶活性 Proteaseactivity (Glycinemg/g)	酸性磷酸酶活性 APaseactivity (Phenolmg/g)	蔗糖酶活性 Sucracsactivity (Glucosemg/kg)
CK	0.193±0.006bB	1.297±0.012fE	0.120±0.000dD	533.457±3.130dD
JOM1	0.187±0.006bBC	2.893±0.085dC	0.150±0.010cC	507.537±5.223eE
JOM2	0.213±0.006aA	3.060±0.050cC	0.177±0.006abAB	425.383±3.367gG
JOM3	0.190±0.000bBC	4.463±0.110aA	0.187±0.006aA	469.367±9.022fF
NOM1	0.097±0.006eE	2.957±0.085cdC	0.173±0.006bAB	561.950±1.793bB

处理 Treatment	脲酶活性 Ureaseactivity （NH3-Nmg/g）	蛋白酶活性 Proteaseactivity （Glycinemg/g）	酸性磷酸酶活性 APaseactivity （Phenolmg/g）	蔗糖酶活性 Sucracsactivity （Glucosemg/kg）
NOM2	0.177±0.006cCD	2.553±0.029eD	0.167±0.006bB	544.373±2.309cC
NOM3	0.167±0.006dD	4.033±0.040bB	0.177±0.006abAB	623.620±1.068aA
F	146.555**	699.714**	40.167**	623.511**

注：不同大小字母表示处理间差异达 1% 和 5% 显著水平，下同。

由表 2.42 可知，在镉与硝酸盐复合污染下两种有机肥对小白菜土壤蛋白酶活性均表现出极显著差异（$F = 699.714^{**}$，$P < 0.01$）水平，与对照相比，鸡粪有机肥和牛粪有机肥的 3 个处理均极显著（$P < 0.01$）地提高了土壤蛋白酶活性，分别提高 2.23 倍、2.36 倍、3.44 倍、2.28 倍、1.97 倍、3.11 倍，均随着有机肥用量的增加而增加，从数据可知，鸡粪有机肥对小白菜土壤蛋白酶活性的影响稍大于牛粪有机肥。土壤蛋白酶活性的高低直接关系到植物所利用的有效氮源的多少，这说明在两种不同的有机肥的作用下，促进了土壤有效氮的供应，在试验浓度内的镉水平没有对土壤蛋白酶活性造成影响，或者有机肥的钝化降低了镉对蛋白酶的毒性。

土壤有机磷转化受多种因子制约，尤其是磷酸酶的参与，可加速有机磷的脱磷速度。在 pH4～9 的土壤中均有磷酸酶。积累的磷酸酶对土壤磷素的有效性具有重要作用。研究证明，磷酸酶与土壤碳、氮含量呈正相关，与有效磷含量及 pH 也有关。磷酸酶活性是评价土壤磷素生物转化方向的强度的指标。黄占斌等研究结果表明，Cd 与土壤磷酸酶活性成负相关，程伟等研究表明，其磷酸酶活性也就越高。由表 2.42 和图 2.16 可知，本次试验结果表明在镉与硝酸盐复合污染下，两种不同的有机肥均极显著（$F = 40.167^{**}$，$P < 0.01$）地提高了小白菜土壤的酸性磷酸酶的活性，这与程伟等研究结果一致，在鸡粪有机肥和牛粪有机肥的 3 个处理中均出现随

着有机肥增加而增加的趋势，但是在设定的浓度范围内鸡粪的处理
2 和处理 3 差异不显著，牛粪有机肥的 3 个处理间差异也不显著，
但与对照相比 6 个有机肥处理均极显著地提高。这说明两个方面：
第一，施用有机肥有效改善了镉的污染，第二，不同的有机肥对土
壤磷酸酶活性的影响不同。

土壤蔗糖酶与土壤中有机质、氮、磷含量，微生物数量及土壤
呼吸强度有关，其酶促作用产物直接关系到作物的生长。但是，土
壤蔗糖酶活性对重金属 Cd 比较敏感，低浓度时有促进作用，随着
Cd 浓度的增加，活性渐渐降低，活性变化幅度较大。由表 2.42 和
图 2.17 可知，在镉与硝酸盐复合污染下，不同有机肥对小白菜土
壤蔗糖酶活性有极显著（$F = 623.511^{**}$，$P < 0.01$）的影响，两种
不同的有机肥表现出不同的结果，在鸡粪有机肥的 3 个处理中，土
壤蔗糖酶活性均极显著地低于对照，随着鸡粪有机肥的增加，土壤
蔗糖酶活性出现先降低再升高的特点，而在牛粪的 3 个处理中均极
显著地高于对照，且随着牛粪有机肥用量的增加土壤蔗糖酶活性呈
现与鸡粪处理相同的特点。这说明在镉与硝酸盐复合污染下的小白
菜土壤蔗糖酶活性对鸡粪有机肥和牛粪有机肥有不同的反应，这可
能与两种有机肥的基本组成有关。

（四）结论

综上所述，在镉与硝酸盐复合污染下，鸡粪、牛粪有机肥对小
白菜—土壤系统的影响得出如下结论：

（1）施用鸡粪和牛粪有机肥极显著地增加了小白菜的产量，在
试验浓度范围内 JOM2 和 NOM2 的效果最好；同时施用鸡粪和牛粪
有机肥也极显著地影响了小白菜 Vc 的含量，JOM2、NOM2 及
NOM3 均极显著地提高了小白菜 Vc 的含量，三者的优先顺序为
NOM3、NOM2 和 JOM2，其他三个处理均极显著地降低了小白菜
Vc 的含量。

（2）施用鸡粪和牛粪有机肥均降低了小白菜 Cd 的含量，其中
JOM1 和 JOM2 显著降低了小白菜 Cd 的含量，JOM3 和 NOM3 均极
显著地降低了小白菜 Cd 的含量，NOM1 和 NOM2 与对照相比虽然
有降低的趋势，但是差异不显著。施用鸡粪和牛粪有机肥对小白菜

硝酸盐含量有不同程度的影响，其中 JOM1、JOM3 和 NOM3 均极显著地降低了小白菜硝酸盐的含量，而 NOM2 和 NOM3 极显著地增加了小白菜硝酸盐的含量。

（3）施用鸡粪、牛粪有机肥均极显著地提高了土壤蛋白酶和酸性磷酸酶的活性，且 JOM3 对二者的效果最好；对于土壤脲酶活性而言，JOM2 极显著地提高了土壤脲酶的活性，与对照相比 JOM1 和 JOM2 差异不显著，施用牛粪极显著地降低了土壤脲酶的活性；与对照相比，施用牛粪极显著地极显著地提高了土壤蔗糖酶的活性，而施用鸡粪极显著地降低了土壤蔗糖酶的活性。

参考文献：

［1］叶静，安藤丰，符建荣，等．几种新型有机肥对菜用毛豆产量、品质及化肥氮利用率的影响［J］．浙江大学学报（农业与生命科学版），2008，34（3）：289-295.

［2］吴清清，马军伟，姜丽娜，等．鸡粪和垃圾有机肥对苋菜生长及土壤重金属积累的影响［J］．农业环境科学学报，2010，29（7）：1302-1309.

［3］华珞，白玲玉，韦东普，等．有机肥—镉—锌交互作用对土壤镉、锌形态和小麦生长的影响［J］．中国环境科学，2002，22（4）：346-350.

［4］Chang C，Ent ZT. Nitrate leaching losses under repeated cattle feedlot manure applications in Southern Alberta［J］. Journal of Environmental Quality，1996，25：145-153.

［5］陈同斌；陈志军．水溶性有机质对土壤中镉吸附行为的影响［J］．应用生态学报，2002，3（2）：183-186.

［6］蒋卫杰，余宏军，李红．不同有机肥种类对生菜硝酸盐含量的影响［J］．中国蔬菜，2005，8：10-12.

［7］李仁发，潘晓萍，蔡顺香，等．施用有机肥对降低蔬菜硝酸盐残留的影响［J］．福建农业科技，1999，6：14-15.

［8］肖本木．有机肥对菜地土壤 NO_3^--N 积累的影响及其环境效应［D］．福州：福建农林大学，2008.

[9] 高秀丽, 邢维芹, 冉永亮, 等. 重金属积累对土壤酶活性的影响[J]. 生态毒理学报, 2012, 7(3): 331-336.

[10] 李素霞, 杨钢, 刘海胜, 等. 不同改良剂对氮镉作用下土壤酶活性的影响[J]. 安徽农业科学, 2010, 38(32): 18153-18154.

[11] 何文祥, 黄英锋, 朱铭莪, 等. 汞和镉对土壤脲酶活性的影响[J]. 土壤学报, 2002, 39(3): 412-420.

[12] 杨良静, 何俊瑜, 任艳芳, 等. Cd 胁迫对水稻根际土壤酶活和微生物的影响[J]. 贵州农业科学, 2009, 37(3): 85-88.

[13] 罗虹, 刘鹏, 宋小敏. 重金属镉、铜、镍复合污染对土壤酶活性的影响[J]. 水土保持学报, 2006, 20(2): 94-96, 121.

[14] 黄占斌, 张彤, 彭丽成, 等. 重金属 Pb、Cd 污染对土壤酶活性的影响[G]. 中国环境科学学会学术年会论文集, 2010, 3824-3828.

[15] 程伟, 隋跃宇, 焦晓光, 等. 土壤有机质含量与磷酸酶活性关系研究[J]. 农业系统科学与综合研究, 2008, 24(3): 305-307.

[16] 曹慧, 孙辉, 杨浩, 等. 土壤酶活性及其对土壤质量的指示研究进展[J]. 应用与环境生物学报, 2003, 9(1): 105-109.

[17] 杨鹏鸣, 周俊国. 不同肥料对土壤蔗糖酶和过氧化氢酶活性的影响[J]. 广东农业科学, 2011, 11: 78-80.

第三章　植物修复对镉与硝酸盐复合污染下土壤—蔬菜系统的影响

第一节　植物修复的概念与种类

一、植物修复的概念及中国已报道镉超积累植物的种类

"植物修复"是指将某种特定的植物种植在重金属污染的土壤上，而该种植物对土壤中的污染元素具有特殊的吸收富集能力，将植物收获并进行妥善处理如灰化回收后即可将该种重金属移出土体，达到污染治理与生态恢复的目的(韦朝阳等，2001；Norman等，2002)。目前植物修复作为一种"无二次污染"的治理重金属污染农田的手段，已经越来越被关注，更适应环境保护的要求及农田保护的可持续发展。植物修复的关键是超级累植物的选取，目前关于超积累植物已报道的达500多种，其中针对农田镉污染的超积累植物约14个科22种植物(见表3.1)。

表 3.1　　　　　中国已报道镉超积累植物

科名	种名	报道年份	报道人
堇菜科	宝山堇菜	2003	刘威等
茄科	龙葵	2004	魏树和等
桑科	岩生紫堇	2005	祖艳群等
十字花科	圆锥南芥	2005	汤叶涛等

续表

科名	种名	报道年份	报道人
景天科	东南景天	2004	Yang 等
	伴矿景天	2007	吴龙华等
	皖景天	2009	Xu 等
苋科	天星米	2007	范红黎等
商陆科	商陆	2006	聂发辉等
莎草科	水葱	2007	李硕等
蔷薇科	长柔毛委陵菜	2007	胡鹏杰等
十字花科	球果蔊菜	2008	魏树和等
苋科	苋菜	2009	Fan 和 Zhou
菊科	三叶鬼针草	2009	Sun 等
	滇苦菜	2009	Tang 等
桔梗科	半边莲	2009	Peng 等
忍冬科	忍冬	2009	Liu 等
石竹科	粘萼蝇子草	2009	Wang 等
酢浆草科	杨桃	2009	Li 等
苋科	籽粒苋	2010	李凝玉等
	绿穗苋	2010	Zhang 等
菊科	红花	2010	Shi 等

二、植物修复土壤氮镉互作污染的生态研究现状

1. 氮镉污染的来源和现状

我国遭受镉污染的农田有 12000 km^2，某污灌区农田土壤中镉含量高达 130mg/kg，成都东郊污灌区内米中含镉量高达 1.65mg/kg；沈阳张士灌区一闸严重污染区米中含镉量达 1~2mg/kg。镉是一种重金属，与氧、氯、硫等化学元素形成无机化合物分布于自然界中。镉对人体健康的危害主要来源于工农业生产所造成的环境污

染。镉可经消化道、呼吸道及皮肤吸收。在未受污染的土壤中，镉主要来源于成土母质；在遭受镉污染的土壤，其中镉的污染途径主要有两个，一是工业废气中的镉扩散沉降累积于土壤之中，二是用含镉工业废水灌溉农田，使土壤受到严重污染。此外，人类工农业生产、运输和居民生活中向环境排放的含镉污染物，如：废气中的含镉颗粒物，其沉降进入土壤可造成污染；矿区开发以及电镀、印染、化工等行业排放的含镉废水，渗入土壤造成污染；农业生产中使用的一些化肥、农药也含有镉，在大量使用后也对土壤造成污染。镉是环境中对植物、动物以及人类毒性最强的重金属元素之一，镉污染土壤的治理一直是备受关注的热点研究课题。

胡红青等研究表明，在灰潮土上低 Cd 对小白菜生长有促进作用，而浓度达到 100mg/kg 土时则表现为抑制作用，当土壤镉含量达到 1mg/kg 时，已经很难生产出镉含量符合卫生标准的叶菜产品。植物提取修复是采用超积累植物将土壤中某种过量的元素大量地转移到植株体内（特别是地上部）从而修复土壤的技术。这种途径修复潜力大，而且可维持土壤肥力和营造良好的生态环境，因而对其研究已风靡全球。

蔬菜是一种与人民生活密切相关而又易富集硝酸盐的作物，研究表明，蔬菜是人体硝酸盐的主要来源，人体摄入的硝酸盐有 70%~80% 来自蔬菜。在正常情况下，蔬菜从土壤中吸收的硝酸盐在体内可经硝酸还原酶的作用，转化为氨和氨基酸等营养物质。而当条件不适宜时特别是在大量施氮肥的条件下，蔬菜摄取的硝酸盐量过多，在其内不能被充分同化，致使硝酸盐在蔬菜内大量累积。其实早在 20 世纪 40 年代，硝酸盐就被作为氮污染提出来，氮肥施用过量，会在土壤溶液中积聚较多的 NO_3^-、NO_2^-、NH_4^+ 及 Cl^-、SO_4^{2-} 等离子，加之设施环境温度较高，不受雨水淋洗，积聚于土壤中的 NO_3^-、NO_2^-、Cl^-、SO_4^{2-} 及相应的伴随离子 NH_4^+、K^+、Ca^{2+}、Mg^{2+} 便在表层土壤水分的不断蒸发过程中，随地下水的向上运动逐渐在土壤表层积累下来，形成硝酸盐表聚现象。过量的硝酸盐积累，将导致土壤盐浓度和渗透压提高同时酸度增加，严重危害到蔬菜的正常生长发育。氮肥又是农业生产中最常用的肥料，因此，农作物中硝酸盐的污染也越来越受到人们的关注。

虽然硝酸盐本身对人体无害或毒害性相对较低，但现代医学证明人体摄入硝酸盐在细菌的作用下可还原成亚硝酸盐，亚硝酸盐可使血液的载氧能力下降，从而导致高铁血红蛋白症，婴幼儿尤为如此，另一方面，亚硝酸盐可与人类摄取的其他食品、医药品、残留农药等成分中的次级胺（仲胺、叔胺、酰胺及氨基酸）反应，在胃腔中（pH = 3）形成强力致癌物——亚硝胺，从而诱发消化系统癌变。

2. 植物修复重金属的研究现状

我国在植物修复方面虽有许多人进行过探索与初步尝试，但系统性研究目前尚处于起步阶段。如据黄会一报道，某种旱柳品系可富集 47.19mg/kg Cd，当年生加拿大杨对 Hg 的富集量高达 6.8mg/株，为对照的 130 倍。龙育堂等将 Hg 污染稻田改种苎麻后，对 Hg 的净化率达 41%。曾普遍认为利用植物吸收法治理土壤重金属污染耗时太久，原因主要是尚未找到所需的植物超富集体。近年来，这一领域引起了国内更多学者的浓厚兴趣而且取得了一定的进展。

植物修复是近十多年来发展起来的治理重金属污染的一项新技术。该技术利用某些植物富集重金属的特性，通过超积累植物移去土壤中的污染元素，达到修复环境的目的。该方法用于修复镉污染土壤的关键是，寻找具有镉超积累特性的植物资源。目前已知公认的镉超积累植物是遏蓝菜，近几年又发现印度芥菜、拟南芥、宝山堇菜、龙葵以及某些油菜品种等具有超积累镉的能力，但这些植物种类或由于生物量小而应用受限，或由于地域性强，难以在我国大面积种植。因此迫切需要发现更多新的种质，以满足镉污染土壤的植物修复要求。苋菜在我国的分布很广，品种资源丰富，生长快且生物量大，适于作为生物修复。

3. 植物修复镉与硝酸盐复合污染的研究现状

土壤镉污染对生态环境及人类健康所造成的潜在危害已引起日益广泛的关注。植物修复作为一种新兴、高效的绿色修复技术是镉污染土壤治理的重要手段。现有镉超积累植物或由于生物量小而应用受限，或由于地域性强，生长受环境条件限制，发掘适合当地生态环境条件的用于镉污染修复的植物资源已成为各国竞相研究的热点。苋菜在我国的分布很广，品种资源丰富，生长快且生物量大，适于作为植物修复资源加以发掘。

试验采用土培盆栽方法，选择重金属镉的超富集植物苋菜和耐镉能力较差的四季小白菜（Brassia chinensis）进行研究。小白菜与苋菜互作时，比小白菜自身单作，获得了更高的地上部干重，且其植株体内镉含量明显降低。同时，与小白菜互作并未影响苋菜对镉污染土壤的净化能力。这表明，镉的超富集植物苋菜可以在不影响其对土壤净化能力的情况下，减轻重金属镉对与其互作植物小白菜的伤害。

因此超富集植物苋菜与小白菜互作和有机肥的共同作用对缓解小白菜镉毒害效果比单作方法要好。

1907 年 Rich-Son 就发现了新鲜蔬菜中的高硝酸盐含量问题，并开始了蔬菜硝酸盐积累分布规律的研究。研究表明化肥施用不当和过量施用，会引起土壤中硝酸盐的累积，进而造成蔬菜产品中硝酸盐含量超标。而据张旭等研究报道证实土壤中重金属 Cd 的超量也能引起蔬菜体内硝酸盐的积累。蔬菜的生长量和硝酸盐含量决定了其单株累积量的大小。当土壤中 Cd 超量时，植物根系被动吸收污染物质使生长受到抑制，单株生物量减小，硝酸盐在组织中的相对含量就越高。大量 Cd 的存在刺激了土壤中硝酸还原酶的活性，使得土壤中硝态氮含量升高，蔬菜从土壤中吸收的硝酸氮增多，其硝酸盐累积量也相应地升高。

利用超富集植物苋菜与小白菜套作，超富集植物苋菜对土壤中的重金属镉大量富集积累，土壤中的镉含量大幅降低。土壤中的镉含量降低后，对土壤中硝酸还原酶的活性产生了抑制作用，使得土壤中硝态氮含量降低，小白菜从土壤中吸收的硝酸氮减少，其硝酸盐累积量也相应地降低。

4. 结语

从目前的研究现状来看，尽管已发现的能降低镉的化学活性和具有硝化抑制效应的化合物较多，但真正能在农业生产中大规模应用的理想的镉抑制剂和硝化抑制剂品种还非常有限，并且，能同时抑制镉与硝酸盐复合污染的改良剂品种更是少之又少。污染土壤的植物修复技术是当今的研究热点，科学家们认为植物修复技术是一项利用太阳能动力的处理系统，能够大大减少土壤清洁所需的费用，是一种绿色的土壤修复技术。

　　红苋菜作为一种镉的超富集植物不仅能对土壤中的重金属镉大量富集积累，使土壤中的镉含量大幅降低，还能抑制小白菜对硝酸盐的积累。间作套种是我国传统农业的精髓之一，所以利用小白菜与超富集植物苋菜套作，实现对土壤中镉与硝酸盐复合污染的修复，是一条很好的土壤修复途径。

　　我国植物资源丰富，根据减少植物吸收重金属，提高植物提取重金属，促进对有机污染的降解等不同目的选择更多的适当的植物组成间套作体系是今后研究的一个方向。间套作体系修复污染土壤时，植物间的交互作用机理（包括地上和地下）还不清楚，这方面的研究需要加强。在实际应用中，对相关的农业措施（如施肥、种植密度等）也需要研究。

参考文献：

[1]廖自基. 微量元素的环境化学及生物效应[M]. 北京：中国环境科学出版社，1993：299-302.

[2]陈怀满，郑春荣. 陈怀满，等. 土壤—植物系统中的重金属污染[M]. 科学出版社，1996：71-125.

[3]吴燕玉，陈涛. 沈阳张士灌区 Cd 污染生态研究[J]. 生态学报，1989，9(1)：21-26.

[4]胡红青，高彦征，汪文芳. 土壤镉、铅污染对小白菜的生物效应研究[M]. 青年学者论土壤植物营养科学，北京：中国农业科技出版社，2001.

[5]Baker A. J. M. et al. Resources, Conservation and Recycling[J]. 1994，11：41-49.

[6]宾士友，阮月燕，蔡耕鸣. 广西蔬菜水果硝酸盐含量状况与控制措施[J]. 广西农学报，2006，21(1)：23-25.

[7] 郭文忠, 刘声锋, 李丁仁, 等. 设施蔬菜土壤次生盐渍化发生机理的研究现状与展望[J]. 土壤, 2004, 36(1): 25-29.

[8] 艾天成, 李方敏, 黄志新. 设施土壤盐分组成特征分析[J]. 湖北农业科学, 2006, 45 (3): 316-317.

[9] 白碧君. 蔬菜的硝酸盐积累及其控制的研究[J]. 中国农业文摘-园艺, 1992, 8(6): 8-15.

[10] Minotli pL. Nitrogen in the environment. Vo 2 Soil-Plant-Nitrogen Relationship. Donald R, Nielsen JG, Macdemic Press, New York, San Francisco, London. 1978, 235-252.

[11] Norman T, Gary B. Phytoremediation of contaminated soil and water. Lewis Publishers, 2002.

[12] Baker A J M. Accumulators and excluders strategies in response of plants to heavy metals. Journal of Plant Nutritio. 1981, 3: 643-654.

[13] Salt D E, Picketing I J, Prince R c, Gleba S D, Dushenko v, Smith R D, Raskin I. Metal accumulation by aquacultured seedings of Indian mustard. Environmental Science and Technology, 1997, 3l(6): 1636-1644.

[14] Dahmani·Muller H, Van O F. Gelie B, Balabane M. Strategies of heavy metal uptake by three plant species growing near a metal smelter. Environmental Pollution, 2000, 109: 231-238.

[15] 刘威, 束文圣, 蓝崇钰. 宝山堇菜(Vwla baoshanensis). 一种新的 Cd 超富集植物[J]. 科学通报, 2003, 48(19): 2046-2049.

[16] 魏树和, 周启星, 王新, 等. 一种新发现的镉超积累植物龙葵(Sdanum n/grum L)[J]. 科学通报, 2004, 49 (24): 2568-2573.

[17] 苏德纯, 黄焕忠. 油菜作为超积累植物修复 Cd 污染土壤的潜力研究[J]. 中国环境科学, 2002, 22(1): 47-51.

[18] 范洪黎. 苋菜超积累镉的生理机制研究[D]. 中国农业科学院, 2007: 8-11.

[19] 高利萍, 巴特尔, 赵秀梅, 等. 蔬菜硝酸盐污染现状及控制

途径[J]. 内蒙古农业大学学报，2005，26(4)：134-138.

[20] 卫泽斌，郭晓方，丘锦荣，等. 间套作体系在污染土壤修复中的应用研究进展[J]. 农业环境科学学报，2010，29(增刊)：267-272.

第二节　苋菜对镉与硝酸盐复合污染下土壤—小白菜系统的试验研究

中国土壤重金属污染中，以镉污染最为严重，污染面积约 $1.4 \times 10^4 hm^2$。同时，我国目前已成为世界上氮肥施用量最多的国家，年施用量几乎占全世界总用量的 30%。混作是将两种或两种以上生育季节相近的作物按一定比例混合种在同一块田地上的种植方式。多不分行，或在同行内混播或在株间点播。混作通过不同作物的恰当组合，可提高光能和土地的利用率。植物修复是近十多年来发展起来治理重金属污染的新技术。该技术利用某些植物富集重金属的特性，通过超富集植物移去土壤中的污染元素，达到修复环境的目的。该方法是否适合于镉与硝酸盐复合污染有待进一步的找寻与探讨，如果能够如愿将会给菜地土壤镉与硝酸盐复合污染的治理提供科学合理的方法。

对于土壤镉污染修复以及硝酸盐污染的修复有不少方法，但是关于镉与硝酸盐复合污染的修复方法还很局限，目前国内关于镉与硝酸盐复合污染虽然有一定的成果，但基本局限于化学方法或物理方法，植物修复的方法还相对鲜有，因此迫切需要发现更多新的方法，以满足镉与硝酸盐复合污染土壤的植物修复要求。

已有文献报导美国籽粒苋、四川天星米等 22 种植物(具体见表 3.1)具有较强的镉富集能力。而且笔者前期研究成果表明，红苋对硝酸盐的富集也有较显著的效果，本研究通过土培试验，采用苋菜—小白菜混作，以酸性黄棕壤土以及石灰性潮土为试验土壤，对镉与硝酸盐复合污染下小白菜品质及富集镉与硝酸盐累积情况进行研究，为菜地土壤镉与硝酸盐复合污染的治理提供方法。

一、试验苋菜的筛选

(一)试验材料的筛选

(1)供试苋菜

选择 10 种具有超积累镉的苋菜品种,苋菜购自湖北省种子站、四川省冕宁县农资服务站。

(2)溶液培养试验

营养液采用霍格兰营养液,见表 3.2。

表 3.2 水培营养液配方

组成	浓度((g/L)	组成	浓度(g/L)
$Ca(NO_3)_2 \cdot 4H_2O$	1.18	H_3BO_3	2.86×10^{-3}
KNO_3	0.51	$MnCl \cdot 4H_2O$	1.81×10^{-3}
$MgSO_4 \cdot 7H_2O$	0.49	$ZnSO_4 \cdot 7H_2O$	2.20×10^{-4}
KH_2PO_4	0.14	$CuSO_4 \cdot 5H_2O$	8.00×10^{-5}
FeEDTA	3.46×10^{-2}	$(NH_4)_6MoO_{24} \cdot 4H_2O$	1.80×10^{-5}

(3)试验结果

植物提取修复的应用有两个前提,首先是植物组织能积累高含量该元素,其次是有镉环境中植物的生物量高等。因此,筛选试验主要从地上部相对生物量加福处理地上部干重与无镉处理之比、隔含量、镉累积量方面考虑。试验结果表明,在试验的 10 种苋菜种,在试验浓度范围内天星米相对比较理想,这也与范洪黎研究结果一致,为此,在镉与硝酸盐复合污染下选择天星米作为研究对象,探索是否达到修复效果。

(二)试验处理

选用湖北比较典型的黄棕壤、潮土作盆栽试验,所用土壤均为 0~20cm 未受污染耕层土壤,盆栽试验时均过 2mm 筛。供试土壤理化性状见表 3.3。其中黄棕壤采自湖北省武汉市新洲区的酸性黄棕壤,潮土采自湖北省武汉市新洲区石灰性土壤,其基本理化性状见表 3.3。

266

表3.3　　　　　　　　　供试土壤基本农化性状

土壤类型 （Soil types）	pH （H₂O）	有机质 OM/ （g·kg⁻¹）	碱解氮 Alk.-hydr. N/ （mg/kg）	速效磷 Olsen-P/ （mg/kg）	速效钾 AvailableK /（mg/kg）	全镉 TotalCd /（mg/kg）
黄棕壤 Yellow brown soil	4.59	21.89	149.36	5.95	187.06	0.126
潮土 Fluvo-aquic soil	7.37	23.26	108.17	29.09	195.12	0.385

（1）供试作物

小白菜：上海青（购于湖北省武汉市新洲区种子公司）；

苋菜：天星米（购于四川省冕宁县农资服务站，经过筛选后的优化材料）。

（2）试验设计（表3.4）

表3.4

处理	土壤类型	试验设计
CK₁₁	黄棕壤	2.0mg/kg（土）Cd+0.2g/kg（土）N+小白菜8棵
处理₁₁	黄棕壤	2.0mg/kg（土）Cd+0.2g/kg（土）N+小白菜4棵、苋菜3棵
CK₂₁	潮土	2.0mg/kg（土）Cd+0.2g/kg（土）N+小白菜8棵
处理₂₁	潮土	2.0mg/kg（土）Cd+0.2g/kg（土）N+小白菜4棵、苋菜3棵

注：设计中镉的加入量超过农田土壤镉的二级标准，氮的加入量超过实际施氮水平。

试验采用20×30cm聚乙烯塑料盆，内衬聚乙烯薄膜，以避免微量元素污染，每盆装风干过2mm筛的土壤5.0kg。试验设两种土壤（黄棕壤和潮土），每种土壤设对照1（小白菜，每盆8棵）、处理（小白菜4棵+苋菜3棵），每个处理平行3次。

播种前底肥为 KH₂PO₄、K₂SO₄，用量为 P₂O₅0.2g/kg 土、K₂O

0.3g/kg 土，与氮处理一起施用，所有肥源播种前一次基施，所用肥料均为分析纯级别（AR）；镉按设计量溶于水稀释均匀播种前拌入土壤。浇水田间持水量的 60%，平衡一周后播种，整个生育期内以蒸馏水浇灌（每次定量，所有盆钵保持一致），以避免污染。及时间苗、松土、除草及防治害虫。

第一季于 2013 年 3 月 20 日播种，2013 年 5 月 10 日收获；第二季于 2013 年 5 月 15 日播种，2013 年 6 月 25 日收获。

（3）分析方法

土壤农化性状指标按照《土壤农化分析》的方法测定；小白菜维生素 C 的测定采用 2，4-二硝基苯肼法测定，可溶性蛋白的含量采用考马斯亮蓝 G-250 法测定，可溶性糖采用蒽酮比色法测定，小白菜硝酸盐采用 GB/T 5009.332—2008 方法测定，小白菜镉的测定采用 GB/T 5009.15—2003 的方法。

二、不同土壤镉与硝酸盐复合污染下苋菜—小白菜混作对小白菜产量和品质的影响

如表 3.5 所示，在第一季中小白菜—苋菜混作能够显著提高小白菜叶绿素、Vc、可溶性蛋白的含量，分别提高 10.46%、32.40%、21.53%；对于小白菜的产量以及可溶性糖尽管差异不显著，但有提高的趋势，分别提高 2.18% 和 1.33%。在第二季中，小白菜—苋菜混作能够显著提高小白菜叶绿素、Vc、可溶性蛋白、可溶性糖的含量，分别提高 16.24%、18.47%、31.37%、23.69%，在第二季中，小白菜—苋菜的混作仍然不能显著提高小白菜的产量，但有提高的趋势，提高了 3.37%。

如表 3.6 所示，在第一季中小白菜—苋菜混作能够显著提高小白菜 Vc、可溶性蛋白、可溶性糖的含量，分别提高 29.66%、28.31%、76.25%；对于小白菜的产量以及叶绿素含量尽管差异不显著，但有提高的趋势，分别提高 1.85% 和 1.17%。在第二季中，小白菜—苋菜混作能够显著提高小白菜产量、叶绿素、Vc、可溶性蛋白、可溶性糖的含量，分别提高 16.34%、6.95%、47.99%、33.33%、60.71%。

表 3.5 黄棕壤镉与硝酸盐复合污染下苋菜—小白菜混作
对小白菜产量和品质的影响

生长期 (天)	处理 (Treatment)	鲜重 (g/株)	叶绿素 (mg/g)	Vc (mg/100g)	可溶性蛋白 /(mg/kg)	可溶性糖 /(mg/kg)
第一季 (50)	对照 11	3.98a	2.14b	55.11b	32.80b	98.99a
	处理 11	4.07a	2.39a	81.52a	41.80a	100.32a
第二季 (40)	对照 12	4.02a	2.27b	74.76b	47.23b	121.49b
	处理 12	4.16a	2.71a	91.70a	68.62a	159.21a

注：不同字母表示同一生长期处理间差异达 5%显著水平，下同。

表 3.6 潮土镉与硝酸盐复合污染下苋菜—小白菜混作
对小白菜产量和品质的影响

生长期 (天)	处理 (Treatment)	鲜重 (g/株)	叶绿素 (mg/g)	Vc (mg/100g)	可溶性蛋白 /(mg/g)	可溶性糖 /%
第一季 (50)	对照 21	4.24a	13.57a	33.25b	2.38b	0.19b
	处理 21	4.32a	13.73a	47.27a	3.32a	0.80a
第二季 (40)	对照 22	4.71b	13.93b	24.95b	0.64b	0.22b
	处理 22	5.63a	14.97a	47.97a	0.96a	0.56a

注：不同字母表示同一生长期处理间差异达 5%显著水平，下同。

三、不同土壤镉与硝酸盐复合污染下苋菜—小白菜混作对小白菜镉与硝酸盐含量的影响

如表 3.7 和表 3.8 所示，无论是第一季还是第二季，无论是小白菜镉还是硝酸盐，无论是黄棕壤还是潮土，苋菜—小白菜轮作均能显著降低小白菜中镉与硝酸盐的含量，对于小白菜中硝酸盐含量而言，黄棕壤第一第二季及潮土第一第二季，苋菜—小白菜混作小白菜硝酸盐的含量分别降低为 19.87%、20.93%、27.00%、32.45%；苋菜—小白菜混作小白菜镉的含量分别降低为 20.00%、

269

22.58%、5.82%、7.69%。

表3.7　黄棕壤土镉与硝酸盐复合污染下苋菜—小白菜混作
对小白菜硝酸盐和镉累积量的影响　　（mg/kg）

	项目	对照1	处理1
第一季	硝酸盐	3508.80a	2811.55b
（生长期50天）	镉	0.30a	0.23b
第二季	硝酸盐	3850.88a	3184.34b
（生长期40天）	镉	0.31a	0.24b

注：不同小写字母的处理平均值表示在 $P<0.05$ 水平差异显著。

表3.8　潮土镉与硝酸盐复合污染下苋菜—小白菜套作
对小白菜硝酸盐和镉累积量的影响　　（mg/kg）

	项目	对照2	处理2
第一季	硝酸盐	3378.93a	2466.53b
（生长期50天）	镉	2.92a	2.75b
第二季	硝酸盐	2411.94a	1629.17b
（生长期40天）	镉	1.04a	0.96b

注：不同小写字母的处理平均值表示在 $P<0.05$ 水平差异显著。

四、讨论与结论

1. 讨论

在本试验中，苋菜—小白菜混作能够改善小白菜品质，且对小白菜产量也有提高的趋势，显著降低了小白菜中镉与硝酸盐的含量，说明在菜地土壤镉与硝酸盐复合污染下，苋菜—小白菜混作改善小白菜品质有显著的影响。这说明苋菜—小白菜混作过程中苋菜对镉的吸收较显著并且比较主动，同时，从各自的长势来讲，苋菜同期植株较大，枝叶也比较茂盛，吸收镉与硝酸盐的量也较大，对小白菜而言，像是在被净化的环境中生长，使得小白菜的品质较好。

范洪黎、周卫研究表明，天星米苋菜在土壤 Cd 投入浓度

25mg·kg^{-1}条件下，其地上部镉含量最大达到212mg·kg^{-1}，超过100mg·kg^{-1}临界含量标准；总生物量、地上部生物量没有显著降低，对 Cd 有较强耐性；富集系数最大，为 8.5，远大于 1 的标准。因此，苋菜天星米是镉超富集植物品种。因此，采用天星米苋菜与小白菜混作，苋菜能够显著吸收土壤中镉，同时，由于苋菜与小白菜相比，植株较大，吸氮能力也比较强，对小白菜缓冲硝酸盐的积累也有一定的积极意义。

2. 结论

在试验范围内，镉与硝酸盐复合污染小苋菜—小白菜混作能够改善小白菜品质，降低小白菜体内镉与硝酸盐累积量，对小白菜的产量也有提高的趋势。

五、植物修复对氮镉互作下小白菜土壤酶活性的影响

由表3.9和表3.10可知，在氮镉的交互作用下，盆栽中，通过植物修复，土壤的磷酸酶活性极显著提高。与对照相比提高 18.19%，对于大田来说，与对照相比，差异不明显，但是仍然超出对照 3.55%，这说明无论是大田还是盆栽经过苋菜修复后土壤酸性磷酸酶的活性都有增加的趋势。

表3.9　　　　　**植物修复对氮镉互作下小白菜土壤**
磷酸酶活性的影响(盆栽)　　　　（mg/g·h）

处理	均值	5%显著水平	1%显著水平
CK	1.21	b	B
轮作	1.43	a	A

表3.10　　　　　**植物修复对氮镉互作下小白菜土壤**
磷酸酶活性的影响(大田)　　　　（mg/g·h）

处理	均值	5%显著水平	1%显著水平
CK	1.69	a	A
轮作	1.75	a	A

　　由表 3.11 和表 3.12 可知，在氮镉的交互作用下，盆栽中，通过植物修复，土壤的蔗糖酶含量极显著降低。与对照相比降低了46.89%，对于大田中，与对照相比，差异不显著，但是与对照相比，降低 0.31%，这说明经过苋菜修复后的土壤，蔗糖酶活性有降低的趋势。蔗糖酶是反映生物学活性的一种重要酶，也是反映土壤有机碳转化的一种酶，通过修复之后土壤蔗糖酶活性有下降的趋势可能与有机碳的转化有关，针对此现象还需要进一步的研究。

表 3.11　　　　植物修复对氮镉互作下小白菜土壤蔗糖酶活性的影响(盆栽)　　　(mg/kg·h)

处理	均值	5%显著水平	1%显著水平
CK	924.68	a	A
轮作	491.08	b	B

表 3.12　　　　植物修复对氮镉互作下小白菜土壤蔗糖酶活性的影响(大田)　　　(mg/kg·h)

处理	均值	5%显著水平	1%显著水平
CK	359.27	a	A
轮作	358.17	a	A

　　由表 3.13 和表 3.14 可知，在氮镉的交互作用下，在大田与盆栽中，苋菜的修复作用对小白菜土壤蛋白酶活性均产生极显著提高。且与对照相比，盆栽提高 19.35%，大田提高 8.20%。

表 3.13　　　　植物修复对氮镉互作下小白菜土壤蛋白酶活性的影响(盆栽)　　　(mg/kg·h)

处理	均值	5%显著水平	1%显著水平
CK	61.65	a	A
轮作	73.58	b	B

表 3.14　　　　　　　**植物修复对氮镉互作下小白菜土壤**
　　　　　　　　　　蛋白酶活性的影响(大田)　　　(mg/kg·h)

处理	均值	5%显著水平	1%显著水平
CK	77.33	a	A
轮作	83.67	b	B

　　由表 3.15 和表 3.16 可知, 在氮镉的交互作用下, 盆栽中, 通过植物修复, 对小白菜脲酶活性未产生显著差异, 但与对照相比, 仍超出 9.09%。大田中, 脲酶活性在 5% 的显著水平和 1% 显著水平下均产生极显著的提高, 与对照相比超出 42.86%。

表 3.15　　　　　　　**植物修复对氮镉互作下小白菜土壤**
　　　　　　　　　　脲酶活性的影响(盆栽)　　(NH_3-Nmg/g·h)

处理	均值	5%显著水平	1%显著水平
CK	0.11	a	A
轮作	0.12	a	A

表 3.16　　　　　　　**植物修复对氮镉互作下小白菜土壤**
　　　　　　　　　　脲酶活性的影响(大田)　　(NH_3-Nmg/g·h)

处理	均值	5%显著水平	1%显著水平
CK	0.07	b	B
轮作	0.10	a	A

　　由表 3.17 和 3.18 可知, 在氮镉的交互作用下, 通过植物修复, 在大田与盆栽试验中, 小白菜土壤有效镉含量均产生显著降低, 与对照相比, 盆栽降低 5.62%, 大田降低 11.76%。

表 3.17　　　　　植物修复对氮镉互作下小白菜土壤
　　　　　　　　有效镉含量的影响（盆栽）　　　（mg/kg）

处理	均值	5%显著水平	1%显著水平
CK	0.89	a	A
轮作	0.84	a	A

表 3.18　　　　　植物修复对氮镉互作下小白菜土壤
　　　　　　　　有效镉含量的影响（大田）　　　（mg/kg）

处理	均值	5%显著水平	1%显著水平
CK	0.68	a	A
轮作	0.60	b	B

讨论与结论：

（1）讨论

在试验水平范围内，经过植物修复后，分析小白菜土壤酶活性发现，4 种土壤酶活性变化比较复杂。在盆栽试验条件下，通过植物修复，能有效修复小白菜对重金属 Cd 的吸收，与对照相比，修复后小白菜土壤有效镉含量降低 5.62%，且小白菜土壤磷酸酶活性、蛋白酶活性、蔗糖酶活性均与对照有极显著性差异，土壤酸性磷酸酶活性、土壤蛋白酶活性与对照相比分别超出 18.19%、19.35%。土壤蔗糖酶活性与对照相比降低 46.89%。土壤脲酶活性与对照无显著性差异。在大田试验条件下，经植物修复后，能有效修复小白菜对重金属 Cd 的吸收，与对照相比，修复后小白菜土壤有效镉含量降低 11.76%，且小白菜土壤蛋白酶活性、脲酶活性均与对照有极显著性差异，与对照相比分别超出 8.20%、42.86%。土壤酸性磷酸酶活性、蔗糖酶与对照无显著性差异。

在分析大田与盆栽相同处理所对应的土壤酶活性时，发现大田与盆栽所得试验结果也不尽相同。植物修复在大田环境下的修复效果之所以会与盆栽试验有差异，至少有两个主要原因：一是在田间条件下，除了从污染田土壤中吸收 Cd 元素外，污染企业排放污水和废气使小白菜反复暴露在新鲜污染物充斥的环境中，对土壤酶活性产生影响；二是大田的管理是在自然条件下进行的，可能会受雨水、浇灌、土壤质地、土壤肥力以及当地的气候条件的影响，所以结果只能做试验性参考，这方面的工作还需要大量、系统，全面的研究。

（2）结论

通过本次试验，笔者认为，利用苋菜作为修复材料能够有效改善菜地镉与硝酸盐复合污染下土壤环境，显著降低了有效镉的含量，不同程度增加了土壤酶活性，达到了预期目的，可用于农业生产。

第四章 结 论

(1)在试验范围内，以辣椒和番茄的品质及其对应的土壤酶活性为研究对象，施用改良剂的优先顺序为：双氰胺(0.2144g/5kg 土)、石灰(2.0g/5kg 土)、有机肥(20g/5kg 土)。

(2)在试验范围内，以小白菜和苋菜的品质及其对应的土壤酶活性为研究对象，施用改良剂的优先顺序为：双氰胺(0.2144g/5kg 土)、有机肥有机肥(20g/5kg 土)、石灰(2.0g/5kg 土)。

(3)在试验范围内，施用不同浓度的双氰胺(0.1g/5kg 土、0.2g/5kg 土、0.05g/5kg 土)为改良剂，通过对小白菜和苋菜的品质及其所对应的酶活性为研究表明，施入 0.2g/5kg 土的双氰胺效果较好。

(4)在试验范围内，施用不同浓度的石灰(5g/5kg 土、10g/5kg 土、20g/5kg 土)为改良剂，通过对小白菜和苋菜的品质及其所对应的酶活性为研究表明，施入 10g/5kg 土的双氰胺效果较好。

(5)在试验范围内，施用不同浓度的鸡粪和牛粪(20g/5kg 土、50g/5kg 土、100g/5kg 土)为改良剂，通过对小白菜和苋菜的品质及其所对应的酶活性为研究表明，无论是鸡粪还是牛粪均施入 100g/5kg 土效果较理想。

(6)在试验范围内，苋菜—小白菜轮作能够提高小白菜的品质，降低小白菜中镉与硝酸盐的含量，改良效果适宜农业生产。

(7)在试验范围内，苋菜—小白菜套作无论从品质上还是从所对应的酶活性上均表现出积极的作用，且差异显著，对农田镉与硝酸盐复合污染的改良有较理想的效果。

参考文献：

[1]苏德纯，黄焕忠．油菜作为超累积植物修复镉污染土壤的潜力．中国环境科学，2002，22(1)：48-51.

[2]张福锁，巨晓棠．对我国持续农业发展中氮能管理与环境问题的几点认识．土壤学报，2002，39(增刊)：41-54.

[3]Robinson BH, Leblanc M, Petit D, Brooks RR, Kirkman JH, Gregg PEH. The potential of Thlaspi caerulescens for phytoremediation of contaminated soils. Plantand Soils，1998，203：47-56.

[4]范洪黎，周卫．镉超富集苋菜品种(Amaranthus mangostanus L.)的筛选，中国农业科学，2009，42(4)：1316-1324.

[5]鲍士旦．土壤农化分析．北京：中国农业出版社，2000.

[6]王学奎．植物生理生化实验原理与技术[M]．北京：高等教育出版社，2006.

[7]中华人民共和国卫生部，中国国家标准化管理委员会．中华人民共和国国家标准 GB/T5009.332—2008，食品中亚硝酸盐与硝酸盐的测定[S]．2008.

[8]中华人民共和国卫生部，中国国家标准化管理委员会．中华人民共和国国家标准 GB/T5009.15—2003，食品中镉的测定[S]．2004.

[9]李素霞，谢朝阳，李梦维，等．氮镉互作对苋菜植株吸收氮镉的影响[J]．湖南农业科学，2009(10)：129-131.

[10]李素霞，胡正立，胡承孝，等．镉污染条件下不同种类氮肥对苋菜品质的影响[J]．中国农学通报，2009，25(22)：182-185.

[11]李素霞，谢朝阳，胡承孝，等．镉氮交互作用对苋菜生长及其品质的影响[J]．安徽农业科学，2010，38(2)：676-678.

[12]赵勇，李红娟，孙志强．土壤、蔬菜 Cd 污染相关性分析与土壤污染阀值研究[J]．农业工程学报，2006，7(22)：149-153.

[13]李素霞．土壤—蔬菜系统镉与硝酸盐复合污染效应研究[D]．武汉：华中农业大学资源与环境学院，2009.

[14]王新，吴燕玉．改性措施对复合污染土壤重金属行为影响的

研究[J].应用生态学报,1995,6(4):440-444.

[15]顾红,李健东,高永刚,等.石灰抑制重金属铅影响玉米根系效应的研究[J].玉米科学,2006(5):87-89.

[16]张亚丽,沈其荣,姜洋.有机肥料对镉污染土壤的改良效应[J].土壤学报,2001,38(2):212-218.

[17]胡勤海,傅柳松.双氰胺对蔬菜硝酸盐积累抑制作用的研究[J].环境污染与防治,1991,13(1):6-8.

[18]王林,史衍玺.镉铅及其复合污染对辣椒生理生化特性的影响[J].山东农业大学学报:自然科学版,2005,36(1):107-112.

[19]孙满意,郭熙盛,王文军.土壤Cd污染对辣椒生长的影响与不同施肥组合的调控效应[J].安徽农业大学学报,2009,36(3):483-488.

[20]肖振林,李延.几种改良剂对蔬菜镉吸收的影响[J].闽西职业大学学报,2003,4(4):64-66.

[21]李素霞,赵丽红,胡承孝,等.镉污染条件下不同种类氮肥对土壤酶活性的影响[J].世界农业,2009,(8):28-29.

[22]李阜棣,喻子牛,何绍江.农业微生物学实验技术[M].北京:中国农业出版社.1996,134-139.

[23]许炼烽,刘腾辉.重金属镉和铅对土壤生物活性影响的初步研究[J].热带亚热带土壤科学,1995,4(4):216-220.

[24]潘一峰.杉木林的土壤酶活性和土壤肥力[J].中南林学院学报,1989,(9):56-65.

[25]罗虹,刘鹏,宋晓敏.重金属镉、铜、镍复合污染对土壤酶活性的影响[J].水土保持学报,2006,20(2):94-121.

[26]和文祥,朱铭莪.土壤酶与重金属关系的研究现状[J].土壤与环境,2000,9(2):139-142.

[27]李素霞,李刚,谢朝阳.土壤—蔬菜系统Cd与硝酸盐复合污染研究现状[J].安徽农业科学,2009,37(33):16483-16484.

[28]许树成,丁海东.重金属Cd、Zn污染对番茄果实品质的影响及其残留的研究[J].阜阳师范学院学报:自然科学版,2007,24(4):15-18.

［29］李松龄．有机—无机肥料配施对番茄产量及其品质的影响［J］．
北方园艺，2006，（3）：3-4.

［30］赵明，蔡葵，王文娇等．有机无机肥配施对番茄产量和品质
的影响［J］．山东农业科学，2009，（12）：90-93.

［31］沈明珠，翟宝杰，李惠茹等．蔬菜硝酸盐累积的研究［J］．园
艺学报，1982，9（4）：41-48.

［32］GB 19338—2003，蔬菜中硝酸盐限量［S］．

［33］GB 18406.1—2001，农产品安全质量无公害蔬菜安全要求［S］．

［34］Dich J, Jrvinen R, Knekt P. Dietary intakes of nitrate, nitrite
and NDMA in the finish mobile clinic health examination survey
［J］. Food Add. Contam, 1996, （13）: 541-552.

［35］陈振德，程炳篇．蔬菜中的硝酸盐及其与人体健康［J］．中国
蔬菜，1988，（1）：40-42.

［36］李学德，岳永德，花日茂等．合肥市蔬菜硝酸盐和亚硝酸盐
污染的现状评价［J］．中国农学通报，2003，19（3）：54-56.

［37］叶春．蔬菜中硝酸盐和亚硝酸盐的污染［J］．食品工程，2007，
（2）：26-28.

［38］商照聪，高子勤．双氰胺对碳酸氢铵在土壤中氮素转化的影
响［J］．应用生态报．1999.10（02）：183-185.

［39］王学奎．植物生理生化实验原理与技术［M］．北京：高等教育
出版社，2006.

［40］周焱，罗安程．有机肥对大棚蔬菜品质的影响［J］．浙江农业
学报，2004，16（4）：210-212.

［41］薛瑞玲，黄懿海，麦诗荃．施肥对镉胁迫下小白菜生理生化
特性和生物累积的影响［J］．第三届全国农业环境科学学术研
讨会论文集，2009.

［42］张杨珠，余光辉，王翠红等．硝化抑制剂对土壤和小白菜硝
酸盐含量的调控效应［J］．湖南农业大学学报（自然科学版），
2005，31（02）：138-142.

［43］余光辉，张杨珠．三种硝化抑制剂对小白菜产量及品质的影
响［J］．土壤通报，2006，（4）：737-740.

［44］唐新莲，黎晓峰，王星．有机肥及几种化学药剂对小白菜产量和品质的影响［J］．中国农学通报，2006，22（08）：317-319．

［45］高小杰．南京市郊主要蔬菜硝酸盐污染现状评价［J］．农村生态环境，1997，13（1）：59-61．

［46］夏立江，王宏康．土壤污染及其防治，北京：科学出版社，2001．

［47］李瑛，张桂银，李洪军等．有机酸对根际土壤中铅形态及其生物毒性的影响［J］．生态环境，2004，13（2）：164-166．

［48］Renella G，Landi L，Nannipieri P. Degradation of low molecular weight or ganic acids complexed with heavy metals in soil［J］. Geo & derma，2004（122）：311-315．

［49］Appel G，Ma L. Concentration. pH and surface charge effects on cadmium and leadsorption in three tropical soils［J］. J Environ Qual，2002（31）：581-589．

［50］赵晶，冯文强，秦鱼生等．不同氮磷钾肥对土壤 pH 和镉有效性的影响［J］．土壤学报，2010，47（5）：953-954．

［51］周启星，宋玉芳．污染土壤修复原理与方法［M］．北京：科学出版社，2004．

［52］陈怀满．土壤—植物系统中的重金属污染［M］．北京：科学出版社，1996．

［53］赵素达，付成秋，朱松龄．镉对石莼光合作用和呼吸作用及叶绿素含量的影响［J］．青岛海洋大学学报，2000，30（3）：519-523．

［54］Soisungwan S，Jason RB，Supanee U，et al. Aglobal perspective on cadmium pollution and toxicity in non-occupation ally exposed population［J］. Toxicology Letters，2003（137）：65-83．

［55］丁爱芳，潘根兴．南京城郊零散菜地土壤与蔬菜重金属及健康风险分析［J］．生态环境，2003（4）：23-25．

［56］黄雅琴，杨在中．蔬菜对重金属的吸收积累特点［J］．内蒙古大学学报：自然科学版，1995，26（5）：608-615．

［57］赵永新．芦荟的妙用［M］．上海：上海科学普及出版社，1998．

［58］Grant C, A. Bailey L, D. McLaughlin MJ. Management factors which influence cadmium concentrations［J］. incrops, 1999.

［59］Chancy RL, Minnie M, Li YM, et al. Phytoremediation of soil-metals［J］. Current Opinion in Biotechnology, 1997, 8：279-284.

［60］韦朝阳, 陈同斌. 重金属超富集植物及植物修复技术研究进展［J］. 生态学报, 2001, 21(7)：1196-1203.

［61］Chancy RI, Li YM, Angle JS, et al. Improving metal hyperaccumulator wild plants to develop commercial phytoextraction systems：Approaches and progress. //Terry Nand, Bacuclos GS, eds. Phytoreme-Nation of Trace Elements［J］. Ann Arbor Press, IVfiami, USA. 1999.

［62］郭天财, 宋晓, 马冬云等. 施氮量对冬小麦根际土壤酶活性的影响［J］. 应用生态学报, 2008, 19(1)：110-114.

［63］Grigoryan KV, Galstyan ASh. Effect of irrigation water pollution with industrial wastes on the enzyme activity of soils［J］. Pochvovedenie, 1979, 3：130-138.

［64］Krasnova NW. Enzymatic activity asabiodication of heavy metal pollution of soil［J］. Soviet Agric Sei, 1983, 7：71-74.

［65］Grigoryan KV, Galstyan ASh. Phosphatase activity for diagnosis of pollution of irrigated soils by heavy metals［J］. Pochvovedenie, 1986, 10：63-67.

［66］尹君, 高如泰, 刘文菊等. 土壤酶活性与土壤 Cd 污染评价指标［J］. 农业环境保护, 1999, 18(3)：130-132.

［67］刘奉觉, EdwardsWRN, 郑世锴等. 杨树树干液流时空动态研究［J］. 林业科学研究, 1993, 6(4)：368-372.

［68］周平, 李吉跃, 招礼军. 北方主要造林树种苗木蒸腾耗水特性研究［J］. 北京林业大学学报, 2002, 24(56)：50-55.

［69］Bruijnzeel LA. Estimates of evaporation in plantations of Agathis Dammara Warb in south-central Java［J］. Indonisian Journal of Tropical Forestry Science, 1988, 1(2)：145-161.

［70］Putuhena WM, Cordery I. Estimation of interception capacity of the forest floor[J]. Hydrol, 1996(18): 283-299.

[71]Zhang S-L, Zhu Z-L, xu Y-H, et al. Optimal application rate of nitrogen fertilize for rice and wheat in Taihu Lakeregion[J]. Soils, 1988, 42(1): 5-9.

[72]吴波, 吕磊. 氮肥施用量对夏玉米产量的影响[J]. 河南农业, 2009(12): 41-43.

[73]金淑兰, 林国林, 许泳峰等. 重金属污染土壤的植物修复最新研究动态[J]. 世界农业, 2008, 35(2), 47-51.

[74]Peuke A, Rennenberg H. Phytoremediation[J]. EMBO Reports, 2005(6): 497-501.

[75]万忠梅, 吴景贵. 土壤酶活性影响因子研究进展[J]. 西北农林科技大学学报: 自然科学版, 2005, 33(6): 87-89.

[76]范洪黎. 苋菜超积累镉的生理机制研究[D]. [博士学位论文]. 北京: 中国农业科学院, 2007.

结　语

　　土壤是农业生产的基本要素，植物是第一生产力，粮食作物决定国民生计及国人健康。城郊蔬菜—土壤系统健康更是保障城市餐桌健康的重要保障。由于城市的快速发展以及菜农施肥管理的潜变，导致城郊菜地多方面的复合污染，给市民的健康构成严重威胁。正如很多学者研究表明，城郊蔬菜不光是多种重金属复合污染，同时也严重存在着重金属与富营养化因子氮、磷等存在复合污染，尤其是氮系污染表现非常严重。

　　关于菜地土壤重金属的污染修复技术很多，有物理修复法、化学修复法、生物修复法等。针对重金属与氮或磷等复合污染的修复技术还不够成熟，本研究的思路在于能够从单一重金属镉(重金属污染之首)与常用肥料氮转化硝酸盐复合污染为出发点，探索适用的修复技术及修复方法。

　　我国国土辽阔、城市相对分散、地理环境千差万别，找出城郊蔬菜镉与硝酸盐复合污染的修复方法与修复技术具有一定的挑战。以武汉城郊为例找出的几种修复方法也不一定能够适合其他城郊菜地。同时，实验室的理论研究及模拟研究受环境的限制，看似结果非常理想，但是，推广到大田还有一定的差异，需要进一步的大田研究。文中一些大田研究也只局限于田间试验小区，受很多因素的制约，与真正的大田还有一段距离。

　　在文中提到的几种修复材料石灰、有机肥、双氰胺以及植物修复所选择的苋菜均有一定的修复效果，但是需要在一定的试验浓度范围内，作为城郊蔬菜镉与硝酸盐复合污染的改良，笔者认为选择植物修复更为科学，在免去二次污染的同时还能套作或轮作另外一种蔬菜，文中选择的植物修复较为理想。

　　我国城郊菜地镉与硝酸盐复合污染问题已经受到很多学者的关注，各城市各部门也都相继展开行动，并且在《重金属污染综合防治"十二五、十三五"规划》系列文件也均给予了相关规定和措施，相信在不久的将来在专家学者的相继努力下，我国城郊蔬菜成为让市民大众真正放心的绿色蔬菜。